Dirk Lukowsky

Schadensanalyse Holz und Holzwerkstoffe

Dirk Lukowsky

Schadensanalyse Holz und Holzwerkstoffe

Schadensursachen und Untersuchungsmethoden

Fraunhofer IRB Verlag

Bibliografische Information der Deutschen Nationalbibliothek:
Die Deutsche Nationalbibliothek verzeichnet diese Publikation in der Deutschen Nationalbibliografie; detaillierte bibliografische Daten sind im Internet über *www.dnb.de* abrufbar.

ISBN (Print): 978-3-8167-8630-6
ISBN (E-Book): 978-3-8167-8748-8

Lektorat: Fachbuchlektorat SilvaText, Juliane Goerke
Herstellung: Tim Oliver Pohl
Satz: Manuela Gantner – Punkt, STRICH.
Umschlaggestaltung: Martin Kjer, Fraunhofer IRB Verlag
Druck: BoD – Books on Demand, Norderstedt

Fraunhofer-Informationszentrum Raum und Bau IRB
Nobelstraße 12, 70569 Stuttgart
Telefon +49 (7 11) 9 70-25 00
Telefax +49 (7 11) 9 70-25 08
E-Mail irb@irb.fraunhofer.de
http://www.baufachinformation.de

Vorwort

Ausgangspunkt dieses Buches waren mehrere Aktenordnerordner mit Schadensanalysen von Lore Plath und Erich Plath. Die Ordner aus dem Bestand des ehemaligen Forschungsinstituts für Holzwerkstoffe und Holzleime in Karlsruhe standen lange Zeit unbeachtet im Archiv des Fraunhofer Institut für Holzforschung (WKI). Einmal entdeckt wurden die Gutachten von mir und meiner Kollegin Anja Lütte mit großer Neugier studiert. Die Gutachten des Ehepaares Plath enthielten eine Reihe von bislang unveröffentlichten Techniken und klaren Formulierungen, die so wunderbar in die heutige Zeit passen, dass man kaum glauben kann, dass sie schon Mitte der sechziger Jahre geschrieben wurden. Zunächst war nur eine interne Dokumentation der Erkenntnisse aus diesen Gutachten geplant. Im Laufe der Zeit hat sich diese ›kleine‹ Dokumentation verselbstständigt. Sie wurde durch viele weitere Methoden aus der Praxis der Schadensanalysen am WKI ergänzt und zu dem nun vorliegenden Buch erweitert.

Lore Plath wird von damaligen Kollegen als ausgesprochen freundlich, humorvoll und hilfsbereit geschildert. Besonders hervorgehoben wird auch ihre tiefe Musikalität. Als Diplom-Chemikerin arbeitete sie an der Schnittstelle von Chemie und Holzwerkstoffen. Neben zahlreichen Forschungsarbeiten zur Verklebung und der Beschichtung von Holzwerkstoffen beschäftigte Lore Plath sich als eine der ersten systematisch mit der Formaldehydabspaltung aus Spanplatten. Eine besondere Fähigkeit und Leidenschaft entwickelte sie bei der Schadensanalyse an Holzwerkstoffen. Viele der von ihr entwickelten mikroskopischen Techniken und Färbemethoden sind für die tägliche Praxis nach wie vor aktuell. Lore Plath hatte schon zu Lebzeiten viele ihrer Untersuchungsmethoden in Fachartikeln veröffentlicht ([79] bis [90]) und damit die Schadensanalyse von Holzwerkstoffen als eigenständige Disziplin in der Fachwelt etabliert. Dieses Buch ist ihr gewidmet.

> *»Die Untersuchung und Aufklärung von Oberflächenfehlern bereitet immer größere Schwierigkeiten, da die Entwicklung neuer Lacke und Beschichtungsmaterialien, wie auch die Verfahrenstechniken zur Oberflächenbehandlung in den letzten Jahren außerordentliche rasche Fortschritte gemacht haben. Es gibt daher keine Standardmethoden, nach denen solche Schäden geprüft werden können. Jeder einzelne Fall stellt ein Sonderproblem dar, das individuell angepackt werden muss. Meist kann daher nicht vorausgesagt werden, ob eine der inzwischen bereits erprobten Untersuchungsmethoden überhaupt Aufschlüsse ergeben wür-*

de und welche am ehesten zum Ziele führt. Vielfach ist es ohnehin nicht möglich, die genauen Ursachen festzustellen, da sie in den undurchschaubaren Rezepturen der Oberflächenmaterialien liegen. Jede nachträgliche Untersuchung ist ferner dadurch erschwert, dass dem Untersuchenden meist keine Angaben über die Arbeitsweise beim Lackieren und Beschichten gemacht werden. Auch die Klimaeinwirkungen, denen die Werkstücke während und nach der Oberflächenbehandlung ausgesetzt waren, sind fast immer nachträglich nicht mehr zu rekonstruieren.«
(Aus einem Gutachten von L. und E. Plath, 1969)

Für die kritische Durchsicht des Manuskripts und viele Anregungen bedanke ich mich herzlich bei Martin Ohlmeyer und Gerald Koch vom Johann Heinrich von Thünen-Institut, Hamburg (ehemalige BFH), meiner Kollegin Anja Lütte und meinen Kollegen Peter Meinlschmidt, Norbert Rüther und Andreas Zillessen.

Inhaltsverzeichnis

1 Einleitung

Holz und Holzwerkstoffe sind bewährte Baustoffe. Ihre für die Praxis entscheidenden Eigenschaften sind gut bekannt, und die meisten Konstruktionen sind so fehlertolerant, dass auch geringe Unregelmäßigkeiten bei der Herstellung oder besonders harte Nutzungsbedingungen ohne nennenswerte Schäden bleiben. Auch die Verklebung und die Beschichtung von Holz und Holzwerkstoffen ist bewährt, oft durch Normen eindeutig geregelt und insgesamt unproblematisch. Nennenswerte Schäden sind daher selten.

Wenn doch einmal Schäden an Holz und Holzwerkstoffen auftreten, lassen sich die Ursachen meist mit gesundem Menschenverstand, Sachkenntnis und logischem Denken vor Ort abschließend klären. Wichtigste Indikatoren sind die Verteilung der Schäden, der Zeitpunkt des Auftretens der Schäden sowie die Umgebungs- bzw. Gebrauchsbedingungen. Oft müssen Sachverständige dabei prüfen, ob bei der Herstellung der Materialien, der Verarbeitung oder dem Einbau die einschlägigen Regelwerke (Normen, Richtlinien, Merkblätter) eingehalten wurden. Gegebenenfalls werden dazu auch spezialisierte Labore herangezogen.

Nur bei einem kleinen Teil der Schadensfälle lässt sich die Ursache nicht ohne weiteres feststellen oder es existieren entweder keine eindeutigen Regelwerke oder es sind tiefer liegende Ursachen zu klären. Vorrangig für derartige Fälle ist diese Zusammenstellung von Herangehensweisen und Methoden vorgesehen. Normen, Richtlinien oder Merkblätter werden daher nur am Rande berücksichtigt, obwohl sie im Einzelfall natürlich eine große Bedeutung haben können.

Schadensanalysen stehen üblicherweise unter ökonomischem und/oder zeitlichem Druck. Der Aufwand der Analyse soll – so wird es in vielen Gerichtsverfahren ausdrücklich gefordert – in einem angemessenen Verhältnis zu der Schadenssumme stehen. Bei niedrigen Schadenssummen sind daher bevorzugt unaufwändige Untersuchungsmethoden mit (vermuteter) hoher Trefferwahrscheinlichkeit anzuwenden, während bei sehr hohen Schadenssummen oder z. B. Personenschäden sehr aufwändige Untersuchungsmethoden auch dann genutzt werden können, wenn ein resultierender Erkenntnisgewinn zwar nicht ausgeschlossen, aber aufgrund der Erfahrung des Sachverständigen weniger wahrscheinlich ist. Bei Schäden in industriellen Fertigungsprozessen oder im laufenden Bau müssen die Ergebnisse oft möglichst schnell vorliegen. Auch hier sind bevorzugt möglichst schnelle aber zuverlässige Methoden anzuwenden. Trotz des ökonomischen und zeitlichen

Drucks müssen alle Untersuchungen reproduzierbar sein und den einschlägigen wissenschaftlichen Grundsätzen entsprechen [16].

Sehr einfache Übersichtsmethoden sind häufig gut geeignet, um Schäden zu klären oder aber zumindest die nachfolgenden spezielleren Methoden zu strukturieren. Durch Methoden, die so einfach sind, dass sie bereits beim Ortstermin oder unmittelbar beim Probeneingang durchgeführt werden können, lassen sich zudem viele unnötige Untersuchungen sparen. Es ist ein Ziel dieses Buches, solche relativ einfachen Untersuchungsmethoden vorzustellen und zu zeigen, dass z. B. mit Schleifpapier bis Körnung P 1 000, einem preiswerten USB-Mikroskop, Jodlösung, Beobachtungsgabe und Fachwissen bereits tiefgehende qualifizierte Untersuchungen auch vor Ort möglich sind. Daneben wird jedoch auch gezeigt, wo Schadensursachen nur mit größerem apparativem Aufwand durch spezialisierte Labore geklärt werden können.

Die geforderte Erkenntnistiefe kann von Fall zu Fall sehr unterschiedlich sein. Manchmal ist lediglich eine bestimmte Schadensursache auszuschließen oder zu bestätigen, in anderen Fällen wird nur nach der Verantwortlichkeit für den Schaden gefragt. Häufig ist jedoch die genaue Schadensursache zu bestimmen und möglicherweise sind auch Sanierungsvorschläge zu machen. In allen Fällen soll das Gutachten letztlich eine konkrete Handlung ermöglichen. Sei es, dass Produktionen optimiert werden sollen, die Schadenskosten einem Verursacher zugeordnet werden sollen oder eine bestimmte Art der Sanierung durchgeführt werden kann. Im Verlauf einer Schadensanalyse ist immer wieder abzuwägen, welche Erkenntnisse für die jeweilige Aufgabenstellung tatsächlich notwendig sind und wo zusätzliche Untersuchungen zwar interessant sein mögen, jedoch zur eigentlichen Aufgabenstellung nicht weiter beitragen.

Vollkommen unterschiedlich können die zur Verfügung stehenden Hintergrundinformationen sein. Es kann sich um einen gut dokumentierten industriellen Fertigungsprozess handeln, der durch einen Ortstermin in Augenschein genommen wird und bei dem die für den Fertigungsprozess Verantwortlichen mit Rat und Tat zur Seite stehen, weil sie ein unmittelbares Interesse an einer vorurteilsfreien Ursachenfindung haben. Das andere Extrem sind vom möglichen Schadensverursacher eingesandte Proben, bei denen weder die Probenahme noch sonstige Rahmenbedingungen dokumentiert sind oder die zur Verfügung gestellten Informationen bewusst oder unbewusst vorurteilsbehaftet sind. Ein angemessenes Misstrauen gegenüber den zur Verfügung gestellten Informationen ist in jedem Fall eine unabdingbare Grundvoraussetzung für eine qualifizierte Untersuchung.

Neben der eigentlichen Analyse des Schadens ist die Darstellung der Befunde und Schlussfolgerungen eine der Herausforderungen. Üblicherweise muss die Darstellung einerseits für Fachleute (z. B. Gutachter) als auch für mehr oder weniger fachfremde (z. B. Anwälte, Kaufleute) verständlich sein. Diese Herausforderung kann auf vielfältige Weise bewältigt werden. Sowohl schriftlich als auch durch Fotos oder Skizzen, durch Literaturverweise oder durch separat gestellte Erklärungen von technischen Zusammenhängen oder Begriffen. Dieser Aspekt wird hier aufgegriffen, indem bevorzugt auch für Laien verständliche anschauliche Beispiele gewählt werden und – wo es möglich ist – auf Fachsprache verzichtet wird.

Innerhalb des Gebietes holzkundlicher Analysen gibt es Bereiche, die einer besonderen Spezialisierung bedürfen, auf die hier allenfalls am Rande eingegangen wird. Solche Spezialthemen sind: Baukonstruktionen, die Bestimmung von Pilzen und Insekten, die Messung und Bewertung von Emissionen, Holzartenbestimmung, Sortierung von Holz, der Nachweis von Holzschutzmitteln sowie juristische Aspekte.

An der Schnittstelle zwischen Holz und Chemie (Verklebung, Beschichtung, chemischer Holzschutz) und bei allen modernen industriellen Verfahrenstechniken sind die Verhältnisse oft so komplex und firmen-/produktspezifisch, dass allgemeine Aussagen kaum möglich sind. Bereits eine übliche Rezeptur für einen weißen Lack für den Außeneinsatz enthält 8 bis 20 Rezepturbestandteile, deren Zusammenwirken nur den Herstellern im Detail bekannt ist. Bei den in diesem Buch vorgestellten Herangehensweisen und Methoden zur Schadensanalyse ist es in vielen Fällen das Ziel, den Verursacher zweifelsfrei zu identifizieren. Es ist daher ausreichend zu belegen, dass z. B. die Beschichtung, der Klebstoff, die Trägerplatte, die Applikation des Lacks oder aber die Gebrauchsbedingungen den Schaden verursacht haben. Welcher Rezepturbestandteil des Klebstoffs oder des Lackes dann letztendlich ursächlich ist, wäre in weiteren, hier nicht weiter beschriebenen Untersuchungen zu klären.

Im Kapitel 2 »Untersuchungsstategie« werden Fragen der allgemeinen Herangehensweise an Schadensanalysen behandelt. Es wird auf die Notwendigkeit und das Erkennen von Prämissen und auf die Bedeutung von Parallelbefunden eingegangen. Im Kapitel 3 »Schadensausprägung« werden verschiedene Formen der Schadensausprägungen kategorisiert. Überschneidungen mit dem Kapitel 4 »Schadensursachen« sind dabei unvermeidlich. Die Schadensausprägung ›Blasen‹ z. B. kann eine Vielzahl möglicher Ursachen haben: Einfluss des Holzes, der Bearbeitung, bauphysikalische Phänomene oder Eigenschaften der Lackierung. Diese Überschneidungen der Kapitel werden bewusst in Kauf genommen, um der Komplexität von Ursache und Wirkung gerecht zu werden. In beiden Kapiteln sind auch teilweise bereits Untersuchungsmethoden für spezielle Schadensausprägungen und Schadensursachen aufgeführt, obwohl sie von der Systematik her zu den Untersuchungsmethoden in Kapitel 5 gehören. Durch entsprechende Verweise werden die Zusammenhänge zwischen Schadensausprägung und -ursachen und Methoden immer wieder hergestellt. Auch durch Nutzung des Schlagwortverzeichnisses am Ende des Buches können die Zusammenhänge verfolgt werden.

Die Anzahl möglicher Schadensfälle und physikalischer und chemischer Untersuchungsmethoden ist unübersehbar groß. Es wird nur auf solche Ursachen und Methoden eingegangen, die üblich sind und bei denen breitere Erfahrungen in holzkundlichen Analysen vorhanden sind.

2 Untersuchungsstrategie

Ein übliches Vorgehen bei Schadensanalysen ist das Ausschlussverfahren. So viele potenzielle Ursachen wie möglich werden ausgeschlossen, um die eigentliche Schadensursache einzugrenzen. Die nachfolgenden Untersuchungen können sich dann darauf beschränken, die verbleibenden Fragen zu beantworten.

Jede sicher ausgeschlossene Ursache ist ein Erkenntnisgewinn. Es ist eine häufige menschliche Schwäche, dass derartige vermeintlich ›negative‹ Erkenntnisse weniger gewürdigt werden als ›positive‹, bestätigende. Für den Verlauf des Erkenntnisgewinns und für den Auftraggeber sind solche ausgeschlossenen Schadensursachen aber oft genauso wertvoll wie Indizien für die eigentliche Schadensursache. Und wenn die Schadensursachen nicht zweifelsfrei ermittelt werden können, bringen ausgeschlossene Ursachen zumindest eine Eingrenzung des tatsächlichen Sachverhalts.

Eines der wichtigsten Mittel zum Ausschluss von Schadensursachen sind Parallelbefunde. Dabei wird untersucht, ob räumliche, zeitliche, materialbedingte oder produktionsbedingte Unterschiede ebenfalls zu Schäden geführt haben. Defektes Parkett, das sowohl in einem Raum mit und in einem Raum ohne Fußbodenheizung vorkommt, belegt, dass die Fußbodenheizung als alleinige Schadensursache ausgeschlossen ist. Schäden, die sowohl an der Kante als auch auf der Fläche einer Möbelfront vorkommen, schließen die Flächenschleifmaschine als alleinige Schadensursache aus und Verfärbungen, die sowohl unter einem Möbelgriff als auch auf den Frontflächen vorkommen, lassen UV-Strahlung als Einflussfaktor ausschließen. Tatsächlich beinhalten die eben vorgestellten Interpretationen von Parallelbefunden jedoch bereits eine Reihe von Prämissen (Voraussetzungen/Annahmen). Nimmt man den letzten Fall: ›Verfärbungen, die auch unter Möbelgriffen vorkommen, schließen UV-Strahlung als eigentliche Ursache der Verfärbung aus‹, wurde unter anderem von folgenden Prämissen ausgegangen:

- **P1:** Der Beschlag ist bereits seit langer Zeit bzw. seit Auslieferung an dieser Stelle vorhanden.
- **P2:** Es wird ausgeschlossen, dass die Fläche unter dem Beschlag (z. B. in der Absicht den Sachverständigen zu täuschen) farblich angepasst wurde.
- **P3:** Es wird ausgeschlossen, dass UV-Strahlung auf der Fläche zur Bildung gasförmiger Substanzen geführt hat, die unter den Beschlag diffundierten und dort die gleiche Verfärbung hervorgerufen haben.

- **P4:** Es wird ausgeschlossen, dass die Fläche unter dem Beschlag vor der Beschlagsmontage besonders behandelt wurde und diese Behandlung die gleiche Verfärbung hervorgerufen hat wie die UV-Strahlung auf der Fläche.
- **P5:** Es wird ausgeschlossen, dass eine chemische Reaktion des Beschlags mit dem Untergrund die gleiche Verfärbung hervorgerufen hat wie die UV-Strahlung auf der Fläche.

Die Prämisse P1 könnte durch Befragung bestätigt oder widerlegt werden. Auch kann es als im praktischen Leben gesichert angenommen werden, dass eine Tür nicht ohne Beschlag verwendet wird.

Mit einer geschickten bewussten Manipulation der zu untersuchenden Materialien kann jeder Sachverständige zu Fehlschlüssen verleitet werden. In der Regel wird Prämisse P2 ohne weitere Untersuchungen in diese Richtung als gegeben angenommen.

Die Prämissen 3, 4 und 5 werden sinnvollerweise zu Beginn der Untersuchungen gezogen, da die Wahrscheinlichkeit, dass solche exotischen Befunde vorkommen, erfahrungsgemäß sehr gering ist. Nur in dem Fall, dass im Laufe der Untersuchung alle anderen möglichen Ursachen ausgeschlossen werden, könnte es sinnvoll sein diese Prämissen zu hinterfragen.

Es ist die Aufgabe von Sachverständigen, vernünftige Prämissen zu ziehen (Prämissenkompetenz des Sachverständigen) [46]. Es ist wenig hilfreich, in einem Gutachten eine möglichst hohe Anzahl möglicher konkurrierender Prämissen und damit Schlüsse darzustellen. Die besondere Sachkompetenz eines Sachverständigen ist es, bestimmte Prämissen anzunehmen und daraufhin gezielte weitere Untersuchungen anzustellen [46].

Viele der bei einer Untersuchung von komplexen Fällen gewonnenen Erkenntnisse sind lediglich Indizien und keine Beweise im Sinne einer mit an Sicherheit grenzenden Wahrscheinlichkeit. Das Ziel der Untersuchung ist dann, mehrere voneinander unabhängige Indizien für einen Sachverhalt zu ermitteln (Indizienreihen). Davon ist die Indizienkette abzugrenzen, die vorliegt, wenn mehrere voneinander abhängige Indizien auf eine Tatsache hinweisen [46]. Im Kapitel 5.5.4 werden dazu Beispiele vorgestellt.

2.1 Fehler vermeiden

Die Ergebnisse von Schadensanalysen haben häufig erhebliche finanzielle Konsequenzen für die Beteiligten. Auf der Basis von Schadensanalysen werden zudem Verfahren, Materialien oder Konstruktionen geändert mit der Überzeugung, dass damit zukünftige Schäden vermieden werden. Mit einer Schadensanalyse geht daher eine große Verantwortung einher und Fehler müssen unbedingt vermieden werden. Doch wo Menschen arbeiten werden auch Fehler gemacht. Für den Bereich der medizinischen Diagnosen gibt es Untersuchungen darüber, wie häufig Fehler vorkommen:

> *»Trotz enormer Fortschritte in den diagnostischen Möglichkeiten – insbesondere im apparativ-technischen Bereich – sprechen die wenigen Analysen, die es im Schrifttum der letzten Jahre und Jahrzehnte zum Thema Fehldiagnosen gibt, mit einer Ausnahme dafür, dass die Häufigkeit von Fehldiagnosen in Großkrankenhäusern und Universitätskliniken Mitteleuropas und Nordamerikas unverändert bei etwa 10 % liegt.« [50].*

Wie häufig es Fehldiagnosen in holzkundlichen Gutachten gibt, ist nicht bekannt. Argumente finden sich sowohl für eine anzunehmende höhere als auch für eine geringere Anzahl von Fehldiagnosen bei Gutachten zu Holz und Holzwerkstoffen im Verhältnis zu medizinischen Diagnosen. Aus der Kenntnis vieler Gutachten erscheinen 10 % zunächst nicht völlig unplausibel. Bild 2.1 veranschaulicht, welche Fehler bei Ärzten zu Fehldiagnosen führen können. Bestimmte Punkte darin sind sicherlich spezifisch für den Medizinbetrieb, andere sind auch bei materialkundlichen Gutachten zu berücksichtigen. Anders als für den Arzt, den Ursachen einer Erkrankung evtl. weniger interessieren als vielmehr dessen Heilung, ist für den Sachverständigen die Klärung der Ursachen oft zwingende Voraussetzung einer ›Diagnose‹. Neben der auch vorkommenden Typisierung von Beteiligten bei Schadensfällen (›typisch Lehrer‹) kommt bei holzkundlichen Gutachten das Schieben auf das Nutzerverhalten hinzu. Und anders als bei üblichen medizinischen Untersuchungen, sind die Gutachten im Holzbereich oft Gutachten über Kollegen oder potenzielle Kunden: Der Tischlermeister urteilt über die Leistung eines Tischlermeisters, der Holzwirt die Arbeit eines Holzwerkstoffwerks, usw.

Schäden an Holz oder Holzwerkstoffen können eine einzige Ursache haben. Häufig ist die Sachlage jedoch komplex und verschiedene ungünstige Umstände, mehrere parallel vorliegende Mängel und evtl. auch annähernd unbekannte Einflussfaktoren führen erst in ihrem Zu-

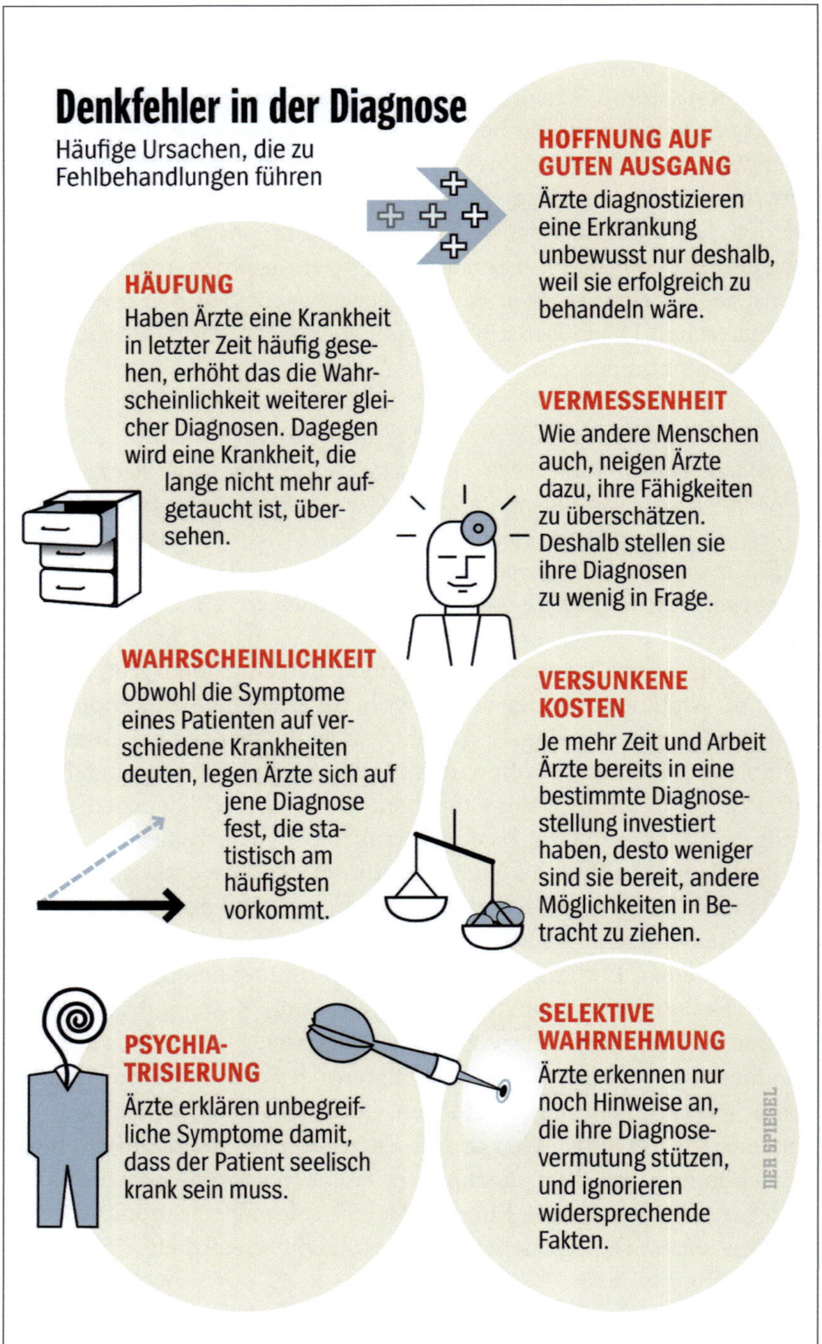

Bild 2.1 Veranschaulichung von typischen Fehlern, die in der Medizin zu Fehldiagnosen führen können (Quelle: Der Spiegel 7/2011)

sammenspiel zu dem tatsächlich auftretenden Schaden. Wird bei einer Untersuchung ein Mangel erkennbar, ist daher zu klären, ob dies tatsächlich die eigentlich ausschlaggebende Ursache war.

Man kann als Sachverständiger als Maßstab für ein mangelfreies Bauteil ausschließlich die Anforderungen aus Normen, Richtlinien oder Verträgen heranziehen: Blättert die Farbe an einem Fenster ab und wird gleichzeitig festgestellt, dass statt der geforderten 100 µm (0,1 mm) einer deckenden Beschichtung nur 80 µm aufgebracht wurden, wird nicht mehr weiter untersucht, da die Abweichung von der Anforderung offensichtlich ist. Tatsächlich ist die Unterschreitung der Schichtdicke aber nur ein Sachverhalt, der zwar evtl. juristische und technische Konsequenzen haben kann, jedoch allenfalls als eine mögliche Ursache unter vielen für den Befund ›abblätternde Farbe‹ in Betracht kommt.

Je nach Aufgabenstellung muss ein Sachverständiger die einschlägigen Richtlinien und Normen auch kritisch würdigen können – weder Richtlinien noch Normen sind Gesetze. Das ist in vielen Fällen schwierig, da oft kaum beurteilt werden kann, ob eine bestimmte Vorschrift einfach nur immer wieder abgeschrieben wurde und einen veralteten Stand darstellt, oder ob tatsächlich ein aktueller technischer Hintergrund besteht. Wer erlebt hat, wie manche technische Richtlinien entstehen, weiß dass dort nicht ausschließlich gut dokumentierte und aktuelle Erkenntnisse niedergeschrieben werden.

Eine der wichtigsten persönlichen Eigenschaften für qualifizierte Schadensanalysen ist eine gesunde Skepsis. Neben der notwendigen Skepsis gegen Informationen des Auftraggebers oder anderer Beteiligter ist es vor allem die Skepsis gegenüber sich selber. Habe ich etwas übersehen? Können die Befunde evtl. auch ganz anders gedeutet werden? Ist es ratsam sich auf Erfahrungswerte und gesunden Menschenverstand zu beziehen oder ist der vorliegende Fall vollkommen anders und damit außerhalb des bisherigen Erfahrungshorizonts? Eine wichtige Maßnahme zur Perfektionierung von Schadensanlaysen ist es, mit kritischen Kollegen zusammen zu arbeiten. Wer Kollegen hat, die in der Lage und willens sind, einem eine schwache Analyse auseinander zu pflücken, ist vor den schlimmsten Auswüchsen der Fehlinterpretation schon einmal geschützt.

Anregungen zum strukturierten und kritischen Denken und Vorgehen bei Schadensanalysen finden sich z. B. in Fachbüchern zur Kriminalistik [108] [46] [2]. Die Herangehensweise beider Fachgebiete weist große Änlichkeit auf.

2.2 Untersuchungsmaterial

In manchen Fällen muss bereits während einer telefonischen Anfrage entschieden werden, wie viel und welches Material für eine Untersuchung benötigt wird oder ob ein Ortstermin in jedem Fall notwendig ist. Und auch während eines Ortstermins ist zu entscheiden, ob und in welchem Umfang Untersuchungsmaterial entnommen werden muss. Sowohl bei der Entscheidung über die Art und Menge der zuzusendenden Proben als auch bei der Entnahme von Proben beim Ortstermin müssen auf der Basis unvollständiger Informationen sehr wichtige Entscheidungen getroffen werden.

Fast in allen Fällen gilt, dass Proben sowohl aus schadhaften Bereichen als auch aus Bereichen ohne Schäden sehr hilfreich oder sogar notwendig sind. Zudem sollten Bauteile mit Schäden immer so zugeschnitten werden, dass sie (falls vorhanden) auch Bereiche ohne Schäden aufweisen. Zum einen, weil an der schadhaften Stelle bestimmte Hinweise bereits zerstört sein können, zum anderen, weil damit die Schadensverteilung deutlich werden kann oder sonstige Parallelbefunde möglich sind. Besonders hilfreich sind auch zusätzliche Proben, die nicht oder unter deutlich anderen Umständen eingebaut waren. Proben ohne (erkennbare) Schäden sind in vielen Fällen sogar die für die Klärung der Ursachen wichtigsten. Nur an diesen Proben kann in einigen Fällen die tatsächliche Eignung des Materials für den Einsatzzweck abgeschätzt werden. Um die Anzahl der notwendigen Proben so gering wie möglich zu halten, sind vor der Entnahme so viele Informationen wie möglich zu sammeln. Sei es durch telefonische Befragung oder durch orientierende Untersuchungen beim Ortstermin. In [8] sind beispielhaft 76 Fragen zu feuchtebedingten Schäden an Furnieren zusammengestellt, die die Bandbreite der möglicherweise relevanten Informationen aufzeigen.

Bei der Entscheidung, welche Proben zugesandt werden sollen, können folgende Überlegungen die Entscheidung beeinflussen:

- Welche Fragen sollen beantwortet werden?
- Ist die Beschreibung des Sachverhalts schlüssig?
- Gibt es Fotos, die den Schaden im Zusammenhang zeigen?
- Gibt es ein einziges, eindeutiges Schadensbild?
- Sind Bereiche mit Schäden deutlich von schadensfreien Bereichen abgegrenzt oder gibt es einen fließenden Übergang?
- Gibt es Bereiche, bei denen ein äußerer Einfluss (Nutzung/Klima) weitgehend ausgeschlossen werden kann, z. B. unter Beschlägen?
- Hat das Bauteil einen hohen Wert und wird es durch die Untersuchung zerstört?

- Wie groß sind die Bauteile?
- Gibt es einen nahe liegenden Anfangsverdacht für die Schadensursache?
- Zeigen andere Materialien ebenfalls Schäden?
- Können bei Bedarf weitere Proben zugesandt werden oder wäre dazu z. B. ein weiterer Ortstermin notwendig?

2.3 Parallelbefunde

Als Parallelbefunde werden hier alle Befunde aufgefasst, die eine Differenzierung des Bauteil- oder Materialverhaltens hinsichtlich der Umgebungsbedingungen, der Verteilung der Schäden, der Produktionsbedingungen oder der zeitlichen Einordnung des Schadensverlaufs zeigen. Gefragt wird z. B.:

- Wo sind Befunde und wo sind keine Befunde und wodurch unterscheiden sich diese Bereiche?
- Wann traten Schäden auf und wann waren sie noch nicht vorhanden?
- Wie ist die Beanspruchungen der Bauteile? Wie ist die Beanspruchung von Bauteilen ohne Schäden?
- Mit welchen Produktionsparametern wurden die schadhaften Bauteile gefertigt. Und mit welchen Produktonsparameter wurden schadensfreie Bauteile hergestellt?

Parallelbefunde können auf den Bauteilen sichtbar sein oder auch erst bei detaillierterer Untersuchung z. B. unter dem Mikroskop erkennbar werden. In vielen Untersuchungen sind es letztendlich Parallelbefunde, die zur Aufklärung der Schadensursachen führen.

2.3.1 Verteilung von Merkmalen

Die Verteilung von Merkmalen ist gerade zu Beginn einer Untersuchung das wichtigste Hilfsmittel, um die nachfolgenden Untersuchungen sinnvoll zu strukturieren. In Kapitel 5.4 »Verteilung von Merkmalen« sind einige Beispiele dafür beschrieben. Berücksichtigt werden kann die Verteilung im Gebäude, die Verteilung am Objekt und die Verteilung am einzelnen Bauteil.

Typische Fragen sind:

- Sind andere in örtlicher Nähe vorhandene Materialien geschädigt oder ungeschädigt? Bei starker Befeuchtung oder extremer Austrocknung wären z. B. an anderen Materialien ebenfalls Spuren von Korrosion bzw. Rissbildung zu erwarten.
- Unterscheiden sich die Gebrauchsbedingungen der geschädigten bzw. ungeschädigten Bauteile/Bauteilflächen?
- Gibt es eine Abhängigkeit der Schadensverteilung von der Himmelsrichtung?
- Sind die Schäden auch auf Kanten oder abgedeckten Flächen (unter Beschlägen/Teppichen) vorhanden?
- Sind die Schäden auf mehreren Bauteilen in gleicher Weise verteilt?
- Kann die Verteilung der Merkmale mit bestimmten Produktionsschritten korreliert werden?
- Treten Merkmale sowohl auf Längsholz als auch auf Hirnholz auf?
- Sind Kernholz und Splintholz gleichermaßen betroffen?
- Treten die Merkmale längs und/oder quer zur Produktions- oder Faserrichtung auf?
- Folgen die Schäden einem charakteristischen Muster?

2.3.2 Zeitpunkt

Die zeitliche Einordnung von Befunden kann einer der wichtigsten Untersuchungsansätze sein (Kapitel 5.5 »Zeitliche Einordnung von Befunden«). Zum einen wenn der genaue (absolute) Zeitpunkt des Auftretens die eigentliche zu untersuchende Frage ist (Ist der Riss vor oder nach dem 14.03.2011, dem Tag des Gefahrenübergangs auf den Käufer entstanden?), oder aber weil durch die absolute oder relative zeitliche Einordnung die Ursache des Schadens ermittelt werden kann.

Der Zeitpunkt des ersten Auftretens von Schäden gibt wichtige Erkenntnisse über die Schadensursache. Alle Faktoren, Produktionsschritte und Nutzungsbedingungen, die nach dem ersten gesicherten Beobachten des Schadens auftreten, können als eigentliche Schadensursache sicher ausgeschlossen werden.

In manchen Fällen gibt der Produktionszeitraum einen ersten Hinweis auf mögliche Schadensursachen. In vielen holzverarbeitenden Betrieben ist die Luft im Winter sehr trocken. Relative Luftfeuchten von 20 % sind keine Seltenheit. Bauteile/Materialien, die bei solchen Bedingungen gefertigt wurden, können im Gebrauch Quellungserscheinungen zeigen. Extrem trockene Luft kann auch die Aushärtung von reaktiven PU-Klebern verhindern. Sind von einem Produkt sowohl Chargen aus der Produktion im Sommer als auch aus winterlicher Produktion von Schäden betroffen, kann dagegen eine zu geringe Luftfeuchte bei der Fertigung in der Regel ausgeschlossen werden.

Typische Fragestellungen:

- Wann genau wurde der Schaden erkannt und ist es auszuschließen, dass der Schaden vorher übersehen wurde?
- Wann wurde über welchen Zeitraum produziert?
- Wann wurden die Vorprodukte angeliefert (Klebstoff, Holzwerkstoffplatten, Beschichtung). Gab es dabei mehrere Chargen?
- Für welchen Zeitraum und unter welchen Klimabedingungen wurden die Bauteile gelagert oder transportiert?

2.3.3 Organisatorische Parallelbefunde

Häufig wird nicht eine einzige Charge in einem Zug produziert und vollständig und ausschließlich an einer einzigen Stelle eingebaut. Bei Abweichungen lassen sich differenzierende Befunde ermitteln.

Typische Fragen:

- Wurden zum Zeitpunkt der Produktion der Bauteile weitere schadensfreie Produkte gefertigt? Gibt es Materialreste, die nicht ausgeliefert wurden?
- Gab es Nachlieferungen?
- Wurde das Material auch an anderen Stellen eingesetzt?
- Zeigen Materialien, die zeitgleich geliefert aber anders produziert wurden, ähnliche Befunde?
- Wurden Lieferanten gewechselt?
- Traten vergleichbare Probleme auch bei anderen Herstellern auf?

2.3.4 Vergleich mit handelsüblichen Materialien

Je größer die Erfahrung des Sachverständigen, desto häufiger kann ›spontan‹ abgeschätzt werden, ob ein Befund normal ist oder eine Besonderheit darstellt. Speziell bei mikroskopischen Materialuntersuchungen sind jedoch häufig Vergleiche mit handelsüblichen Materialien notwendig. Bild 3.29 zeigt, wie erst der Vergleich mit der eingeprägten Porenstruktur handelsüblicher Laminate die Besonderheit eines besonders schmutzanfälligen Laminats aufzeigt. Auch zur Beurteilung, ob überhaupt ein Mangel vorliegt, können vergleichende Untersuchungen

Bild 2.2 Für die Verklebung mehrschichtiger Parkette gibt es keine Anforderungen. Eine vergleichende Prüfung (hier mit 17 handelsüblichen Parketten) ermöglicht eine Einordnung der Qualität eines strittigen Produkts.

notwendig sein. Wenn keine eindeutigen Vorschriften existieren, kann gegebenenfalls ein deutlich schlechteres Abschneiden als eine größere Anzahl handelsüblicher Produkte (aller Preissegmente) zu einer Einschätzung als mangelhaft führen (Bild 2.2).

3 Schadensausprägung

Im Folgenden sind typische Schadensausprägungen und grundlegende Aspekte ihrer Interpretation beschrieben. Für Schäden, bei denen üblicherweise nur eine oder wenige sehr spezielle Ursachen für die jeweilige Ausprägung zu erwarten sind, werden deren Ursachen mit aufgeführt obwohl sie von der Systematik in das Kapitel 4 »Schadensursachen« gehören.

3.1 Risse

Der Ort des Auftretens und die Form und Tiefe von Rissen können wichtige Indizien für die Schadensursache sein. Risse entstehen, wenn die auftretenden Spannungen die Festigkeit des Materials überschreiten und nicht durch Verformung abgebaut werden können. Im Rahmen von Schadensanalysen ist z. B. zu prüfen, ob Risse in Beschichtungen ausgelöst wurden durch:

- Eigenschaften der Beschichtung
- Eigenschaften des Untergrunds
- klimatische Einwirkungen
- Kombinationswirkungen

Massivholz, Furniere sowie alle Materialien, die aus Papieren hergestellt sind (Dekorpapiere, Schichtpressstoffplatten) sind anisotrop, das heißt sie haben Vorzugsrichtungen, in denen ihre Festigkeit am höchsten ist. Dementsprechend haben sie auch eine Vorzugsrichtung, in der Risse auftreten. Auf Sperrholz wären z. B. Risse nur in Faserrichtung zu erwarten. Folgen die Risse in der Lackierung von Sperrholz der Faserrichtung, kann zunächst nicht entschieden werden, von welchem Material die Risse letztlich verursacht wurden. Denn auch durch z. B. einen ungeeigneten Lack verursachte Risse treten zunächst dort auf, wo Spannungsspitzen aufgrund der Anisotropie des Untergrunds vorkommen.

Im umgekehrten Fall, wenn eine Beschichtung auf einem anisotropen Untergrund Risse zeigt, die keinen Bezug zur Struktur des Untergrunds haben, kann der Untergrund als wesentliche Ursache der Rissbildung fast ausgeschlossen werden (Bild 3.1).

Bestimmte Regeln zur Bildung von senkrecht zur Oberfläche verlaufenden Rissen scheinen in trocknendem Kaffepulver, in austrocknenden Lehmschichten bis hin zu Rissen in der Erdkruste ähnlich zu sein [43]. Üblicherweise nimmt die Anzahl von Rissen mit zunehmender Ur-

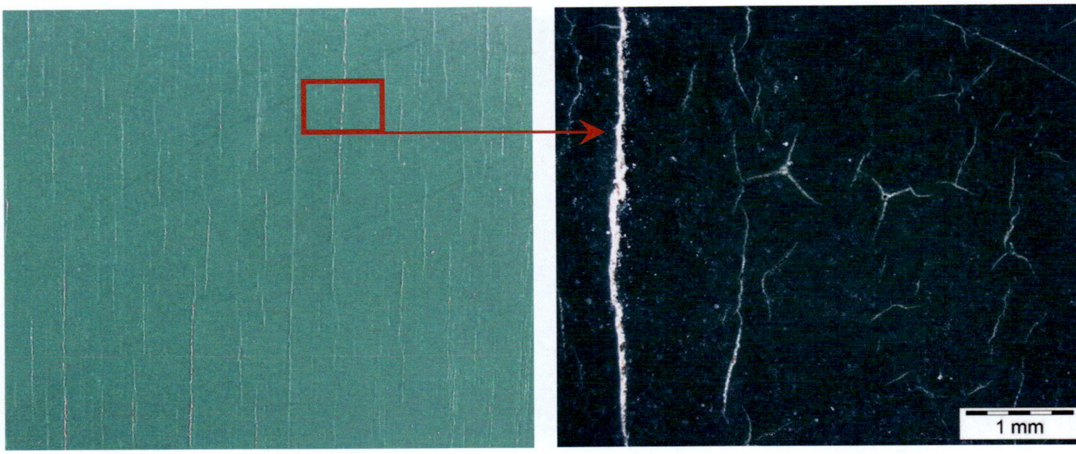

Bild 3.1 Große, mit bloßem Auge erkennbare Risse im Lack folgen der Faserrichtung des Deckfurniers. Mikroskopisch oder mit einer Lupe wird deutlich, dass auch zahlreiche kleine Risse vorkommen, die von der Vorzugsrichtung des Untergrundes unabhängig sind. Hier besteht ein starker Anfangsverdacht, dass die Ursache an der Lackierung liegen könnte. Infrage kommen z. B. ungeeignete Beschichtungsauswahl, falsche Applikation (z. B. bei zu tiefen Temperaturen) oder Fehlchargen.

sprungstiefe im Material bzw. der Schichtdicke ab. Man kennt das z. B. von einer dünnen Lehmschicht, die in der Sonne feine Risse bekommt. Ein tiefer lehmiger Boden zerreißt dagegen beim Trocknen in tellergroße Stücke. Gleichzeitig nimmt auch die Rissbreite mit zunehmender Ursprungstiefe der Risse zu (Bild 3.2).

Ein Riss in einer fest auf dem Untergrund verankerten Schicht hat einen keilförmigen Querschnitt. Der Widerstand des reißenden Materials gegen diese keilförmige Verformung hat daher einen Einfluss auf die Ausprägung der Risse. Ist das Material hart und damit der Widerstand gegen Verformungen hoch, bleibt der Riss schmal. Ist das Material dagegen weich und daher leicht verformbar, können die Risse wesentlich breiter werden. Da mit zunehmender Rissbreite mehr Spannungen im Material abgebaut werden, ergibt sich als Konsequenz, dass bei gleicher Sprödigkeit und gleicher Spannung, das härtere Material kleinere Risse, aber in höherer Anzahl aufweist (Bild 3.3).

Bei Rissen in Schichten ohne festen Verbund zum Untergrund sind die Spannungsverhältnisse sowie die Breite und die Anzahl der resultierenden Risse vollkommen anders als bei Schichten mit festem Verbund. Rissbreite und Rissfrequenz sind bei nicht oder schlecht haftenden Schichten nicht mehr von der Härte des Materials beeinflusst. Der Riss verläuft dann nicht mehr keilförmig sondern die Rissflanken sind

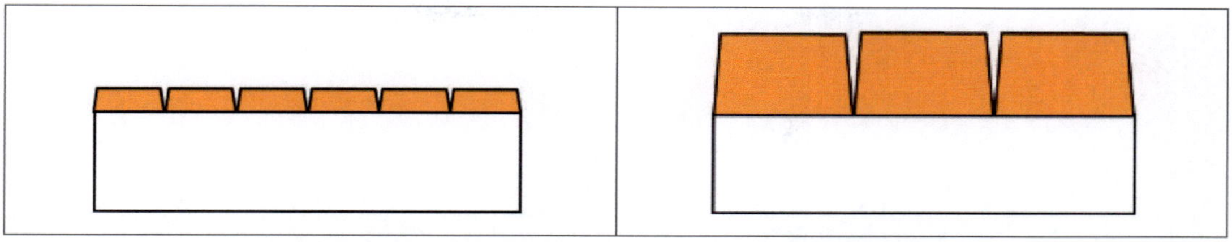

Bild 3.2 Mit zunehmender Schichtdicke sinkt tendenziell die Anzahl der entstehenden Risse. Die Breite der Risse nimmt dabei zu.

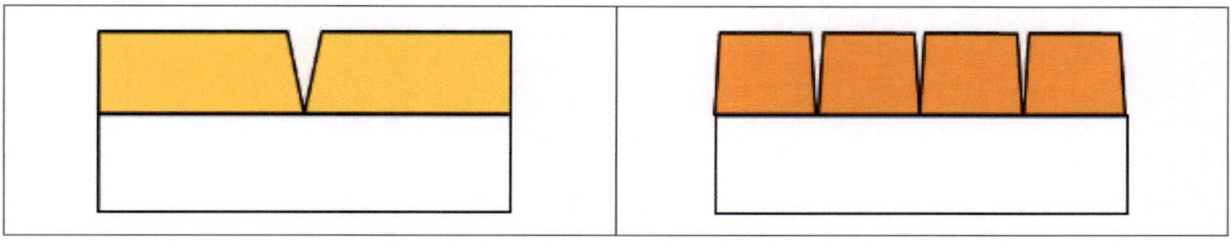

Bild 3.3 Weiche Materialen weisen üblicherweise weniger, aber breitere Risse auf als harte Materialien.

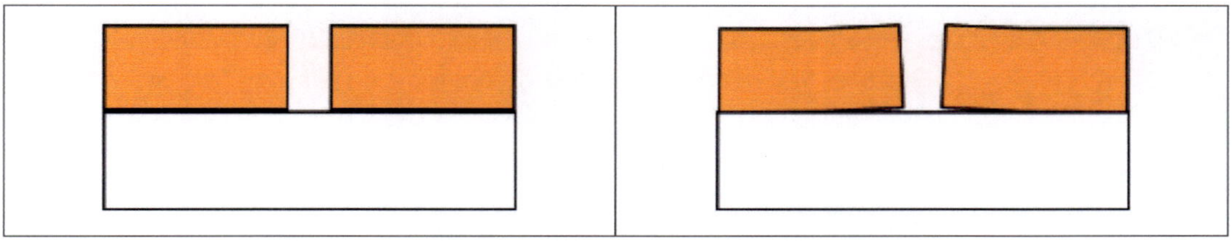

Bild 3.4 Risse im Bereich von Enthaftungen haben weitgehend parallel verlaufende Flanken. Oft wölben sich die Rissflanken etwas nach oben. Bei transparenten Beschichtungen zeigen sich derartige Enthaftungen und Aufwölbungen manchmal durch einen weißlichen Saum an den Rissflanken.

weitgehend parallel. Bei weichen Materialien und nur partiellen Enthaftungen sind die Rissflanken oft etwas nach oben gewölbt (Bild 3.4). Bei fest auf dem Untergrund haftenden Rissen ist die Oberfläche dagegen glatt oder sogar leicht nach unten gewölbt.

Risse, die mit einer Enthaftung im Untergrund einhergehen, können wesentlich breiter sein als Risse auf gut haftenden Materialien. In Furnieren, Lacken oder z. B. Deckschichten von mehrlagigen Parketten stellen sehr breite Risse daher ein Anfangsverdacht für Enthaftungen dar (Bilder 3.5 bis 3.7).

Falls unter den Rissen nur eine Enthaftung unmittelbar neben dem Riss vorhanden ist, stellt sich die Frage nach Ursache und Wirkung. Ob nämlich die Enthaftung ursächlich für die Risse ist oder die Risse zu

Bild 3.5 Sehr weit geöffnete Risse an der Oberfläche von Verbundmaterialien sind häufig ein Indikator für mangelnde Haftung. Damit kann sich ein breiter Riss mit parallelen Rissflanken entwickeln (rechts). Bei intakter Verklebung kann sich nur ein keilförmiger Riss mit entsprechend geringerer Rissbreite ausbilden (links).

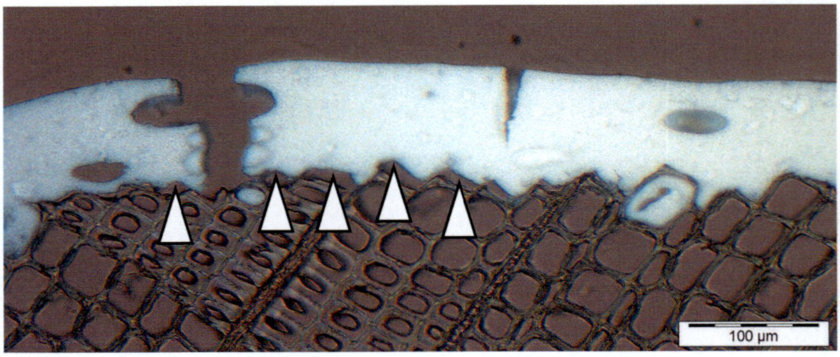

Bild 3.6 Dünnschnitt einer Lackschicht auf Kiefer unter dem Mikroskop. Rechts ein keilförmiger Riss in der Beschichtung. Der parallele Riss (links) verläuft durch Mikroschaumblasen und geht mit einer Enthaftung (Pfeile) vom Untergrund einher.

den Enthaftungen geführt haben. Theoretisch tritt am Grund eines Risses lediglich die gleiche Spannung auf wie an einem Sägeschnitt bzw. wie an einem Skalpellschnitt durch den Lack. Demnach wäre bei von Enthaftungen begleiteten Rissen immer die schlechte Haftung als eigentliche Ursache anzusehen, da die Beschichtung ja zweifelsfrei einen Säge- oder Skalpellschnitt aushalten muss, ohne dass es zu Enthaftun-

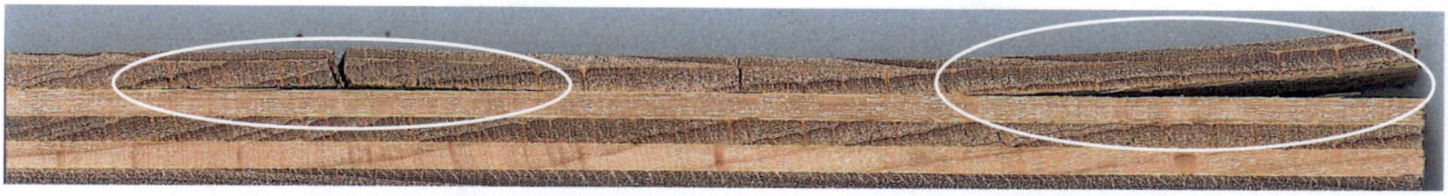

3.7 Querschnitt durch ein Buchensperrholz. Breite Risse im Deckfurnier, die nur in der Mitte der Platten (links) und nicht an den Plattenrändern vorkommen, sind ein Hinweis auf eine schlechte Verklebung des Deckfurniers. Am Rand der Platte zeigt sich die schlechte Verklebung durch Enthaftungen ohne Risse.

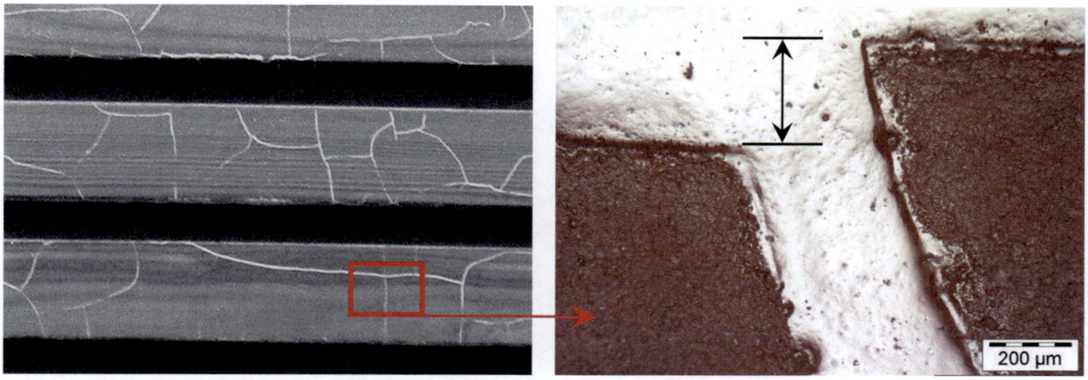

Bild 3.8 Breite Risse in einer Beschichtung ohne Bezug zur Holzstruktur können nur bei fehlender Haftung zum Untergrund entstehen. In diesem Fall hatte sich die Brandschutzgrundierung durch Feuchteeinfluss verflüssigt. Die dünne Deckbeschichtung ist daher wie Eisschollen gebrochen. Der mikroskopisch erkennbare Versatz der ›Lackschollen‹ bestätigt die frühere Verflüssigung der Grundierung.

gen kommt. Andererseits verlaufen Risse bevorzugt durch die Zonen der lokal geringsten Festigkeit, während ein künstlicher Schnitt Zonen mit hoher lokaler Festigkeit und Zonen mit hoher Festigkeit gleichermaßen betrifft. Ohne weitere Erkenntnisse ist daher nicht sicher zu klären, ob der Riss oder die Enthaftung den Ursprung des Problems darstellen.

Sehr breite Risse in dünnen Schichten zeigen, dass die gerissene Schicht sich gegenüber dem Untergrund verschoben hat. In Extremfällen zeigt sich an entstandenen Versätzen, dass sich die gerissene Schicht vergleichbar mit einer Eisscholle auf dem verflüssigten Untergrund verschoben hat (Bild 3.8).

Es ist typisch für durch Schrumpfung entstehende Risse in homogenen Schichten, dass sie immer annähernd im 90° Winkel auf den nächsten Riss treffen. Daher ist es möglich, die zeitliche Abfolge von Rissen zu rekonstruieren (Bild 3.9). Endet ein Riss in einem durchgehenden, so muss er nachträglich entstanden sein. Grundsätzlich kann auch davon

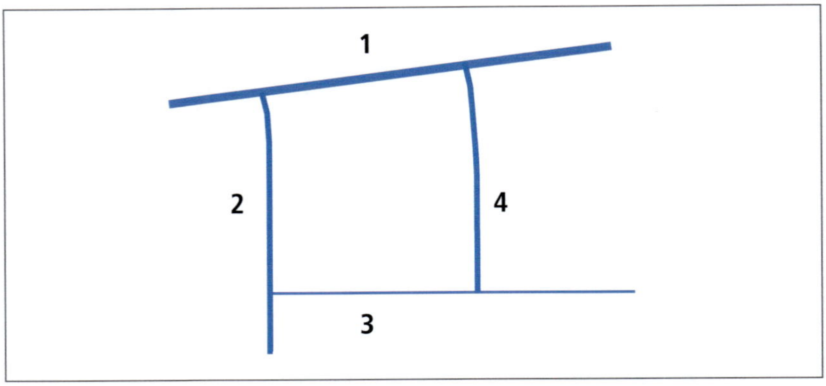

Bild 3.9 Der in einem durchgehenden Riss endende Riss muss später aufgetreten sein. Damit lässt sich die Abfolge der Rissbildung abschätzen.

Bild 3.10 Schuppenartige Inselrisse in der Deckbeschichtung, die nicht im Vorzugswinkel von 90° aufeinander treffen. Die Grundierung hat zwar die Poren (Gefäße) nicht vollständig benetzt, ist aber rissfrei. Die Rissform der Deckbeschichtung zeigt, dass hier eine grundlegende Schwäche der Beschichtung besteht. Vermutet werden kann eine Fehlcharge oder eine Schädigung der flüssigen oder noch nicht vollständig ausgehärteten Beschichtung durch tiefe Temperaturen.

ausgegangen werden, dass lange, durchgehende Risse stets als erstes auftreten und kleinere Risse später entstehen.

Risse, die nicht auf einen anderen Riss treffen, zeigen, dass entweder starke lokale Störungen vorhanden sind, oder z. B. eine sehr geringe Schichtdicke die Rissausbreitung verhindert. Ein zackiger Rissverlauf zeigt tendenziell eine starke Schwächung des Schichtenverbunds (z. B. durch UV-Strahlung verursachter Bindemittelabbau) an. Gleiches gilt offensichtlich in vielen Fällen auch, wo die Risse nicht rechtwinklig sondern z. B. bevorzugt im Winkel von ca. 120° aufeinander treffen (Bild 3.10).

Bild 3.11 Obwohl die Risse eine Vorzugsrichtung zeigen, ist anhand des bogenförmigen Rissverlaufs und der zum Teil deutlich gebogenen Rissenden von durch den Lack verursachten Rissen auszugehen.

Typischerweise laufen Risse, deren Ursache der Lack selber ist, mit gebogenen Enden aus. Auch wenn Risse teilweise der Vorzugsrichtung des Untergrundes folgen, aber längere Risse gebogene Enden zeigen, ist zunächst von einer Ursächlichkeit der Beschichtung auszugehen (Bild 3.11).

3.1.1 Risse in MDF Schmalflächen

Lackierte Schmalflächen von MDF sind in manchen Fällen anfällig für Risse. Die Schmalflächen sind anders als die Flächen nicht mit Grundierpapier beschichtet, sie liegen in der Ebene der geringsten Spaltfestigkeit und der höchsten Quellung und Wasseraufnahme der Platten. Die Risse können durch unterschiedliche Ursachen entstehen:

- fehlende, durchgeschliffene oder mangelhafte Füller und Grundierungen
- wesentlich zu dicke Beschichtungen (Bild 3.12)
- ungeeignete Deckbeschichtungen (Bild 3.13)
- MDF mit zu geringer Querzugfestigkeit und entsprechend ausgeprägtem Rohdichteprofil [15] (Bild 3.14)
- konstruktive Ursachen (Bild 3.15)
- oder unsachgemäße Nutzungsbedingungen wie extreme Trockenheit oder Durchfeuchtung von Platten für den Innenbereich.

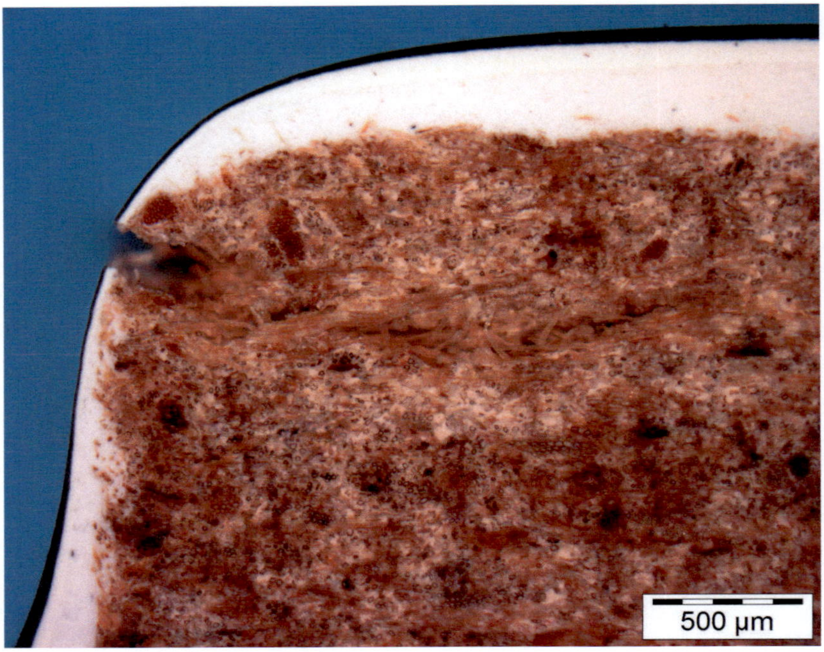

Bild 3.12 Querschnitt einer profilierten lackierten MDF-Platte. Schwindspannungen in den sehr hohen Schichtdicken (ca. 450 µm) auf den Flächen und gleichzeitig eine extrem dünne Schicht über der Kante (Kantenflucht, Kapitel 4.6.3) haben zu einem Riss in der Beschichtung und der MDF-Platte geführt. Als weitere Einflussgröße können relativ hohe Luftfeuchten angenommen werden, welche die in dem Eckbereich wenig geschützte MDF zusätzlich belasteten.

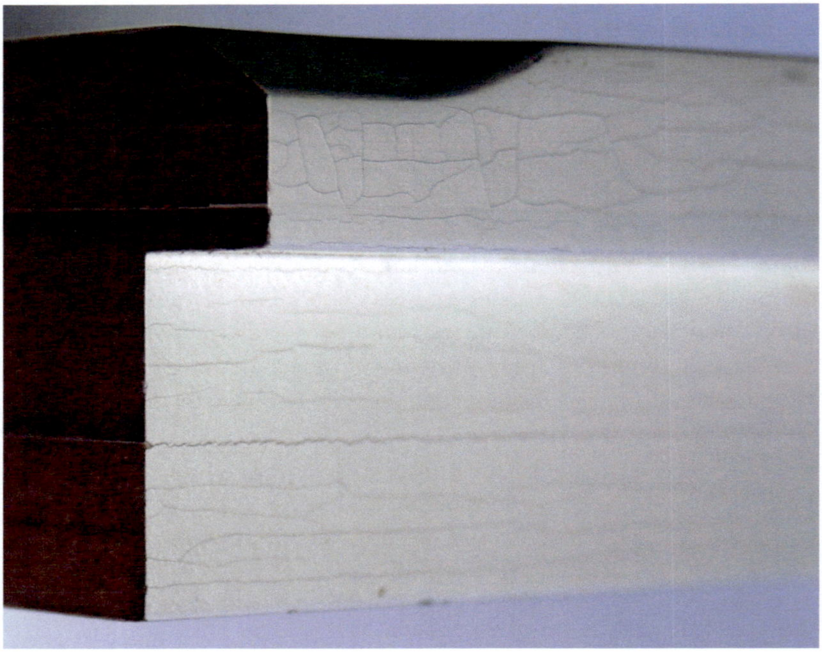

Bild 3.13 Die Form der Risse zeigt, dass es sich hier um durch den Lack oder dessen Applikation verursachte Risse handelt. Ein durchgehender Riss folgt zwar der Verklebung von zwei Platten, dies ist jedoch bei zu rissempfindlichen Beschichtungen zu erwarten.

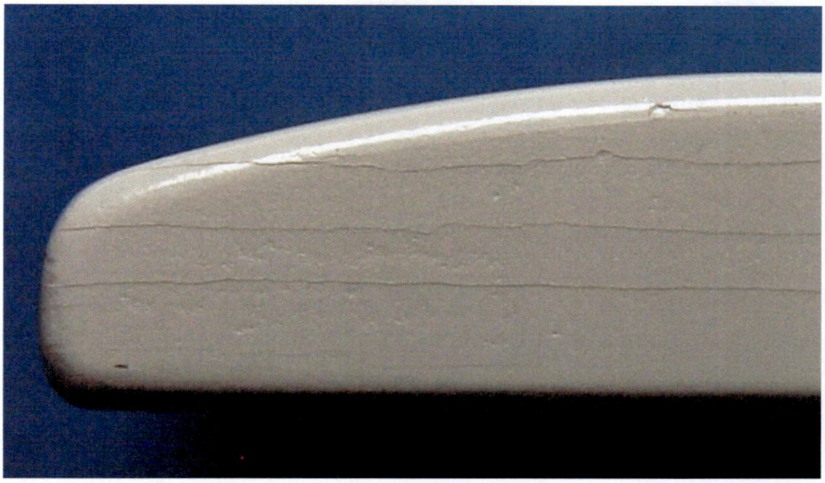

Bild 3.14 Die Risse auf einer Schmalfläche von MDF wurden vor allem durch eine zu geringe Querzugfestigkeit verursacht. Die Querzugfestigkeit dieser beschichteten MDF lag mit 0,33 N/mm² deutlich unter den geforderten Werten von 0,55 N/mm². In Untersuchungen von [42] hatte die Querzugfestigkeit der geprüften MDF dagegen keinen Einfluss auf die Rissbildung.

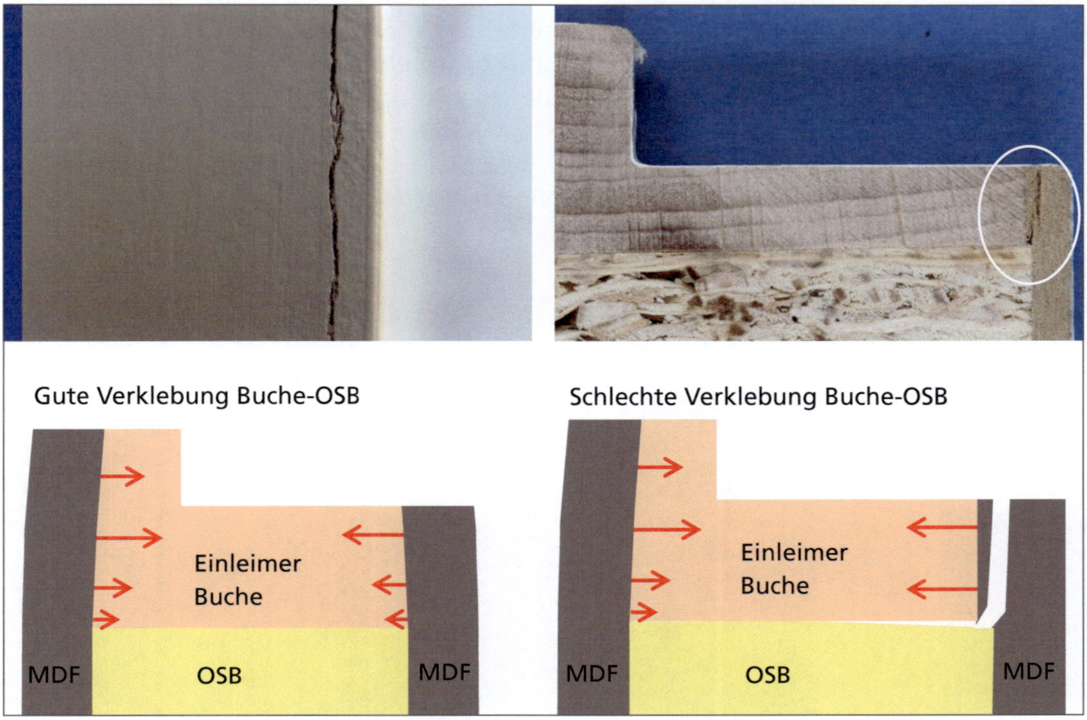

Bild 3.15 Ein Riss in dem MDF-Deck einer Zimmertür wurde durch eine schlechte Verklebung des Einleimers aus Buche auf dem OSB-Rahmen verursacht. Buche schwindet erheblich stärker als OSB. Bei einer guten Verklebung der Materialien wird das schwindende Buchenholz auf der OSB-Platte fixiert und die auf die Deckschicht der MDF wirkenden Zugspannungen sind am Übergang von Einleimer zu OSB annähernd null. Bei mangelnder Haftung des Einleimers auf der OSB-Platte wird die MDF Platte am Übergang zum Rahmen lokal extrem auf Querzug beansprucht und die Platte reißt.

3.1.2 Risse in Massivholz

Risse im Holz entstehen durch die Freisetzung von Spannungen, die entweder wuchsbedingt angelegt werden, z. B. infolge von Dreh- oder Wechseldrehwuchs oder bei der natürlichen oder technischen Trocknung des Holzes auftreten. Risse in tragenden Massivhölzern können dramatisch erscheinen (Bild 3.16) Längsrisse beeinträchtigen allerdings fast nie die berechnete Statik, da bei der statischen Berechnung holztypische Risse und Äste bereits mit einfließen [40]. Für übliches Bauschnittholz der Klasse S10 dürfen bei einer Messbezugsfeuchte von 20 % Risse bis zu einer Tiefe von 50 % des Querschnitts vorhanden sein. Für die Bewertung der möglichen optischen Beeinträchtigung durch große Risse gibt es keine verbindliche Grundlage [77]. Da durch die Einschnittart, die Holzauswahl und den Einbau gut getrockneten Holzes das Ausmaß von Rissen erheblich reduziert werden kann, sollte der Auftragnehmer (Zimmermann) Bedenken anmelden, wenn in der Ausschreibung von sichtbar bleibendem Holz keine weitere Spezifikation erfolgt. Zur Oberflächenqualität von Brettschichtholz, der Zulässigkeit von Rissen und möglichen Problemen bei der Sanierung von Rissen und Fehlstellen siehe [92]. Allerdings können deutlich schräg verlaufende Risse ein Hinweis auf mögliche Probleme durch Faserabweichungen sein (Kapitel 4.1.1).

Bild 3.16 Risse in weiß lackierten Hölzern fallen besonders stark auf. Es handelt sich um ein rein optisches Problem. Die Tragfähigkeit ist nicht beeinträchtigt.

Durch Schwinden verursachte Holzrisse (Schwindrisse) verlaufen fast ausschließlich in Richtung der Holzstrahlen (Bild 3.17) Bei wechseldrehwüchsigen Holzarten wie Sapeli, Sipo, Bilinga oder Iroko können auch wellenförmige Risse vorkommen (Bild 3.18). Durch mechanische Einflüsse verursachte Risse, z. B. beim Fällen oder durch unsachgemäße Verarbeitung können dagegen in jeder Richtung verlaufen (Bild 3.17).

Auf der dem ursprünglichen Kern des Baums zugewandte ›rechte‹ Seite eines Bretts können sich Jahresringe voneinander lösen und gefährliche Splitter bilden. Dies wird jedoch in der Regel nur bei mechanischer Belastung (Fußböden) oder direkter Bewitterung beobachtet (Bild 3.19).

Bild 3.17 Risse in Arbeitsplatten aus Buche. Links ein wahrscheinlich durch äußere Kräfte verursachter Riss quer zu den Holzstrahlen (tangential), rechts ein in Holzstrahlrichtung (radial) verlaufender typischer Schwindriss.

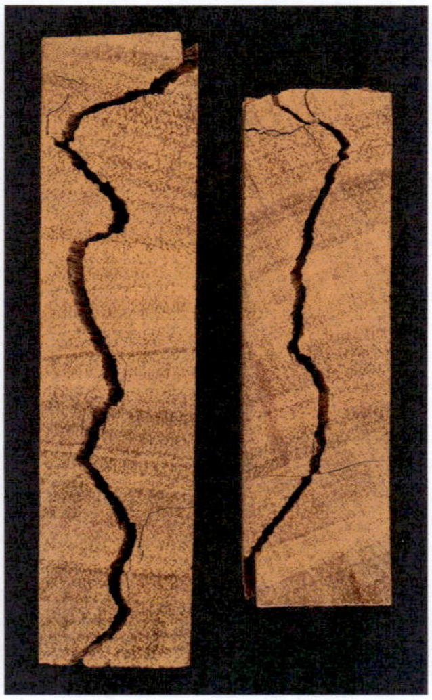

Bild 3.18 In ausgeprägt wechseldrehwüchsigen Holzarten, wie hier in Bilinga, können Risse auch stark wellenförmig verlaufen (Quelle: Gerald Koch, vTI, Hamburg).

Bild 3.19 Die spiegelbildliche Position der Äste zeigt, dass hier zwei Dielenbretter aus demselben Ausgangsholz gefertigt wurden. Nur das untere Brett, dessen rechte Seite (dem Kern zugewandte Seite) oben liegt, zeigt Trennungen zwischen den Jahresringen. Durch Stuhlrollen waren beide Bretter gleichermaßen mechanisch hoch beansprucht.

3.2 Enthaftungen

Enthaftungen sind ein sich vollflächiges oder teilweises Lösen von ursprünglich verbundenen Schichten. Auch Blasen sind lokale Enthaftungen. Stärkere Risse auf Verbundmaterialien können durch ungenügende Haftung verursacht sein obwohl noch keine Schichtentrennung sichtbar ist (Kapitel 3.1 »Risse«).

Sowohl bei Verklebungen als auch bei Lacken sind mehrere Faktoren für eine gute Haftung entscheidend:

- Klebstoff oder Lack müssen für den Anwendungsfall geeignet sein
- Oberflächen dürfen keine störenden Substanzen aufweisen
- Klebstoff oder Lack müssen die Flächen vollständig benetzen
- geeignete Bedingungen bei Trocknung/Härtung.

Grundsätzlich sind frische, maximal 24 Stunden alte Oberflächen besser verklebbar und lackierbar als ältere Oberflächen. Nach der letzten Oberflächenbearbeitung können störende Stoffe (Harze) an die Oberfläche diffundieren.

Sowohl gehobelte, geschliffene als auch sägeraue Oberflächen können beschichtet und verklebt werden. Laut [114] sind frisch gehobelte Oberflächen prinzipiell zur Verklebung am besten geeignet. Da Holz aufgrund seines zellularen Aufbaus ausreichend mikroporös ist, ist eine Vergrößerung der wirksamen Oberflächen durch Schleifen nicht notwendig [11], [114]. Da durch kurz vor der Verklebung erfolgtes Schleifen mögliche Störstoffe (vor allem Harze) von der Oberfläche entfernt werden, kann Schleifen dennoch eine sinnvolle oder notwendige Maßnahme sein falls durch zu hohen Schleifdruck keine Oberflächenschädigungen hervorgerufen werden.

3.2.1 Verklebung

Mangelhafte Verklebungen können sich zeigen indem sich Bauteile oder Schichten erkennbar voneinander trennen. Wie unter Kapitel 3.1 »Risse« beschrieben, können sie sich aber auch durch starke Rissbildung bemerkbar machen. Bei vielen Bauteilen, die mit Wasser in Kontakt kommen können, hat der Klebstoff aber auch eine wesentliche Bedeutung als Dichtstoff: Der Klebstoff verhindert das Eindringen von Wasser. Daher können sich fehlerhafte Verklebungen auch durch Quellungen zeigen. Typische Beispiele, bei denen die Dichtwirkung von Klebstoffen wichtig ist, sind Küchenarbeitsflächen (Bild 3.20) und Fenstereckverbindungen. Falls kein Klebstoff nachgewiesen wird muss noch geprüft werden, ob der Klebstoff gegebenenfalls durch die Nutzung ausgewaschen wurde.

Gute wasserfeste Verklebungen an gequollenen Übergängen von Quer- zu Längsholz zeigen sich durch einen fließenden Übergang der Schichten, während eine versagende Verklebung in einem abrupten Übergang der Schichten resultiert (Bild 3.21).

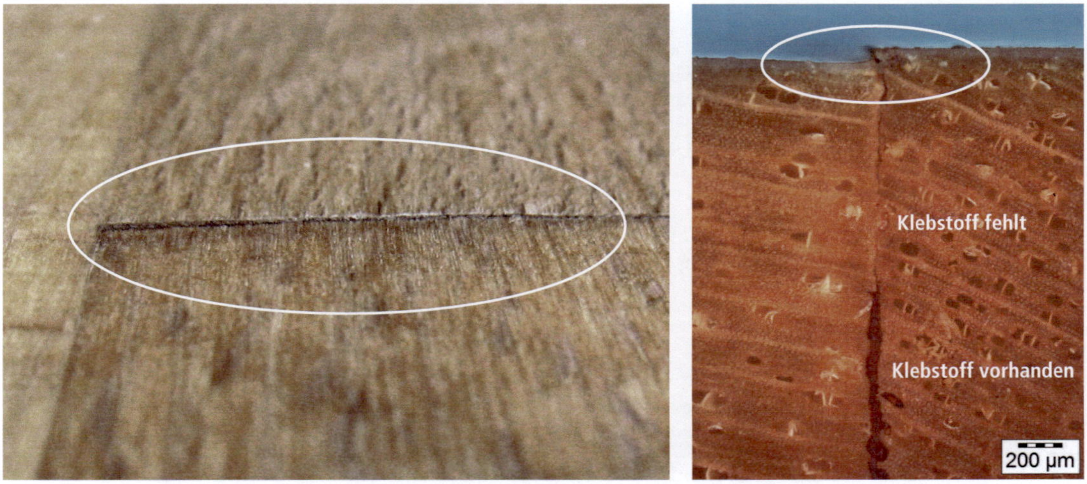

Bild 3.20 Versatz am Stoß von zwei Leisten einer Küchenarbeitsplatte aus Buche. Die mikroskopische Abbildung zeigt, dass in den äußeren ca. 1 mm kein Klebstoff vorhanden ist. Da die Dichtwirkung des Klebstoffs fehlt, ist das Holz gequollen.

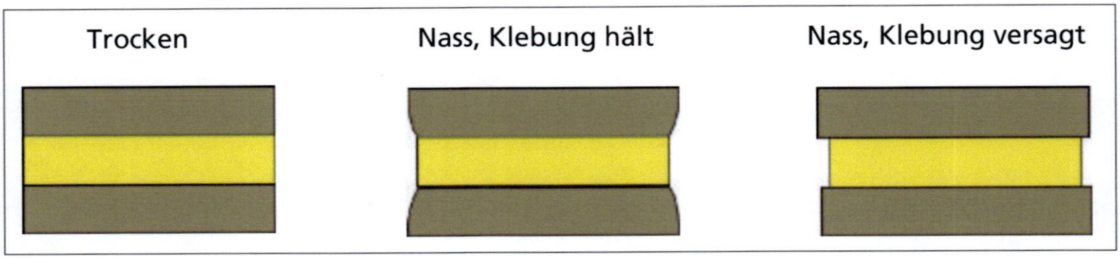

Bild 3.21 Am Zustand der Übergänge zwischen gequollenem Längs- und Querholz kann abgeschätzt werden, ob die Verklebung versagt hat.

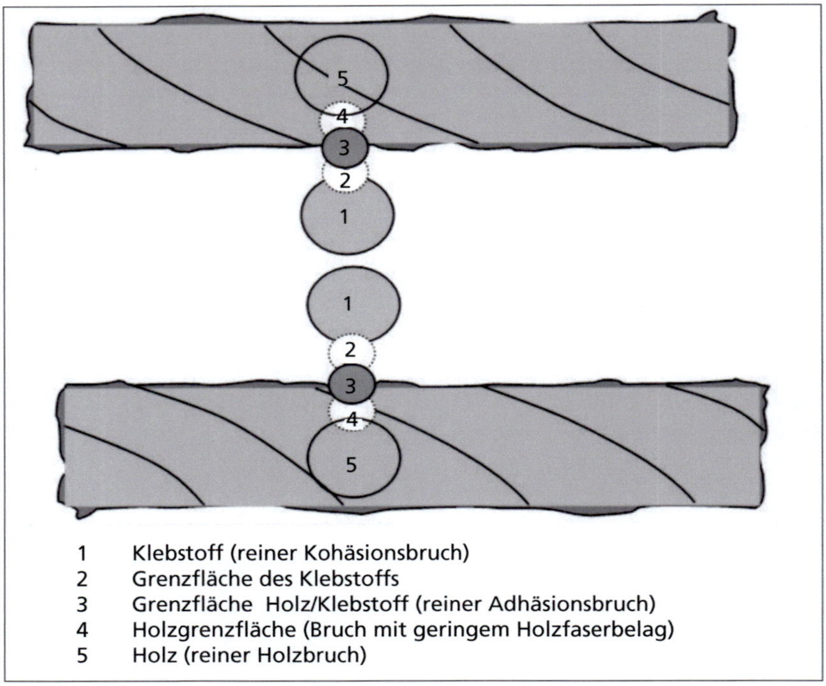

Bild 3.22 Schema der möglichen Zonen von Enthaftungen [41]

Bei der Beurteilung der Ursachen von schadhaften Verklebungen ist zu entscheiden, ob der Bruch im Holz oder in der Klebstofffuge erfolgte (Bild 3.22). Problematisch ist erfahrungsgemäß oft die Entscheidung, ob ein leichter Belag mit Holzfasern auf dem Klebstoff als Versagen im Klebstoff oder als Versagen im Holz betrachtet wird (Zone 4 der Enthaftung in Bild 3.22). Als Orientierung kann gegebenenfalls die Definition der Delaminierungen von Klebstofffugen gemäß DIN EN 391 (2002) [27] herangezogen werden:

»...ein Versagen des Holzes, [das] in der Regel innerhalb der ersten beiden Zellschichten neben der Klebstoffschicht eintritt. Dabei wird der Rissverlauf nicht durch den Faserwinkel und die Struktur der Jahresringe beeinflusst. Es wird durch ein feines, faseriges Aussehen der Holzfasern an der Grenzfläche zwischen der Holzoberfläche und der Klebstoffschicht charakterisiert«.

3.2.2 Beschichtung

Enthaftungen kommen vor allem bei wasserbasierten Beschichtungen im Außenbereich vor. Wässrige Acrylatdispersionen dringen aufgrund ihrer Teilchengröße nicht so tief in die Holzoberfläche ein wie lösemittelbasierte Systeme. Dadurch ist der mechanische Verbund zwischen der Beschichtung und dem Untergrund geringer, besonders wenn es durch Feuchtezutritt zum Quellen des Holzes und gleichzeitig zu einer Unterwanderung der Beschichtung durch Wassermoleküle kommt. An Holzfenstern sind die Folgen besonders häufig kurz nach der Bauphase in der kalten Jahreszeit zu beobachten: Es bilden sich blasenförmige oder flächige Ablösungen der Beschichtung vom Holz. In günstigen Fällen kann die Haftung nach dem Austrocknen jedoch auch wieder hergestellt sein. Wenn die Nasshaftung zu gering ist, können selbst minimale Beschädigungen der Beschichtung zu erheblichen Schäden führen. Durch solche Schadstellen dringt Wasser in das Holz und führt schon nach kurzer Zeit zu größeren Lackenthaftungen.

Wie gut die Nasshaftung von Beschichtungen sein sollte, kann unterschiedlich beurteilt werden. Bei Holzfenstern z. B. kann einerseits eine sehr gute Nasshaftung mögliche Schäden während der Bauphase verhindern, andererseits kann eine sehr gute Nasshaftung auch gravierende Durchfeuchtungen kaschieren. Langanhaltende Durchfeuchtungen an Fenstern sind unakzeptabel, weil sie die Wärmedämmung des Rahmens beeinträchtigen und letztlich zu Zerstörungen durch Pilze führen können. Vor diesem Hintergrund wäre es sogar wünschenswert wenn Beschichtungen nach mehrmonatiger Durchfeuchtung des Holzes durch Blasen oder Abblättern bemerkbar werden.

Da derzeit (März 2012) keine verbindliche Prüfnorm und keine verbindliche Anforderungen für die Nasshaftung an Holzfenstern existieren, ist die Beurteilung der Nasshaftung oft schwierig und nur unter Würdigung aller Umstände zu treffen (siehe Kapitel 5.8.2).

In vielen Fällen verbessert sich die Nasshaftung von Acrylatdispersionen durch Imprägnierungen (z. B. Bläue- oder Fäulnisschutz). Die Nasshaftung kann auch durch vom Beschichtungshersteller hinzugefügte Additive (Nasshaftungspromotoren) verbessert werden. Die letztendliche Nasshaftung bildet sich bei Acrylatdispersionen auch bei Raumtemperatur nach einigen Tagen aus. Bei Temperaturen unter ca. 10 °C kann die Nasshaftung auch für mehrere Monate auf dem ursprünglich schlechten Niveau verweilen.

Eine typische Ausprägung der Enthaftung von Beschichtungen sind Blasen. Nach der hier verwendeten Definition ist eine Blase eine lokal enthaftete Schicht, die sich durch Gas oder Wasserdruck oder durch innere Spannungen kuppelartig über der Oberfläche aufwölbt.

Demnach sind Lufteinschlüsse innerhalb einer Beschichtung ohne Aufwölbung an der Oberfläche keine Blasen. Sie werden üblicherweise als Mikroschaum bezeichnet.

Voraussetzungen für die Entstehung von Blasen sind grundsätzlich:

- Verlust der Haftung
- (Absolut) Druck
- Verformbarkeit ohne Risse (Duktilität)
- geringe Wasser-/Wasserdampfundurchlässigkeit der Deckbeschichtung.

Bei ausgehärteten Beschichtungen auf trockenem Holz ohne haftungsvermindernde Störungen wie z. B. Baumharz können Blasen kaum entstehen. Der Bruch geeigneter Beschichtungen erfolgt bei der Prüfung der Abhebefestigkeit daher regelmäßig im Holz, bzw. im Holzwerkstoff. Ganz anders sind die Verhältnisse wenn die Beschichtung nicht vollständig ausgehärtet ist und/oder Wasser die Grenzschicht Beschichtung – Untergrund schwächt.

Erhitzt man wasserdampfgesättigte Luft von 20 °C auf 60 °C resultiert eine Druckerhöhung um 0,04 N/mm^2. Bei trockener Luft würde die gleiche Temperaturerhöhung lediglich einen Überdruck von 0,02 N/mm^2 erzeugen. Man erkennt, dass der durch expandierende Luft oder Wasserdampf resultierende Druck unter baupraktischen Bedingungen nicht zur Schädigung von intakten Beschichtungsfilmen führen kann [36]. Für Epoxidharzbeschichtungen auf Beton wurde nachgewiesen, dass der Druck, der beim Befeuchten der Betonkapillaren entsteht, der Auslöser für Blasenbildungen ist [112]. Bei Beton wurden experimentell Kapillardrücke von ca. 2 bar nachgewiesen. Wahrscheinlich sind die tatsächlich lokal auftretenden Drücke jedoch noch höher [112]. Da es sich bei Holz um ein letztlich ähnlich kapillares Material handelt wie Beton, erscheint derselbe Mechanismus der Entstehung von Blasen zumindest

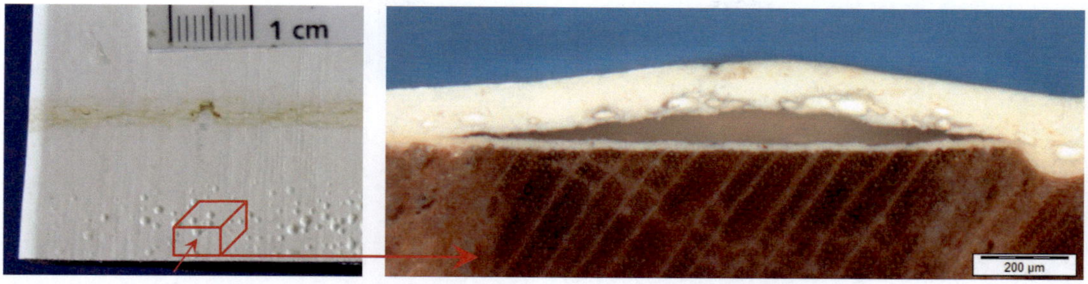

Bild 3.23 Ein bis zur braunen Linie in Wasser eingetauchtes Eichenholz zeigt nach wenigen Stunden zahlreiche Blasen über den Spätholzzonen. Als Erklärung kann Kapillardruck angenommen werden. Der mikroskopische Querschnitt zeigt eine Enthaftung zwischen der Grundierung und dem Decklack.

als eine geeignete Arbeitshypothese. [122] vermutet als Ursache für Blasen zwischen Grundierung und Deckschicht (Bild 3.23) lokale Fehlstellen in der Grundierung, wodurch der Kapillardruck aus dem Untergrund bis an die üblicherweise dampfdichtere Deckbeschichtung gelangt.

Bei lösemittelbasierten Beschichtungssystem kommt auch Gasdruck als Ursache für die Blasenbildung infrage, da Lösemittel bei Temperaturen auch weit unter 100 °C einen deutlich höheren Druck als Wasserdampf oder Luft erzeugen können.

Viele Blasen entstehen kurz nach dem Einbau, da die Nasshaftung des Films noch nicht vollständig ausgebildet ist und gleichzeitig viel Feuchte aus der Neubauphase anfällt [104].

Da eine Blasenbildung immer den Verlust der Haftung zum Untergrund voraussetzt, sind alle Mechanismen, welche die Haftung herabsetzen, potenzielle Auslöser von Blasen: haftungsbehindernde Substanzen auf der Oberfläche sind ungeeignete Spachtelmassen oder Baumharz (Bild 3.24) oder mechanische Fehlstellen wie Fraßgänge von Insekten (Bild 3.25), Risse im Holz (Bild 3.26) sowie Löcher, Risse oder Fehlstellen in der Grundierung.

Blasen können auch ohne Feuchte- oder Lösemitteleinfluss entstehen, wenn bei Wärme erweichende (thermoplastische) Grundierungen/ Spachtel bei z. B. Südausrichtung und dunklen Beschichtungen über den Schmelzpunkt erweicht werden. Dieser Mechanismus ist am typischen ›Honigbroteffekt‹ (Bild 3.27) erkennbar. Ein ähnliches Schadensbild ergibt sich beim Heißpressen, wenn der Druck entlastet wird, bevor der Klebstoff ausgehärtet ist (Kapitel 5.5.3).

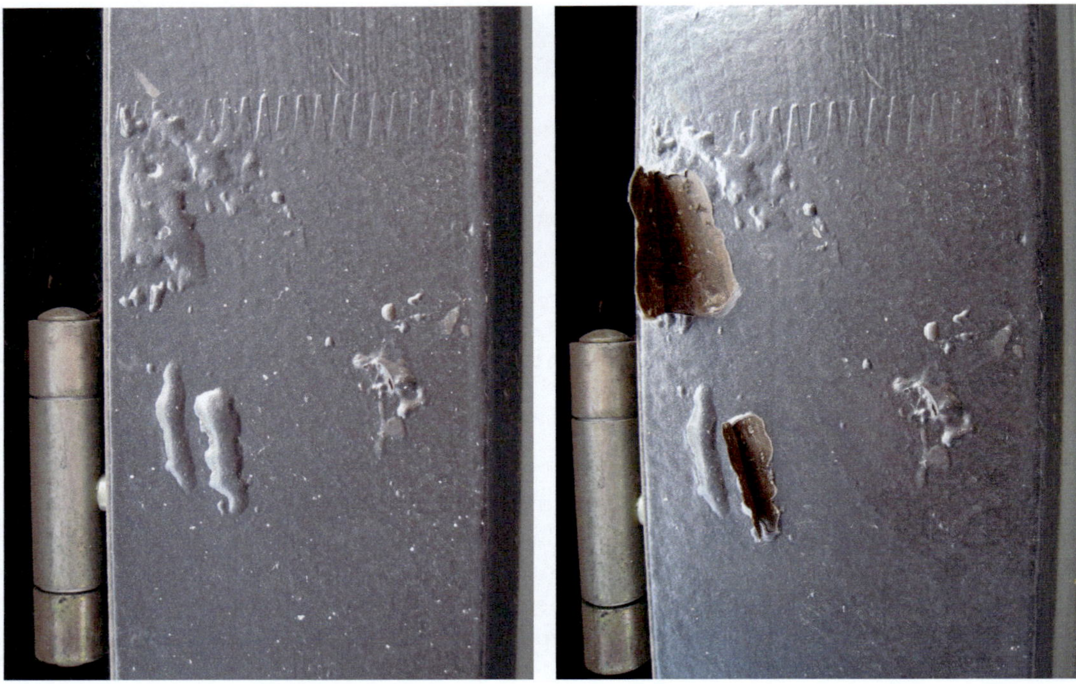

Bild 3.24 Größere Mengen an Baumharz haben die Haftung des Lacks lokal so weit verringert, dass Blasen entstanden sind. Auch ohne Öffnung der Blasen kann bereits ein lokaler Einfluss des Holzes angenommen werden, da das an die Keilzinkung angrenzende Holz schadensfrei ist.

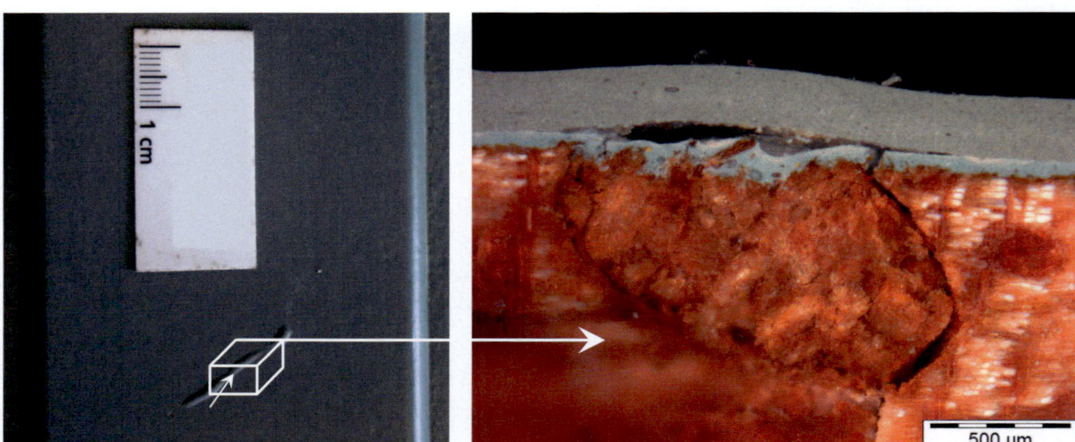

Bild 3.25 Quer zur Faserrichtung des Holzes verlaufende Blasen können nur über Fehlstellen des Untergrunds, Spachtelungen oder wie hier, über einem angeschnittenen Insektenfraßgang entstehen. Der Querschnitt zeigt den mit Bohrmehl verstopften Fraßgang und die darüber liegende Enthaftung der Beschichtung.

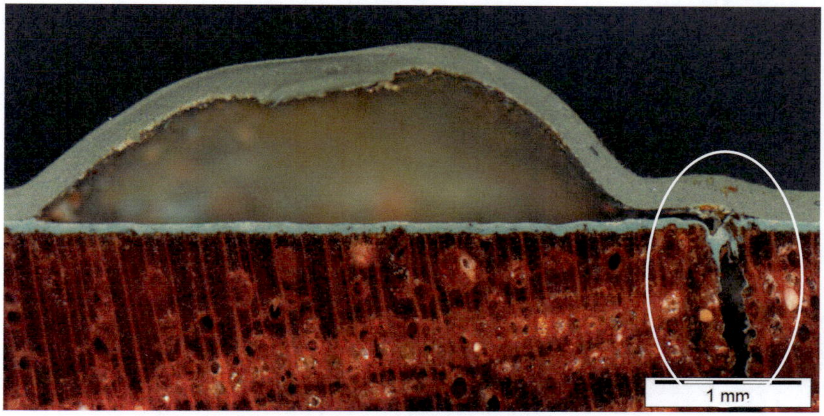

Bild 3.26 Der Querschnitt durch eine Blase zeigt, dass sie von einem Riss im Holz ausgeht.

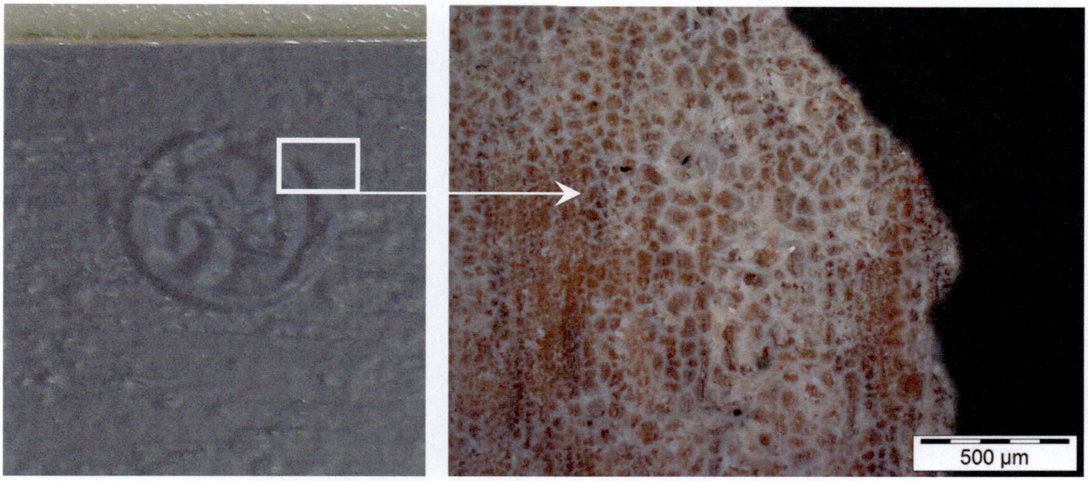

Bild 3.27 Am Grund der geöffneten Blase einer Beschichtung ist eine wabenartige Struktur, der sogenannte Honigbroteffekt (Kapitel 5.5.3) zu erkennen. Demnach handelt es sich um eine Blase, die entstand, weil die Grundierung gegen höhere Temperaturen empfindlich war.

3.3 Oberflächendefekte

Ein großer Teil der möglichen Filmfehler an Beschichtungen ist unabhängig von dem Untergrund und kann in gleicher Ausprägung auch auf beschichtetem Kunststoff oder Metall vorkommen. Derartige reine Lackierungsfehler werden hier nur dann erwähnt, falls zu klären ist, ob die Schäden durch den Lack oder dessen Applikation, durch den Untergrund oder Gebrauchsbedingungen entstanden sind. Filmfehler an Oberflächenbeschichtungen auf Holz beschreibt z. B. [99].

3.3.1 Farbänderung

Unerwünschte Farbänderungen können an fast jedem Punkt der Prozesskette von Holz und Holzwerkstoffen auftreten. Biologische, chemische, physikalische, produktionstechnische und nutzungsbedingte Ursachen kommen vor. Die Farbänderungen können in manchen Fällen das eigentliche Problem darstellen, in anderen Fällen sind sie nur Indikatoren für tiefer gehende Ursachen. Manchmal sind Verfärbungen leicht durch einfaches Reinigen zu beseitigen. Wenn sie aber immer wiederkehren, kann es sich dennoch um einen Mangel handeln. Ins Auge fallen Farbänderung oft nur dann, wenn lokale Farbunterschiede auftreten. Wenn sie vollflächig auftreten, werden sie oft gar nicht bemerkt. Ob eine Verfärbung einen Mangel darstellt oder aber hinzunehmen ist, kann nur im jeweiligen Einzelfall bewertet werden [77].

Sowohl Lichtstreuung, UV-Strahlung, chemische Effekte als auch Farbstoffe und Verschmutzungen können Farbveränderungen verursachen:

Lichtstreuung

Enthaftungen, Risse und z. B. eingeschlossene Luftblasen in transparenten Schichten erscheinen oft grau/diffus/weiß, weil durch die Enthaftung neue Grenzflächen entstanden sind, an denen das Licht gestreut wird. Typische Beispiele sind z. B. Verfärbung von enthafteten Decklacken (Bild 3.28) silbrig-weiß erscheinende Frühholzgefäße

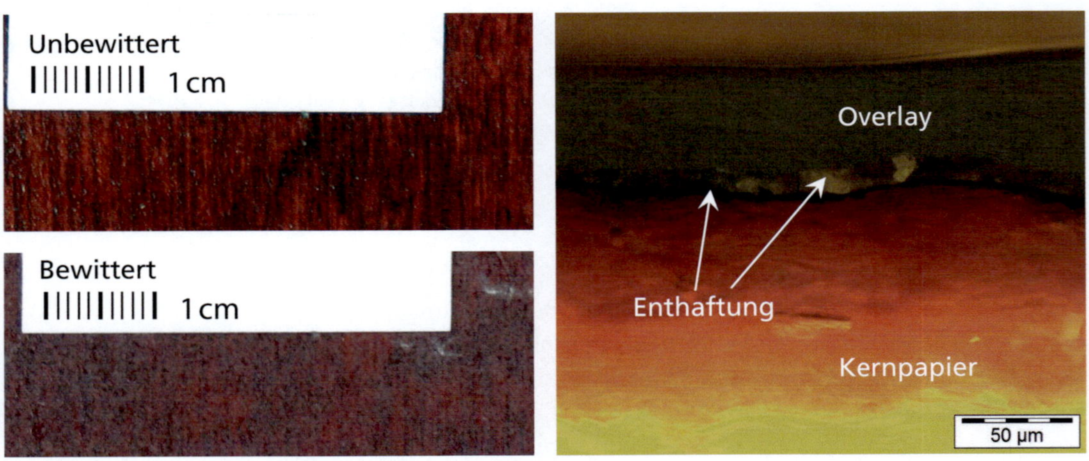

Bild 3.28 Nach kurzer Bewitterung wurde eine Schichtstoffoberfläche milchig grau (links oben unbewittert, links unten bewittert). Die Verfärbung wurde durch eine Enthaftung des Overlay durch die Bewitterung verursacht. Die fluoreszenzmikroskopische Untersuchung eines Querschnitts zeigte die Enthaftung.

über Klebstoffdurchschlägen (Bild 4.25), Weißbruch (Kapitel 4.4.4) von Beschichtungen und weiß erscheinende Fehlstellen in Melaminharzbeschichtungen, die aufgrund von lokalen Störungen der Platte, der Presse oder der Beschichtung resultieren (Kapitel 4.2.2, Bild 4.16).

Entfärbung

Häufig werden Entfärbungen durch UV-Strahlung verursacht. Der energiereiche UV-Anteil des Sonnenlichts kann holzeigene Farbstoffe in dunklen Hölzern oder Pigmente/Farbstoffe von Beschichtungen oder Beizen zerstören. Während für Materialien wie Laminatböden oder Ledermöbel Anforderungen an eine mindestens zu erreichende Lichtechtheitsstufe bestehen, kann für Holz keine Forderung an eine Lichtechtheit aufgestellt werden. Naturbelassenes Holz verändert seine Farbe natürlicherweise bei Belichtung zum Teil sehr stark. Helle Hölzer werden üblicherweise dunkler und dunkle Hölzer bleichen aus und werden heller. Bei vielen Hölzern ist dies erwünscht, da eine besondere Patina entsteht, die den besonderen Reiz von Holz ausmachen kann. Um diese natürliche Verfärbung zu verhindern, können die Hölzer entweder gebleicht und anschließend mit UV-beständigen Beizen gefärbt werden oder aber mit der Oberflächenbehandlung wird ein Schutz vor UV-Strahlung aufgebracht. Die Bewertung des Erfolgs von UV-Schutzlacken ist in manchen Fällen schwierig und stets nur im Einzelfall möglich. Die Prüfung der UV-Durchlässigkeit von bereits applizierten Beschichtungen ist in manchen Fällen durch vorsichtiges Herunterpräparieren der Beschichtung möglich [70].

Verfärbung

Verfärbungen entstehen entweder durch den Eintrag farbiger Substanzen oder durch den Eintrag von Substanzen, die eine Farbänderung verursachen. Zur ersten Gruppe zählen z. B. Verfärbungen durch in Kapitel 4.1.3 dargestellte Holzinhaltsstoffe. Manchmal muss geklärt werden ob gelblich braune Beläge auf Oberflächen durch Nikotin im Zigarettenrauch verursacht wurde. Ein wichtiger Indikator zum Ausschluss der Ursächlichkeit des Untergrundes ist, dass derartige luftgetragene Substanzen normalerweise verschiedene Materialien verfärben und nicht nur ausschließlich die Oberflächen von beschichteten Hölzern oder Holzwerkstoffen. Im Zweifelsfall können die Oberflächen z. B. mittels Gaschromatografie auf Nikotinabbauprodukte untersucht werden.

Bei Chemikalien, die zu Verfärbungen führen, handelt es sich in vielen Fällen um Säuren, Laugen oder Oxidationsmittel, aber auch Eisen, das mit holzeigenen Gerbstoffen/Tanninen reagiert (Kapitel 4.5.2) bis hin zu Tierurin auf Parkett.

Laut [95] verfärben sich vor allem aliphatische PU Parkettlacke orange in Kontakt mit Oxidationsmitteln wie Wasserstoffperoxyd oder Chlor, aber auch z. B. mit Gummi.

Ein Beispiel für Verfärbungen, die nur unter besonderen Einsatzbedingungen auffällig werden, sind rosa Verfärbung auf (Sicht)Beton. Derartige Verfärbungen treten offensichtlich nur dann auf, wenn bestimmte niedermolekulare Phenole aus dem braunen Phenolharzfilm der Schalungsplatten in Kontakt mit starken Alkalien, wie z. B. frischem Beton kommen.

Wenn wasserbasierte Transparentlacke oder Lasuren unterhalb der notwendigen Mindestfilmbildetemperatur aushärten können graue/milchige Verfärbungen vorkommen ([96] S. 125). Wenn ungenügend ausgehärtetete wasserbasierte Lasuren mit Wasser in Kontakt kommen, können dauerhafte oder temporäre graue/milchige Verfärbungen entstehen ([104] S. 115).

Ausblühungen

Wenn Stoffe aus dem Untergrund auf die Oberfläche wandern und dort Kristalle oder amorphe Auflagerungen bilden, spricht man von Ausblühungen. In der Regel handelt es sich um wasserlösliche Salze (siehe z. B. Bild 5.135). An die Oberfläche gelangen sie, wenn ein Feuchtestrom aus dem Material in Richtung Oberfläche vorhanden ist. Derartige Bedingungen bestehen z. B. an Dachuntersichten, wo morgendlicher Tauwasseranfall die oberen Schichten durchfeuchtet und im Laufe des Tages wieder abtrocknet. Ausblühungen können ein Anzeichen für bauphysikalische Probleme sein, wenn z. B. durch fehlende Dampfsperren ein ständiger Feuchtestrom von Innen nach Außen vorliegt. Wasserlösliche Ausblühungen können oft einfach entfernt werden. Nur falls die Verfärbungen ständig wiederkehren und kein dafür ursächlicher bauphysikalischer Fehler vorliegt und/oder die verfärbten Flächen nur schwer zugänglich sind, liegt ein eindeutiger Mangel des Materials vor.

Verschmutzung

In der DIN 68 861-1 (2011) [20] wird die Fleckenempfindlichkeit von Möbeloberflächen gegenüber Rotwein, Senf, Tee und viele andere Stoffe bewertet. Im Zweifelsfall kann die Fleckenempfindlichkeit daher durch Normversuche bestimmt werden, obwohl die Anforderungen prinzipiell nur für ungenutzte Oberflächen gelten und Gebrauchsspuren z. B. zu einer höheren Empfindlichkeit führen können. Wenn Flecken von Substanzen verursacht werden, die in der Norm nicht berücksichtigt werden, muss im Einzelfall abgewogen werden, ob es sich um zu tolerierende Materialeigenschaften handelt, welche die Gebrauchstauglichkeit nicht herabsetzen. Auf manchen Oberflächen hinterlassen Metalle (z. B. Ringe) deutliche Abriebspuren, die nur schwer oder gar nicht zu beseitigen sind. Die Metallabriebfestigkeit (Ringfestigkeit) wird in den Normen jedoch nicht berücksichtigt und muss daher im Einzelfall bewertet werden. Im Zweifelsfall kann das Materialverhalten mit anderen handelsüblichen Materialien verglichen werden.

Reinigbarkeit

Wenn Verschmutzungen auf Oberflächen, die eigentlich als gut zu reinigen bekannt, dennoch mit angemessenem Aufwand kaum zu entfernen sind, kann das auch geometrische Ursachen haben (Bild 3.29). Schmutz, der sich in Rissen oder in ungünstig geprägten Strukturen auf der Oberfläche von Laminatböden festsetzt, kann nur mit sehr hohem Aufwand beseitigt werden [67].

Eine erhöhte Verschmutzungsneigung kann ein Hinweis auf eine mangelhafte Beschichtung sein (Bild 3.30) [66].

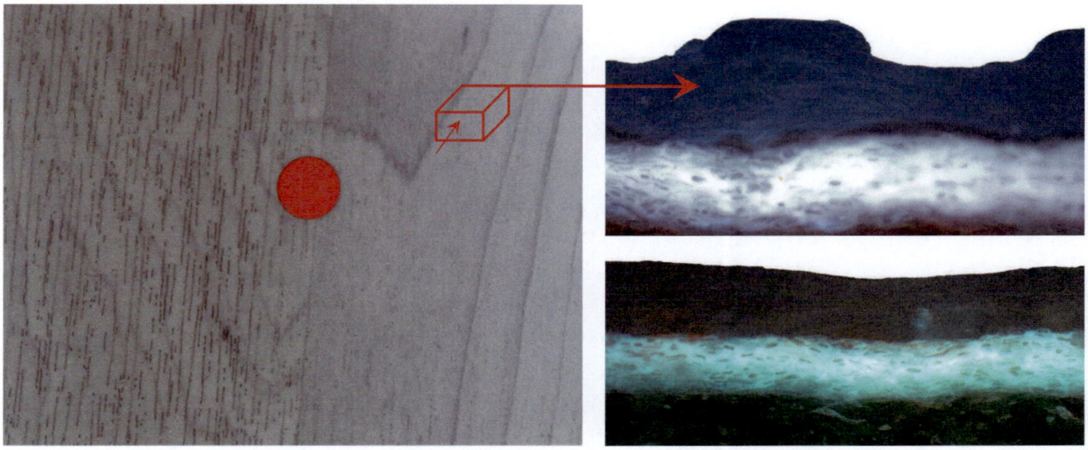

Bild 3.29 Nur mit ganz erheblichem Kraft- und Zeitaufwand ließ sich die verschmutzte Oberfläche (links) dieses Laminatbodens wieder reinigen. Die annähernd rechtwinkelig tief einprägten Strukturen (rechts oben) sind kaum zu reinigen. Übliche auf Laminat eingeprägte Strukturen sind gerundet und flacher (rechts unten).

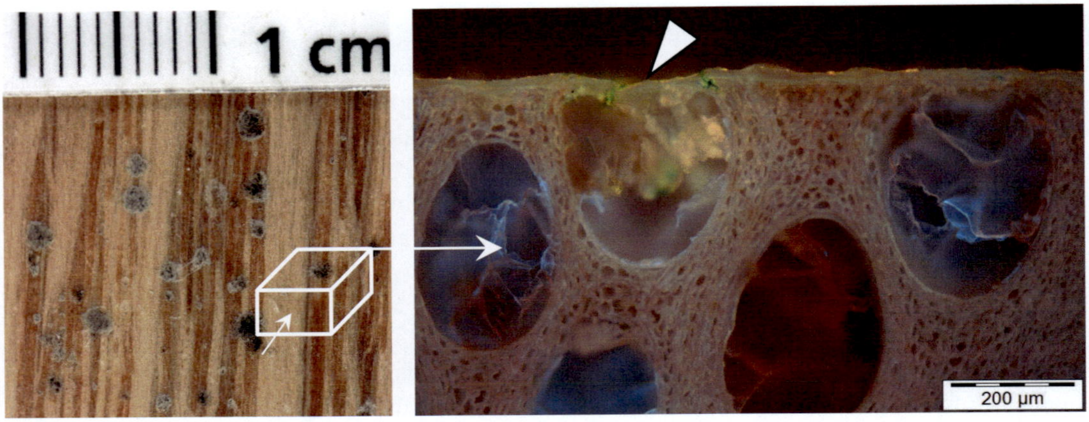

Bild 3.30 Punktförmige Verschmutzungen auf Eichenparkett, die sich zwar noch relativ leicht entfernen ließen, jedoch immer wieder auftraten. Erkennbar ist, dass die Punkte stets nur über Frühholzgefäßen vorkommen. Der mikroskopische Querschnitt (rechts) zeigt, dass die ca. 20 µm dicke Lackschicht über großen Frühholzgefäßen eingebrochen ist. In der entstandenen Vertiefung im Zusammenspiel mit den dort vorhandenen Rissen konnte sich Schmutz festsetzen. Die eigentlichen punktförmigen Verschmutzungen waren somit ein Indikator für eine mangelhafte, weil zu dünne Beschichtung.

3.3.2 Mazeration

Mazeration wird hier ganz allgemein verstanden als der Zerfall von Holz in seine Zellen (Fasern). Ursachen für Mazeration sind chemische Einflüsse, Pilzbefall und Ligninabbau durch UV-Strahlung.

Üblicherweise ist Holz gegen chemische Einflüsse sehr beständig. Mazerationen von Hölzern sind allerdings im Kontakt mit bestimmten Salzen sowie Holzschutzmitteln und Brandschutzmitteln bekannt und ausführlich dokumentiert [37]. Als besonders aggressiv haben sich Kalisalze erwiesen. Ein Schadensmechanismus durch Salze ist deren Kristallisationsdruck. Wenn in Wasser gelöste Salze trocknen, werden Kristalle gebildet, die ein höheres Volumen haben als die ursprüngliche Lösung. Die Kristalle können gegen äußere Kräfte wachsen und so einen starken Druck erzeugen, der Gesteine, aber auch den Zellverbund von Holz sprengen kann. Um Zerstörungen zu verursachen, müssen mehrere Zyklen von Befeuchtung und Austrocknung stattfinden. Dabei ist nicht immer flüssiges Wasser notwendig. Kochsalz z. B. geht bereits bei einer relativen Luftfeuchte von 75 % in Lösung. Derartige Bedingungen kommen z. B. in Saunakabinen vor, in denen mit Salzlösungen oder Salzeinreibungen gearbeitet wird, in Solebädern, Bergwerken und Salzlagern (Bild 3.31).

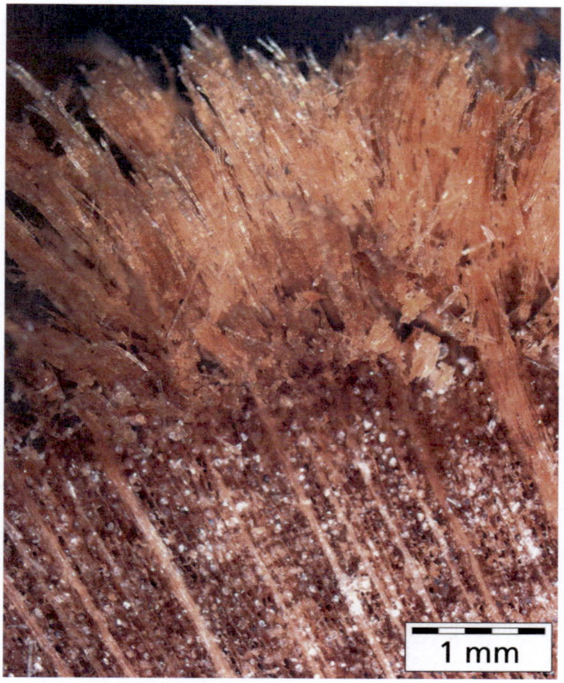

Bild 3.31 Mikroskopischer Querschnitt einer mazerierten Saunabanklatte. In der Sauna gelangte salzhaltiges Wasser an die Bänke.

Bild 3.32 Durch einen Weißfäulepilz mazeriertes Holz

Manche Weißfäulepilze hinterlassen mazeriertes Holz (Bild 3.32). Eine mikroskopische Untersuchung gibt schnellen Aufschluss über die Ursache.

Bild 3.33 Durch UV-Anteile des Sonnenlichts wird die Kittsubstanz des Holzes, das Lignin, zerstört und die Zellulosefasern werden freigelegt. Speziell bei manchen Sperrhölzern (hier Birke) führt dies im Zusammenspiel mit den vorhandenen Schälrissen des Furniers zu einer intensiven Mazeration.

Durch UV-Strahlung und nachfolgende Auswaschung durch Regen wird Lignin aus den Oberflächen von bewittertem Holz herausgelöst (Kapitel 4.7.2). Vor allem auf Sperrholzoberflächen kann dies zu nennenswerter Mazeration führen (Bild 3.33).

3.4 Verformung

Hauptsächliche Ursache von Verformungen an Holzbauteilen sind Feuchteänderungen. Ist die Feuchteeinwirkung einseitig oder das Material nicht symmetrisch aufgebaut, muss mit besonders problematischen Verformungen gerechnet werden. Weitere Ursachen von Verformungen sind mechanische Überbeanspruchungen oder z. B. Befall durch Holz zerstörende Pilze. Mit feuchtebedingten Verformungen im Rahmen der üblichen Grenzen ist bei Holz und Holzwerkstoffen immer zu rechnen – sie müssen durch geeignete Konstruktionen und Materialien aufgefangen werden können.

Zu unterscheiden sind nicht zurückgehende plastische Verformungen und elastische Verformungen, die durch besondere klimatische Bedingungen entstanden sind und die bei Normalisierung des Klimas wieder zurückgehen. Vor allem ist zu vermeiden, dass durch besondere klimatische Bedingungen verursachte reversible Verformungen zu früh saniert werden, da sonst Verformungen in entgegengesetzter Richtung auftreten, sobald sich das Klima wieder normalisiert hat.

Eine besonders große Bedeutung haben Verformungen (Schüsselungen, Aufwölbungen, Fugen) bei Holzfußböden. In [95] sind Ursachen und die resultierenden Schäden an Holzfußböden umfassend dargestellt.

Haustüren sind ein extremes Beispiel für hohe Anforderungen an die Ebenheit bei gleichzeitig extremer Beanspruchung und besonderer Größe der Bauteile. Durch ausgefeilte Schichtaufbauten kann die Verformung dennoch auf das zulässige Stichmaß von max. 4 mm [101] begrenzt werden, wobei bereits bei deutlich geringeren Verformungen erste Funktionsstörungen der Türen vorkommen können. Falls im ungünstigsten Fall Südausrichtung, dunkler Farbton, kein Vordach und gleichzeitig Baufeuchte aus dem Inneren zusammentreffen, sind problematische Verformungen jedoch nicht immer vollständig auszuschließen. Sobald sich die Feuchte im Gebäude wieder normalisiert hat, können sich die Verformungen, zum Teil im Laufe mehrerer Monate, wieder zurückbilden.

Aufwölbungen, die sich bei Quellungen ohne Dehnungsfugen ergeben (beidseitiges Widerlager) wurden von [95] anschaulich beschrieben: Ein 200 cm langer Gliedermaßstab wölbt sich 10 cm auf, wenn er zwischen zwei 199 cm voneinander entfernte Widerlager gestellt wird.

Verformungen sind eine häufige Folge von nicht symmetrischen Aufbauten. Symmetrisch ist ein Aufbau, wenn er hinsichtlich der Schichtdicken und/oder hinsichtlich der Materialeigenschaften symmetrisch zur Mittellinie eines Werkstoffes ist. Erfahrungsgemäß sind besonders Sperrhölzer (Bilder 3.34 und 3.35) und beidseitig mit unterschiedlichen Schichtpressstoffen beschichtete Holzwerkstoffe von Verformungen durch Asymmetrie betroffen.

Um die Auswirkung von Asymmetrien beurteilen zu können, ist der gegenüber den inneren Zonen eines Materials wesentlich höhere Einfluss der äußeren Schichten zu berücksichtigen. (Beplankungseffekt). Der starke Einfluss der äußeren Schichten kann in erster Näherung mit der Wirkung eines Hebels veranschaulicht werden. Asymmetrische Kräfte, die in der Nähe der Symmetrieebene angreifen, bzw. bei einem Hebel in der Nähe des Drehpunkts, haben nur einen untergeordneten Einfluss auf die Verformung. Dagegen führen Kräfte in größerer Entfernung zur Symmetrieebene, bzw. des Drehpunkts, zu wesentlich stärkeren Verformungen.

Besonders bei Schichtstoffen werden die Kräfte, die bei Feuchtewechseln durch Quell und Schwindbewegungen auftreten können, manchmal unterschätzt. Um Verformungen sicher zu vermeiden, ist es

Bild 3.34 Ein nicht symmetrischer Sperrholzaufbau hat zu starken Verformungen geführt. Zur Veranschaulichung der Asymmetrie wurde ein Teil des Querschnitts der fünflagigen Sperrholzplatte verdoppelt und gespiegelt. Bei einem symmetrischen Aufbau lägen die Schichten des Originals und des gespiegelten Bildes in der gleichen Ebene.

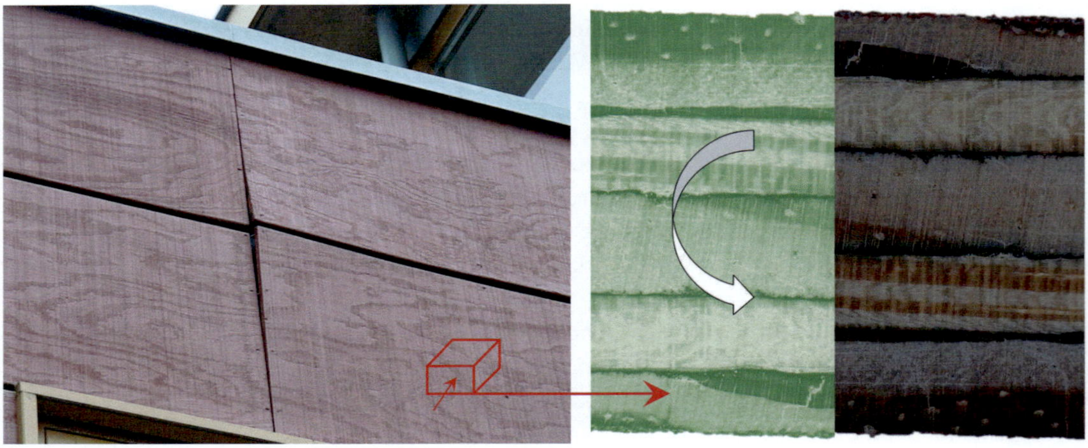

Bild 3.35 Unter anderem die aus dem asymmetrischen Sperrholzaufbau resultierenden Kräfte haben die Befestigungsmittel aus der Unterkonstruktion gezogen und führen zu einer Aufwölbung der Fassadenplatten. Das ursprünglich symmetrische Sperrholz wurde auf einer Seite ca. 2 mm dünner gesägt, um eine sägeraue Frontseite zu erhalten. Das gespiegelte Bild des Querschnitts demonstriert die resultierende Asymmetrie des Aufbaus.

bei gegen Verformungen empfindlichen Bauteilen sinnvoll, auf beiden Seiten das gleiche Material zu verwenden.

Mit dem Programm Twist Calc® können die aus asymmetrischen Aufbauten resultierenden Spannungen in Aufbauten mit bis zu sieben Schichten abgeschätzt werden.

Da es für viele Anwendungsfälle keine Vorschriften zu der maximal zulässigen Verformung im Gebrauch gibt, muss die Zulässigkeit im Einzelfall unter Berücksichtigung technischer und optischer Kriterien abgewogen werden. Gegebenenfalls lässt sich DIN 18202 (2005) Toleranzen im Hochbau – Bauwerke anwenden. ([77] S. 23) weist darauf hin, dass die dort genannten Maßtoleranzen z. B. für Parkett nicht in jedem Fall zutreffend sind.

4 Schadensursachen

4.1 Massivholz

Für viele Bauteile sind die zulässigen Holzmerkmale in Normen oder Richtlinien eindeutig festgelegt. Aber auch zulässige Merkmale können einen Einfluss auf Schäden haben. So ist z. B. zu berücksichtigen, dass die fast immer zulässigen inneren ca. 10 bis 20 Jahresringe einer Stammscheibe (Jugendholz/Juvenile wood) eine geringere Dichte und eine geringere Dauerhaftigkeit gegen Holz zerstörende Pilze aufweisen und besonders in axialer Richtung stärker quellen und schwinden als das sonstige Holz [63]. Und obwohl heutzutage die Lage der Jahresringe oft nicht beachtet werden muss, ist im Rahmen von Schadensanalysen zu berücksichtigen: die oft deutlich bessere Haltbarkeit von Beschichtungen im Außenbereich auf der linken Seite von Seitenbrettern, die Tendenz zur Ringschäle auf der rechten Seite bei Fußböden, das unterschiedliche Quell- und Schwindverhalten von liegenden und stehenden Jahresringen. Diese Eigenschaften von Massivholz werden als bekannt vorausgesetzt.

Einflussfaktoren, die in manchen Fällen schwierig zu erkennen oder zu bewerten sind und/oder verschiedene Schadensausprägungen verursachen können, sind z. B. Faserabweichungen, Stauchbrüche und der gesamte Komplex der Holzinhaltsstoffe.

4.1.1 Faserabweichung

Stärkere Abweichungen der Faserrichtung des Holzes können zu ganz unterschiedlichen Schadbildern führen. Sowohl Verfärbungen (Bild 4.3), Risse und Ausrisse (Bild 4.4), als auch Blasen und das plötzliche mechanische Versagen von Bauteilen (Bild 4.5) sind möglich. Starke Faserabweichungen können durch Drehwuchs von Bäumen verursacht sein. In diesem Fall ist der Drehwuchs im gesamten Stamm vorhanden. Andere Ursachen, die zu lokalen Faserabweichungen führen, sind z. B. Wülste am Stamm, Nähe zu Ästen und Drehung der Krone durch einseitige Windbelastung.

Faserabweichungen sind in manchen Fällen schwierig zu erkennen, da die Faserrichtung und die visuell erkennbare Jahrringstruktur nicht immer zusammenhängen (Bild 4.1). Da Faserabweichungen ein kleinstrukturelles Phänomen auf der mikroskopischen Ebene von Holzzellen sind, kann eine rein visuelle Einschätzung besonders auf tangentialen Flächen zu Fehlurteilen führen.

Bild 4.2 zeigt schematisch, dass sich jeder neue Jahresring wie ein Hohlkegel über den vorhergehenden Jahresring legt. Auf tangentialen Flächen zeigt sich für das Auge das gleiche gefladerte Bild, unabhängig davon, ob der neue Jahresring mit senkrechter Faserausrichtung gebildet wurde, oder ob die Fasern eine nennenswerte Winkelabweichung zur Stammachse haben.

Bild 4.1 Die Trocknungsrisse der beiden Eichenpfosten folgen dem Faserverlauf. Der Verlauf der Fladerung ist kein Indikator für die Faserrichtung/Rissrichtung.

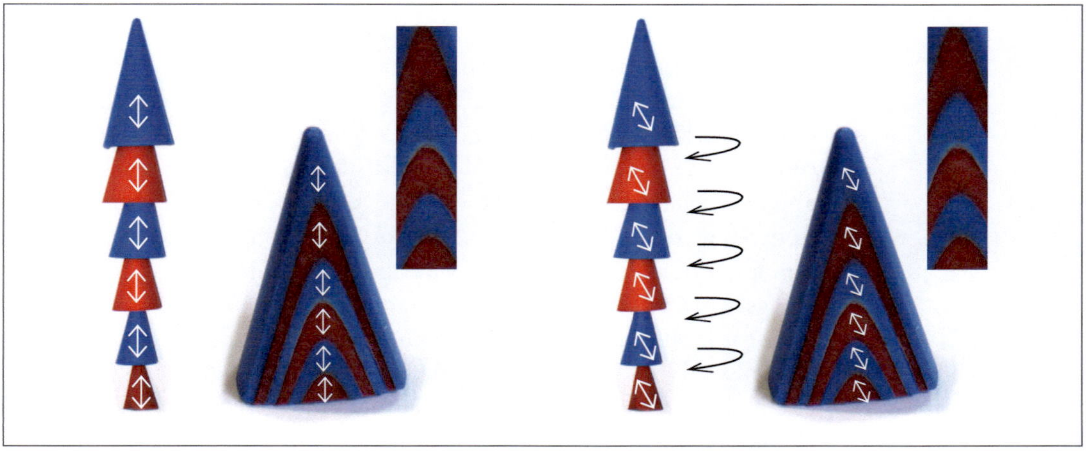

Bild 4.2 Schematische Entstehung und resultierende Erkennbarkeit von Drehwuchs. Holz kann als übereinander gestülpte Hohlkegel aufgefasst werden (Jahresringe). Sind die Kegel gegeneinander verdreht (Drehwuchs) bleibt die typische visuell erkennbare tangentiale Holzstruktur (Fladerung) unverändert, obwohl die nur mikroskopisch erkennbaren Holzzellen nicht mehr in der erwarteten Richtung verlaufen.

An größeren Holzquerschnitten ist die Faserrichtung anhand der immer in Faserrichtung verlaufenden Schwindrisse erkennbar. Wenn Schwindrisse fehlen, kann die Schrägfaserigkeit jedoch unbemerkt bleiben. Bei Hölzern mit großen Holzstrahlen kann die Faserrichtung mit bloßem Auge erkannt werden, da die Ausrichtung der Holzstrahlspindel stets der Faserrichtung folgt. Fehlen solche Strukturmerkmale, kann der Faserwinkel mikroskopisch, mechanisch oder durch Färbemethoden dokumentiert werden.
In Anlehnung an DIN EN 1310 [22] kann mit einem Ritzgerät oder vergleichbaren Geräten der Faserwinkel in die Holzoberfläche geritzt werden. Die entstandene Vertiefung kann anschließend z. B. mit einem Kugelschreiber nachgefahren und damit kontrastiert werden. Beim Spalten von Hölzern folgt die Bruchfläche in der Regel exakt der Faserrichtung. Auch dies kann zur Diagnose der Faserrichtung ausgenutzt werden. Auf gehobelte Flächen wird ein Tropfen gefärbten Wassers getropft (Tinte oder Baumwollblau). Die letzten Ausläufer des Tropfens verlaufen in Faserrichtung (siehe Bild 4.3).

Auf radialen Flächen ist eine Faserrichtung dagegen immer parallel zu den sichtbaren Jahresringen. Eine eventuell vorhandene Faserabweichung ist dann immer ein Winkel zwischen der Brettebene und den Fasern (ein Beispiel dafür zeigt Bild 4.3).

Mit zunehmendem Winkel zwischen den Holzzellen und der Holzoberfläche steigt üblicherweise die Aufnahme von Beizen, Klebstoffen und Beschichtungen. Wenn Holzzellen und Holzoberfläche parallel verlaufen (Winkel 0°), dringen Beschichtungen nur ca. eine Zellschicht tief in das Holz ein. Bei einem Winkel von 5° sind es bereits ca. sechs Zellschichten [13]. Aus der in Abhängigkeit von dem Faserwinkel unterschiedlichen Aufnahme können lokale Verfärbungen entstehen (Bild 4.3). Wenn bei vergleichbaren lokalen Verfärbungen keine Faserabweichungen diagnostiziert werden, kann es sich z. B. um Applikationsfehler oder um einen Abbau von Tüpfelmembranen des Holzes durch Bakterien nach längerer Nasslagerung handeln.

Faserabweichungen können zu Holzausrissen führen, speziell wenn die Bearbeitungsgeschwindigkeit zu hoch ist und/oder die Werkzeuge stumpf sind (Bild 4.4). Neben optischen Beeinträchtigungen können solche Holzausrisse zu Splittern, Blasen, Enthaftungen und Verfärbungen führen.

Schrägfaserigkeit kann die Festigkeit von Holz deutlich reduzieren (Bild 4.5), besonders die dynamischen Festigkeiten. Bereits bei einer Faserabweichung von 11,3° kann die Biegefestigkeit um 44 % vermindert

Bild 4.3 Unregelmäßiges Eindringen einer Lasur in Fichtenholz aufgrund von Schrägfaserigkeit. Auf dem Längsschnitt wurde die Faserrichtung durch aufgetropfte Tinte sichtbar gemacht.

Bild 4.4 Faserabweichungen in der Deckschicht von Sperrholzleisten führen im Zusammenspiel mit tiefen Schälrissen und Druckholz zu Absplitterungen an den Kanten.

sein [60]. In einem Projekt der Universität Graz wurden 67 000 Kanthölzer mechanisch durch eine Zugbelastung von 7 N/mm² geprüft. Dabei kam es zu 133 Brüchen, von denen 34 % auf sogenannte globale Schrägfasern (Drehwuchs, Abholzigkeit) zurückgeführt wurden [49]. In dem Bericht wird angemerkt, »... *dass eine Vielzahl der bruchverursachenden Merkmale nur schwer bis gar nicht über gegenwärtig bekannte und eingesetzte Sortierverfahren, ob nun visuell oder maschinell, detektierbar gewesen wären. Dies wurde sowohl von internen als auch von externen Experten nach eingehender Begutachtung der Brüche bestätigt.*«

Bild 4.5 Bruch eines Trägers aufgrund von unzulässiger Schrägfaserigkeit von 18 % bis 25 % (10° bis 15°). Vor dem Bruch waren keine Trocknungsrisse vorhanden, die den Faserverlauf angezeigt hätten. Die Festigkeiten, besonders bei dynamischer Belastung, können durch eine solche Schrägfaserigkeit erheblich reduziert sein. Gemäß DIN 4074-1:2008 [19] sind für die Sortierklasse S10 Faserabweichungen von 12 % (6,8°) zulässig.

4.1.2 Stauchlinien

Stauchlinien sind Ebenen aus gestauchten Holzzellen. Sie entstehen durch Drucküberlastungen des Holzes im stehenden Baum oder durch Überlastungen während der Nutzung. Die Festigkeit von Holz mit Stauchlinien ist erheblich vermindert, vor allem die dynamische Belastbarkeit kann um ca. 60 % reduziert sein [56].

Bei einer Druckbelastung von ca. 75 % der Druckfestigkeit setzt die Bildung makroskopischer Stauchlinien ein [51]. Im stehenden Baum können sie durch starke Windbelastung entstehen. Der Abstand solcher Stauchlinien beträgt üblicherweise 20 cm bis 50 cm [56]. Sie finden sich vor allem in den äußeren Zonen von Bäumen. Sehr alte tropische Stämme zeigen Stauchlinien, oft im Abstand von wenigen Zentimetern dagegen oft in der Mitte des Stammes (Brittle Heart) [64].

Stauchlinien können auch während eines Holzbruchs unmittelbar neben der Bruchzone entstehen. In diesem Fall ist ein Abstand von wenigen Millimetern zum Bruch typisch. Falls Stauchlinien dagegen durch häufig wiederkehrende Drucküberlastung von verbautem Holz entstehen, sind die Abstände weder auf wenige Millimeter neben der Bruchzone noch auf die typischen im stehenden Baum vorkommenden 20 cm bis 50 cm beschränkt. Wenn es sich nicht um eine Holzart handelt, bei der Brittle Heart vorkommen kann, ist damit eine Differenzierung des Ursprungs der Stauchlinien möglich (Bild 4.6).

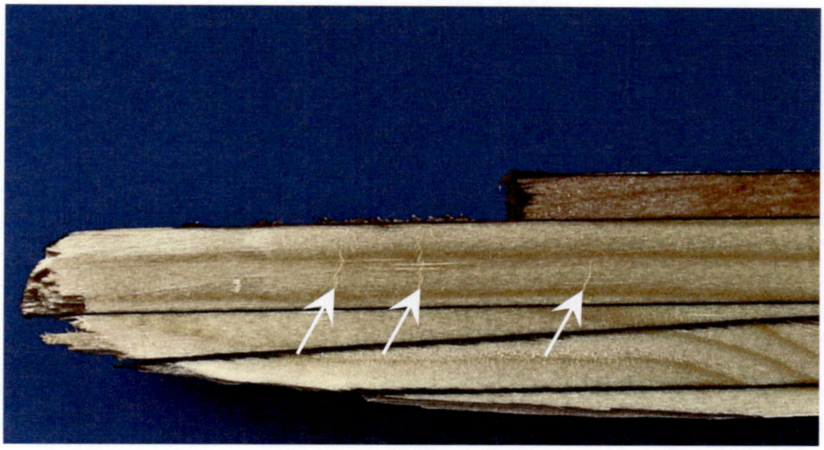

Bild 4.6 Auf glatt gehobelten Flächen können Stauchlinien mit bloßem Auge erkennbar sein. Der Abstand von der Bruchfläche (gebrochene Tragfläche eines Sportflugzeugs) zeigt, dass die Stauchlinien weder beim Bruch selber noch im stehenden Stamm entstanden sind. Vielmehr haben häufige Überbeanspruchungen während der Nutzung die Stauchlinien verursacht.

4.1.3 Holzinhaltsstoffe

Verfärbungen [53], [55], [57]

Um die Verantwortlichkeit und gegebenenfalls die Hinnehmbarkeit von Holzverfärbungen zu klären, muss unterschieden werden zwischen:

- Verfärbungen bzw. Verfärbungsursachen, die im lebenden Baum entstanden sind. Hier wiederum muss differenziert werden zwischen Verfärbungen, die durch Pilze, Bakterien oder Wundreaktionen entstanden und demnach für gesundes Holz untypisch sind und Verfärbungen, die durch lokale Einlagerung von Inhaltsstoffen als natürliches Phänomen für die Holzart anzusehen sind. Ob eine durch bestimmte Stressfaktoren während des Wachstums verursachte Verfärbung noch als holzartentypisch anzusehen ist oder nicht, kann nur im Einzelfall und spezifisch für die jeweilige Holzart entschieden werden.
- Verfärbungen, die in frisch gefälltem oder gelagertem Rundholz durch Reaktion noch lebender Parenchymzellen entstehen. Da in vielen Fällen die Anwesenheit von Sauerstoff Voraussetzung für die Verfärbungen ist, finden sich Farbveränderungen vor allem an den Stammenden.
- Verfärbungen durch unsachgemäße Lagerung (verfärbende Pilze/Bakterien).
- Verfärbungen durch unsachgemäßes Trocknen oder Dämpfen.
- Verfärbungen durch (unsachgemäße) Nutzung, z.B. die Reaktion von holzeigenen Gerbstoffen mit Eisen (Kapitel 4.5.2) oder Reaktionen von Holzinhaltsstoffen mit Klebstoffen [48].

In manchen Fällen kann anhand der Lage der Verfärbungen auf die Ursache geschlossen werden. Bei einem Kantholz, das auf allen Seiten oberflächliche Verfärbungen zeigt, kann z.B. ausgeschlossen werden, dass die Verfärbung im noch nicht aufgeschnittenen Rundholz entstanden ist. Viele Verfärbungen können zudem anhand ihrer Farbe und Ausprägung unter Kenntnis der holzartentypischen Eigenschaften einer Ursache zugeordnet werden. In vielen Fällen sind die Ursachen von Holzverfärbungen jedoch komplex und auch nach jahrzehntelanger intensiver Forschung noch nicht restlos geklärt.

Die Abgrenzung, ob eine Verfärbung ›natürlich‹ und damit hinzunehmen ist, oder aber durch fehlerhafte Lagerung oder Trocknung entstanden ist, kann nur im Einzelfall beantwortet werden. Lokale stärkere Farbkontraste, wie sie bei amerikanischem Kirschbaum unvermeidlich vorkommen [71], [58] und daher nicht zu bemängeln sind, wären bei einem Ahorn, bei dem es auf eine besonders einheitliche helle Färbung ankommt, in manchen Fällen bereits als ein Mangel anzusehen. Auf dunklem Jatoba können sich in seltenen Fällen graue bis weiße Flecken unterschiedlicher Größe abzeichnen (Bild 4.7). Die besondere Problematik besteht darin, dass diese Flecken meist erst nach dem Einbau erkennbar werden, da die Verfärbungen durch Inhaltsstoffe des Holzes entstehen, welche erst durch UV-Strahlung aktiviert werden [59]. Diese Inhaltsstoffe sind nicht regelmäßig in Jatoba vorhanden, sondern nur in Stämmen, die einem besonderen Stress während des Wachstums ausgesetzt waren.

Bild 4.7 Weiße Verfärbungen auf Jatoba Parkett, die erst während der Nutzung erkennbar wurden

Durchschlagen von Holzinhaltsstoffen

Farbige Kerninhaltsstoffe können durch Beschichtungen diffundieren und die Oberfläche verfärben (Bild 4.8). Ist die Verfärbung gleichmäßig oder holztypisch in Faserrichtung verlaufend, fallen derartige Verfärbungen oft nicht besonders ins Auge. An keilgezinkten Hölzern mit Splint und Kernholzanteilen sind solche Verfärbungen jedoch sehr auffällig, da die Farbänderung quer zur Faserrichtung verläuft und die Keilzinkung betont (Bild 4.9).

Sperrgrundierungen können Durchschläge von Holzinhaltsstoffen der meisten Hölzer relativ sicher verhindern. Streitfälle entstehen z. B. bei keilgezinkter Kiefer. Gerade weil Kiefer kein besonders hohes Potential an verfärbenden Holzinhaltsstoffen hat und tendenziell besondere Umgebungsbedingungen durch stärkere Klimawechsel, Feuchte

Bild 4.8 Nach 21 Tagen Lagerung im Feuchtklima ist die weiße Beschichtung durch durchgeschlagene Inhaltstoffe verschiedener Holzarten zum Teil erheblich verfärbt. (Quelle: [5] Peter Böttcher)

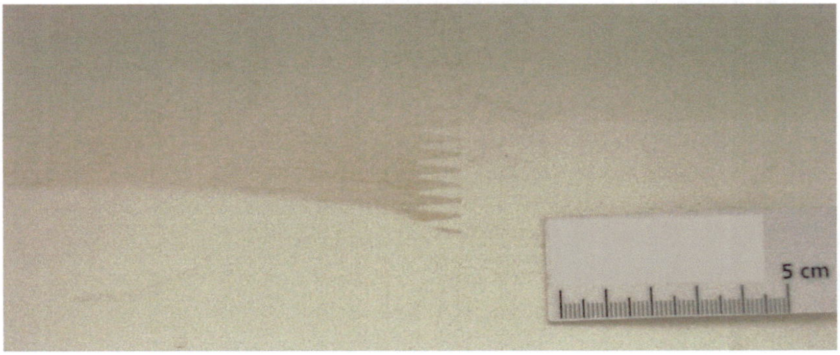

Bild 4.9 Durchschlagende Kerninhaltsstoffe von Kiefernholz werden an Keilzinkungen besonders auffällig.

Bild 4.10 Die Intensität des Befalls durch Schimmelpilze an Dachuntersichten aus Sperrholz ist häufig sehr unregelmäßig (hier Birkensperrholz). Dies ist wahrscheinlich auf unterschiedlichen Nährstoffgehalt einzelner Furniere und Dickenunterschiede der Beschichtung zurückzuführen.

und höhere Temperaturen vorkommen müssen, um die Wanderung der Inhaltsstoffe zu aktivieren, wird die Sperrwirkung der Beschichtung in manchen Fällen nicht ausreichend beachtet.

Ein bisher noch nicht vollständig gelöstes Problem sind sich auf weißen Beschichtungen gelb bis braun markierende Äste von Kiefernholz und Fichtenholz. Sowohl Harze, als auch wasserlösliche Inhaltstoffe können die Verfärbungen über den Ästen verursachen. In den Ästen von Fichte wurden bis zu 26 % Lignane nachgewiesen [109] bei gleichzeitig geringem Gehalt an Harzen. Dagegen kommen in Kiefernästen vor allem große Mengen an Harzen vor. Gleichzeitig enthalten Kiefernäste aber auch Substanzen, wie sie auch im Kernholz von Kiefer vorkommen (Stilbene) [110]. Aufgrund der Unterschiedlichkeit der in den Ästen von Kiefer und Fichte enthaltenen Substanzen ist die Vermeidung von Durchschlägen schwierig. Oft ist die Verfärbung bei direkter Sonnenbestrahlung geringer als auf beschatteten Flächen.

Vor allem durch großflächig vorkommende Schimmelpilze an beschichteten Dachuntersichten aus Birken- oder Kiefernsperrhölzern wird deutlich, dass Nährstoffe für Schimmelpilze durch Beschichtungen diffundieren können (Bild 4.10). Durch morgendlichen Tauwasseranfall können die oberen Schichten durchfeuchten und beim Abtrocknen die in vielen Splinthölzern reichlich vorhandenen Zucker und Proteine an die Oberfläche transportieren. Da sie an Dachuntersichten nicht durch

Regen abgespült werden, verbleiben sie als Nährstoffquelle für Schimmelpilze an der Oberfläche. [17], [111]. Je dicker und diffusionsdichter die Beschichtung, desto geringer die Problematik. Auch durch biozidhaltige Beschichtungen lässt sich die Problematik entschärfen.

Sonstige Holzinhaltsstoffe

Austretende Harze können klebrige Oberflächen verursachen und Beschichtungen schädigen. Auch über besonders inhaltsstoffreichen Gefäßen tropischer Laubhölzer kann die Benetzung und die Aushärtung von Beschichtungen gestört sein (Bild 4.12). Vor allem sehr inhaltsstoffreiche tropische Laubhölzer wie Teak, Ebenholz und Palisanderarten können die Aushärtung von Beschichtungen behindern oder zu milchigen Verfärbungen führen [98]. Bild 4.11 zeigt die gravierende Trocknungsverzögerung eines Alkydharzlackes auf Teakholz. Nach zwölf Tagen

Bild 4.11 Demonstration der Klebrigkeit eines Alkydharzlacks. Der Lack klebt nach zwölf Tagen auf Teakholz noch am Finger. Auf Buche war der Lack nach ca. fünf Stunden grifffest.

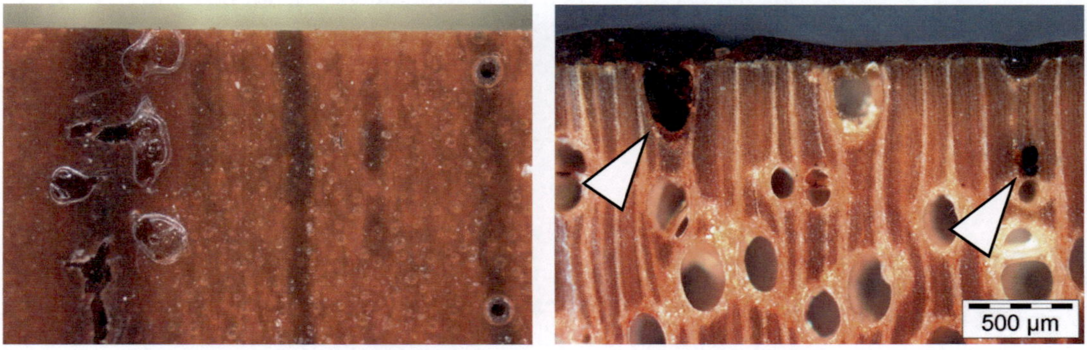

Bild 4.12 Holzinhaltsstoffe in Brown Terminalia haben zu Störungen auf der Oberfläche der Lasur geführt. Der Querschnitt zeigt zwei Gefäße, die mit dunklen Holzinhaltsstoffen gefüllt sind.

war die Beschichtung auf Teakholz immer noch klebrig, während die gleiche Beschichtung auf Buchenholz nach fünf Stunden bereits grifffest war. Trocknungsverzögerungen können in Einzelfällen auch bei modernen Acrylatsystemen vorkommen. So wurden z. B. auf hochtemperaturgetrockneter Kiefer derartige Befunde festgestellt.

Lärchenholz kann bis zu 25 % des wasserlöslichen Zuckers Arabinogalactan enthalten. Ob ein bestimmtes Holz große Mengen Arabinogalactan enthält, ist derzeit ohne spezielle Untersuchungen nicht vorhersagbar. Größere Mengen Arabinogalactan können die Verklebung von Lärchenholz erschweren und beim Beschichten können Oberflächenstörungen auftreten. Zudem kann ausgewaschenes Arabinogalactan auf hellen Flächen klebrige braune Spuren hinterlassen, die allerdings mit Wasser leicht entfernbar sind.

4.2 Holzwerkstoffe

Viele Eigenschaften von Holzwerkstoffen sind durch Normen eindeutig festgelegt und brauchen daher hier nicht dargestellt werden. Die normativen oder vereinbarten Anforderungen gelten jedoch zunächst nur für das Material bei Auslieferung. Problematiken ergeben sich, wenn vermutet werden kann, dass die ursprünglichen Eigenschaften durch nachfolgende Produktionsschritte oder durch Nutzungsbedingungen verändert sein könnten. Schwierigkeiten können sich auch daraus ergeben, dass die Oberflächenstruktur von Holzwerkstoffen nicht eindeutig definiert ist. Es ist daher oft im Einzelfall abzuwägen, ob eine bestimmte Oberflächenstruktur (Verteilung der Partikelgrößen, Vorkommen von Fremdstoffen, Löchern oder Rindenpartikeln) noch im Bereich des Üblichen ist. Falls bei früheren Lieferungen nie Schäden auftraten ist gegebenenfalls zu prüfen, ob die früheren Lieferungen eine deutlich abweichende Qualität aufwiesen. Bei Sperrhölzern sind Schäl- oder Messerrisse (Kapitel 4.2.3) und Asymmetrien zu bewerten.

4.2.1 Ablösung von Beschichtungen

Falls sich Beschichtungen von Holzwerkstoffen lösen und dabei auf der Unterseite eine dünne Schicht von Staub, Fasern oder Spänen hängen bleibt, kommen verschiedene Ursachen infrage. Derartige Schadensbilder können durch mangelhafte Holzwerkstoffe verursacht sein, aber auch durch für den Plattentyp unzulässige Feuchtebedingungen oder durch unzuträgliche Pressbedingungen beim Verkleben von Dekorpapieren/Schichtstoffen etc. Eine vergleichbare Problematik besteht bei Rissen in der Mittelschicht von mit Druck und Hitze beschichteten Holzwerkstoffen, da auch hier sowohl die Plattenqualität als auch mögliche Schädigungen während des Beschichtungsvorgangs infrage kommen. Falls Festigkeitsprüfungen an noch schadensfrei erscheinenden Zonen Werte ergeben, die unter den für den Plattentyp zugesicherten Werten liegen, kann im Einzelfall durch weitere Untersuchungen abgewogen werden, ob die Anforderungen bei Anlieferung trotzdem vorgelegen haben können. Anhand des Dichteprofils von Holzwerkstoffen (Kapitel 5.8.4) kann in manchen Fällen zwischen Mängeln an der ursprünglichen Platte und nachträglich entstandenen Schäden differenziert werden. Da es bislang keine systematischen Untersuchungen zu möglichen Schäden durch ungeeignete Pressbedingungen gibt, kann eine Abgrenzung der Schadensursachen allerdings schwierig bis unmöglich sein.

Die Ergebnisse der Abhebefestigkeitsprüfungen müssen bei derartigen Fällen kritisch hinterfragt werden, da sehr dünne Lockerungszonen der Plattenoberfläche von dem für die Prüfung verwandten Klebstoff durchdrungen werden und damit eine zu hohe Abhebefestigkeit vorgetäuscht werden könnte [89]. Andererseits könnte davon ausgegangen werden, dass der zur Oberflächenbeschichtung verwandte Klebstoff oder Lack ähnlich tief eindringt wie der zur Abhebefestigkeitsprüfung verwandte Klebstoff. Daher wäre zu erwarten, dass der Klebstoff oder Lack die Oberfläche in ähnlicher Weise stabilisiert wie der für die Prüfung verwandte Klebstoff.

4.2.2 Grobspäne/Partikel/Löcher in der Deckschicht

Manche Spanplattenoberflächen sind von vielen mikroskopisch kleinen Löchern durchzogen, während andere selbst bei mikroskopischer Betrachtung eine annähernd vollständig geschlossene Oberfläche zeigen. Auch die Benetzbarkeit von Holzwerkstoffoberflächen ist nicht bei allen Herstellern gleich. Derartige Unterschiede der Oberflächen von Spanplatten verschiedener Hersteller können Auswirkungen auf die Beschichtbarkeit haben, sind jedoch nicht genormt und zudem messtechnisch nur schwer zu erfassen ([14] S. 295). Im Schadensfall müssen die Oberflächen anhand von Erfahrungswerten bzw. vergleichend beurteilt werden. Gegebenenfalls kann dazu das Pastenverfahren nach [38] angewandt werden ([15] S. 143).

Bild 4.13 Leichte Erhebungen auf einer beschichteten Spanplatte wurden durch große, oberflächennahe Späne in der Deckschicht der Spanplatte verursacht. Der Querschnitt zeigt einen solchen großen Span und die darüberliegende Erhebung.

Bild 4.14 Die Erhebungen auf der beschichteten Oberfläche einer Faserplatte wurde durch einen großen Klebstoffklumpen in der Deckschicht verursacht. Im Querschnitt wird erkennbar, dass sich der Klebstoffpartikel aufgespaltet hat und damit zu der Erhebung führte.

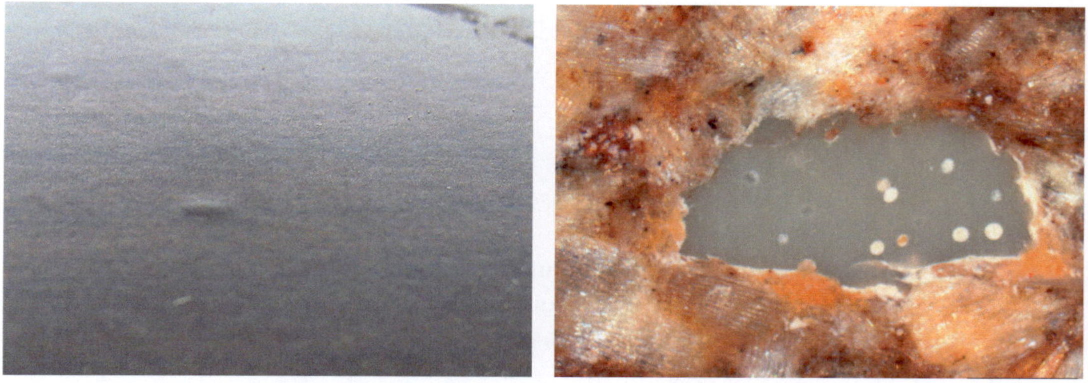

Bild 4.15 Auf einer beschichteten Spanplatte waren kleine Erhebungen erkennbar. Zur Untersuchung der Ursache wurde die Beschichtung über einer Erhebung vorsichtig heruntergeschliffen. Die mikroskopische Aufnahme der Plattenoberfläche unter der Erhebung zeigt einen Kunststoffpartikel, der die Oberflächenstörung verursacht hat.

Bild 4.16 Ein weißer Fleck auf dem Melaminpapier einer Spanplatte. Im Querschliff erkennt man, dass ein Loch in der Deckschicht der Spanplatte zu der Verfärbung geführt hat: Da der Gegendruck fehlte, entstanden an dieser Stelle Luftblasen im Melaminfilm, die aufgrund der Lichtstreuung weiß erscheinen.

Lokale Erhebungen aufgrund größerer Partikel oder Fremdstoffen in den Deckschichten können auf Span- oder Faserplatten vorkommen (Bild 4.13 bis 4.15). Partikel können durch nachfolgende Beschichtungen hindurch ›telegrafieren‹. Bei hochglanzlackierten Oberflächen können selbst relativ kleine Partikel durch Grundierfolie und Beschichtung aufgrund der von ihnen verursachten minimalen Erhebungen oder Vertiefungen sichtbar werden. Platten mit größeren Vertiefungen, die durch herausgefallene oder beim Schleifen herausgerissene Späne entstanden sind (Bild 4.16), sind für den Möbelbau nicht geeignet.

In Kapitel 5.10.1 (Bild 5.125) ist dargestellt, wie Verfärbungen an der Oberfläche von Gegenzugpapieren durch in den Spänen verteilte Leinsamen verursacht wurden.

4.2.3 Schälrisse/Messerrisse

Beim Herstellen von Furnieren entstehen zwangsläufig Messer- bzw. Schälrisse auf einer Furnierseite. Typischerweise verlaufen die Risse in schrägem Winkel von der Oberfläche ausgehend und laufen oft bogenförmig aus. Im Rahmen von Gutachten muss zuweilen entschieden werden, ob sehr tiefe Messerrisse produkttypisch sind oder durch falsche Herstellungsparameter oder extreme Nutzungsbedingungen verstärkt wurden. Als Faustregel kann gelten, dass bei Furnieren für Möbeloberflächen eine Risstiefe von 50 % der Furnierdicke nicht überschritten werden sollte, während bei Baufurniersperrholz derartige Risse im Prinzip unbeschränkt vorkommen dürfen (Bild 4.17).

Bei Feuchtewechseln können sich vorhandene Schäl- oder Messerrisse weiter öffnen. Daher stimmt die beobachtete Risstiefe im Zweifelsfall nicht mit der ursprünglich vorhandenen Tiefe überein. Andererseits können dünnflüssige Beschichtungen und Klebstoffe die vorhandenen Risse ausfüllen und so verkleben, dass sie keine Probleme verursachen (Bild 4.18). Ob es hilfreich ist, die Seite mit den Schäl- oder Messerrissen (offene Seite) bevorzugt nach unten anzuordnen, wie es manchmal empfohlen wird, ist nicht gesichert. Aktuelle Untersuchungen zeigten sogar den gegenteiligen Effekt [65].

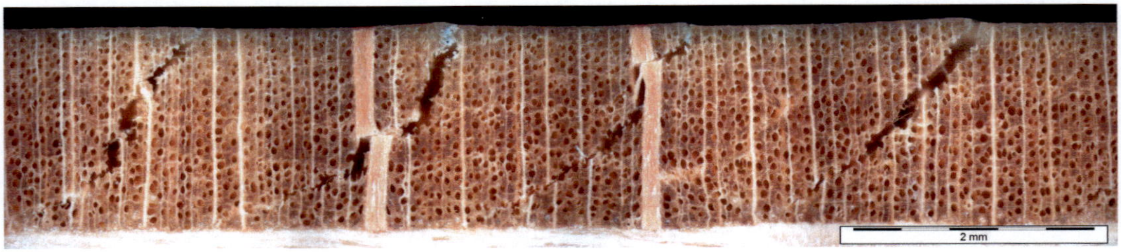

Bild 4.17 Tiefe Schälrisse in einem als Treppenstufe eingesetzten Buchensperrholz. Die sehr dünne, kaum in die Risse eingedrungene Beschichtung war nicht in der Lage die Risse zu verkleben bzw. die Quell- und Schwindbewegungen ausreichend zu reduzieren.

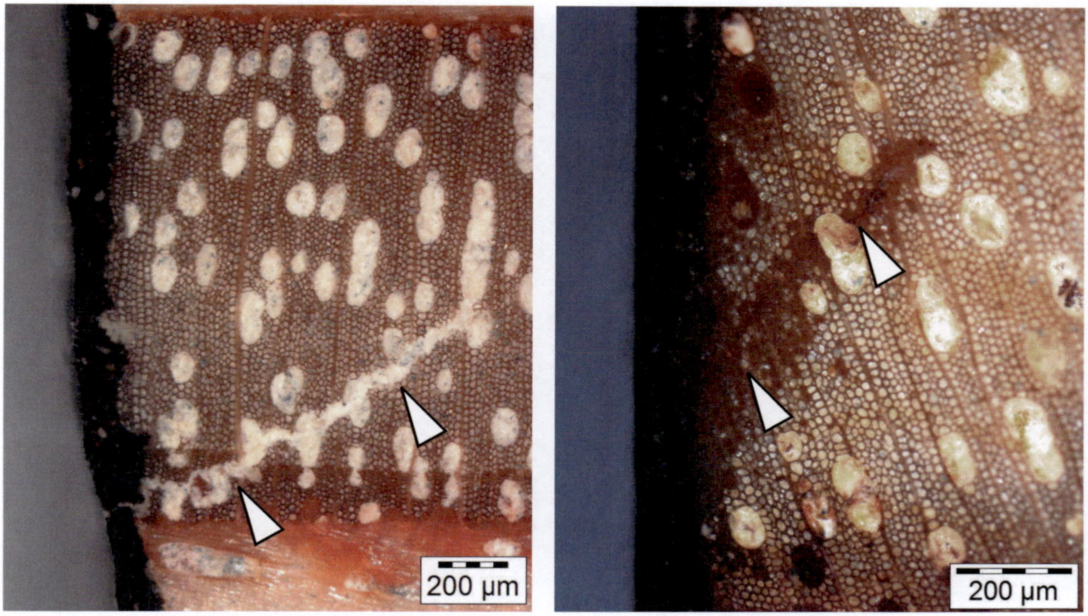

Bild 4.18 Der Riss in der Schmalfläche eines Sperrholzmöbels für den Außenbereich geht von einem Schälriss aus (links). Durch die Verwendung einer dünnflüssigen Epoxidharzgrundierung (rechts) wurden derartige Risse gefüllt und damit die Haltbarkeit der Beschichtung erheblich verbessert.

4.3 Kleben

Wenn die Klebstoffe, die Vorbereitung des Untergrundes und die Untergründe selbst ungeeignet sind, mangelhafte Chargen sowie ungeeignete Pressbedingungen und Nutzungsbedingungen, alle diese Faktoren können zu einer unzureichenden Verklebung führen. In Tabelle 4.1 sind Verklebungsfehler und deren mögliche Ursachen zusammengestellt. Es ist zu berücksichtigen, dass der Klebstoff bei vielen Anwendungen nicht nur die Verbindung der Hölzer sichert, sondern auch als Dichtstoff wirkt. Lokal fehlender Klebstoff kann daher zu Quellungen führen, wenn Wasser oder Wasserdampf durch die Fehlstellen in die Konstruktion eindringen können. Darüber hinaus hat Klebstoff oft auch die Funktion, die zwischen den Schichten vorhandenen Spannungen gleichmäßig zu übertragen. Fehlender Klebstoff oder lokal ungenügende Verklebungen können daher zu Spannungsspitzen führen und z. B. Risse begünstigen.

Tabelle 4.1 Mögliche Fehler beim Verkleben (aus [114])

Fehler	mögliche Ursache
Klebstoffdurchschlag im Furnier	• zu poröses Furnier • zu dicker oder ungleichmäßiger Klebstoffauftrag • zu dünne (wasserreiche) Klebstoffflotte • zu langsam abbindender/härtender Klebstoff • zu feuchtes Furnier
Offene Fugen (Schmalflächen, Breitflächen)	• zu geringer Pressdruck • kein oder zu wenig Härter im Klebstoff • zu kurze Presszeit • zu feuchtes Furnier oder Holzfügeteil • offene Zeit wurde überschritten (Streckmittel zusetzen) • Klebstoff zersetzt sich (Temperatur senken) • Klebstofffuge verhungert
Fugen zeichnen sich stark ab	• Fugenleimpapier nimmt keinen Klebstoff an, Furnier ist zu feucht, es schwindet noch nach dem Pressen • Presstemperatur zu niedrig • Schmelzklebstoff verläuft nicht (Temperatur in der Schmelzeinrichtung prüfen)
Dekorfolien, Schmalflächen-Anleimer lösen sich ab	• vorgeschriebene Feuchte wurde nicht eingehalten • Folien oder Trägermaterial enthalten abweisende Stoffe (Haftgrund/Primer aufbringen) • Klebstoffansatz zu stark gestreckt • Folie ist ungeeignet
Blasenbildung (Kürschner)	• zu kurze Presszeit • ungleichmäßiger oder zu dicker Klebstoffauftrag • ungleichmäßige Temperaturverteilung in der Presse • ungleichmäßiger Pressdruck • zu feuchte Fügeteile • zu hohe Presstemperatur (Rückkühlen) • keine Benetzung durch den Klebstoff (Harzstellen ausbohren)

→

Fortsetzung Tabelle 4.1

Fehler	mögliche Ursache
Mangelnde Klebfestigkeit	• Klebstoffrezeptur ist nicht eingehalten • Klebstoff ist zu stark gestreckt • zu dicke Klebstofffuge • Härtungsbedingungen sind nicht eingehalten • ungeeigneter Klebstoff • Gebrauchsdauer des Klebstoffs überschritten • Holz ist schwer verklebbar (frisch bearbeitete Oberflächen einsetzen, beidseitigen Klebstoffauftrag anwenden, Primer aufbringen)

In Ausschreibungstexten werden manchmal D3- oder D4-Verklebung gefordert. Die Anforderungen D3 und D4 gemäß DIN EN 204/205 [24]/[25] gelten gemäß Anwendungsbereich der Norm nur für den auf Buche geprüften Klebstoff, nicht jedoch für die tatsächlich ausgeführte Klebverbindung. Es ist bekannt, dass D4 Klebstoffe selbst bei sachgemäßer Anwendung z. B. auf bestimmten tropischen Holzarten schlecht haften. Außerdem können bei der Anwendung natürlich Fehler vorkommen. Demnach könnte im Prinzip behauptet werden, dass eine Verklebung mit einem D4 Klebstoff, die bereits bei längerer Lagerung bei 85 % rel. Luftfeuchte versagt, dennoch gemäß Ausschreibungstext eine D4 Verklebung darstellt und demnach nicht zu beanstanden ist. Es ist allerdings davon auszugehen, dass das eigentliche Ziel der Ausschreibung einer D4-Verklebung nicht der auf Buche geprüfte Klebstofftyp ist, sondern eine bestimmte Qualität der Verklebung des konkreten Bauteils. Ein Blick auf die Auslobungen bekannter Klebstoffhersteller zeigt, dass diese Einschätzung offensichtlich auch dort geteilt wird. Formulierungen wie »*Sehr wasserfest nach DIN EN 204 D4, daher gut für außen*« oder »*Für alle Verleimungen, von denen eine erhöhte Beständigkeit im Feuchtraumklima verlangt wird, z. B. Türen, Fenster und Feuchtraummöbel … Bei sachgemäßer Verarbeitung wird die Beanspruchungsgruppe D3 nach DIN EN 204/205 erreicht*« sowie »*wasserbeständige Verleimung – D3*« legen nahe, dass die Klebstoffklassen nach DIN EN 204/205 in der Praxis auch als Leistungsfähigkeit bei sachgemäßer Verarbeitung aufgefasst werden und nicht nur als Verweis auf eine abstrakte Prüfung auf Buchenholz.

Eine typische Frage im Rahmen von Schadensanalysen lautet, ob die Enthaftung von Klebeverbindungen durch ungeeignete Nutzungsbedingungen oder eine mangelhafte Verklebung verursacht wurde. Der Maßstab für eine gute Verklebung ist normalerweise, dass die Festigkeit der Verklebung unter den zu erwartenden Gebrauchsbedingungen so hoch ist wie die Festigkeit des verklebten Materials. Im Schadensfall gibt es bei der Bewertung der Sachverhalte manchmal Probleme, da für viele Verklebungen keine eindeutigen Anforderungen existieren.

Sehr auffällig wird die Problematik im Parkettbereich. Ein Großteil der heutzutage verwendeten Parkette ist aus zwei oder drei Lagen verklebt, ohne dass es Anforderungen an die Verklebung gibt. Erst durch eine Untersuchung von 18 handelsüblichen Parketten wurde festgestellt, dass sich die Klebstoffe bei Parkett nicht anders verhalten als bei anderen Bauteilen: Selbst relative Luftfeuchten von 15 % und Temperaturen von 38 °C wurden von den 18 Parketten überstanden, ohne dass sich die Verklebung zwischen den Schichten löste. Demnach kann nach derzeitiger Kenntnis bei Enthaftungen zwischen den Schichten von Mehrschichtparketten von einer mangelhaften Verklebung ausgegangen werden [69].

4.3.1 Klebstoffdicke/Pressdruck

Die am einfachsten zu klärende, banalste aber nicht seltene Ursache für Enthaftungen ist stellenweise fehlender Klebstoff. Es ist lediglich abzusichern, dass der Klebstoff nicht durch Nutzungsbedingungen ausgewaschen bzw. zerstört wurde, wie es z. B. bei lang andauernder Feuchteeinwirkung bei Harnstoffharzen der Fall sein kann.

So lange eine Klebstofffuge einen noch so dünnen, aber durchgehenden Klebstofffilm zeigt, ist im Sinne einer Schadensanalyse erfahrungsgemäß zunächst von einer ausreichenden Klebstoffmenge auszugehen, obwohl sehr dünne Fugen tendenziell schneller hydrolysieren und gegenüber mechanischen Kräften weniger widerstandsfähig sind [114]. Sehr dicke Klebstofffugen können nachteilig sein wenn Eigenspannungen oder das Kriechen von Thermoplasten die Klebefestigkeit beeinträchtigen [85].

Bei guten Klebstofffugen ist meistens ein Teil des Klebstoffs in das Holz eingedrungen. Zumindest bei nicht verthyllten Laubhölzern ist davon auszugehen, dass Poren (Gefäße), die unmittelbar an die Fuge angrenzen, mit Klebstoff ausgefüllt sind. (Thyllen sind eingewachsene Zellen in den Gefäßen von Laubhölzern; im Kernholz von Weißeichen sind sie immer vorhanden). Dringt kein Klebstoff in das Holz, kann das

Bild 4.19 Im Bereich guter Haftung (links) ist der bei UV-Fluoreszenzanregung blau leuchtende Klebstoff in die angrenzenden Gefäße des Ahornfurniers eingedrungen. Die randständigen Gefäße in der Mitte und rechts sind dagegen nicht gefüllt. Die Haftung ist schlecht und das Furnier löst sich (rechts). Daher kann angenommen werden, dass der auf der Fuge einwirkende Pressdruck nicht gleichmäßig war.

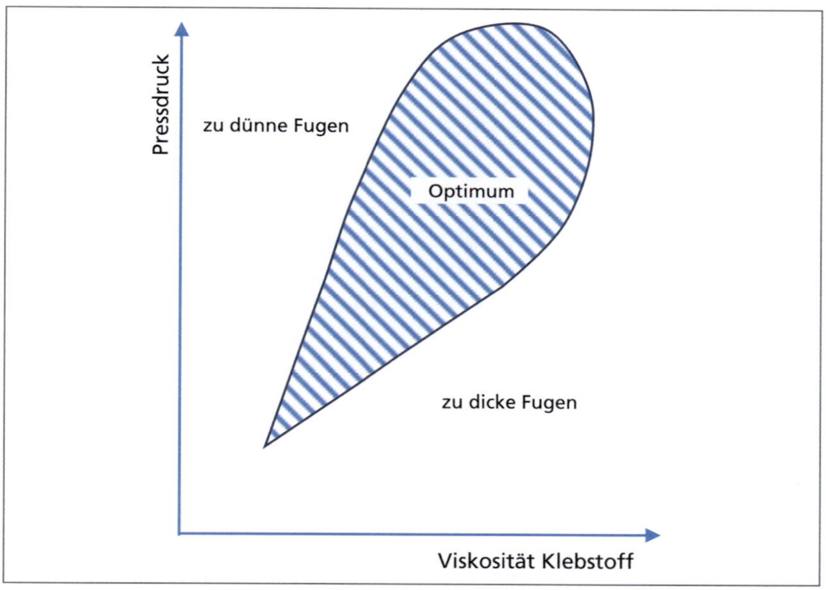

Bild 4.20 Zusammenhang zwischen der Viskosität des Klebstoffs und des Pressdrucks auf die Klebstofffuge von duroplastischen Klebstoffen (nach FPL 2010 [39])

ein Indiz für fehlenden Pressdruck, zu zähflüssige Klebstoffe oder zu langer Zeit zwischen Klebstoffauftrag und Verpressen sein (Bild 4.19).

Neben der Klebstoffmenge, der Viskosität des Klebstoffs, der offenen Zeit, der Holzfeuchte und der Presstemperatur beeinflusst vor allem auch der Pressdruck die sich ausbildende Klebstoffdicke. Hohe Drücke führen zu dünnen Fugen, da der Klebstoff in das Holz gepresst wird und wegschlägt (Bild 4.20).

4.3.2 Nicht verpresste Klebstoffraupen

Eine relativ häufige Ursache für ganz unterschiedliche Schadensausprägungen sind nicht ausreichend verpresste Klebstoffraupen. Sowohl Risse, Verformungen, Blasen und Verfärbungen können entstehen, wenn der durch Walzen oder Gießmaschinen in gleichmäßigen Linien aufgetragene Klebstoff nicht zu einer homogenen Klebstoffschicht zusammengepresst wurde. Prinzipiell führen nicht vollständig verpresste Leimraupen zu vier möglichen Effekten:

- Verschlechterte Haftung (Bild 4.21).
- Ein möglicher Klebstoffdurchschlag ist in diesem Falle nicht gleichmäßig, sondern folgt genau den Klebstoffraupen (Bild 4.25).
- Die Haftung ist nicht vollflächig. Im Deckmaterial entstehende Spannungen werden daher nicht vollflächig auf den Untergrund abgeleitet, sondern konzentrieren sich auf die nicht verklebten Zonen zwischen den Leimraupen. Dadurch können Risse entstehen (Bild 4.22).
- Zwischen der Trägerplatte und der Deckschicht besteht keine durchgehende, das Eindringen von Flüssigkeiten oder auch gasförmigen Substanzen behindernde Klebstoffschicht. Daher sind lokale Quellungen möglich (Bild 5.22).

Mögliche Ursachen für nicht vollständig verpresste Klebstoffraupen können sein: Zu geringe oder zu hohe Viskosität des Klebstoffs, zu lange Wartezeit zwischen Klebstoffauftrag und Verpressen sowie zu geringer Pressdruck.

Weitere Beispiele für unverpresste Klebstoffraupen finden sich auch in dem Kapitel 4.3.3 sowie in Bild 5.22.

Obwohl es sich bei Schmelzklebstoffen an Anleimern nicht um einen raupenförmigen, sondern um einen üblicherweise netzförmig strukturierten Auftrag handelt, besteht eine vergleichbare Problematik:

Bild 4.21 Auf der rechten Seite der Probe haben nicht verpresste Klebstoffraupen zur Ablösung der Eichendeckschicht des Parkettstabs geführt. Auf der linken Seite des Parkettstabs sind die Klebstoffraupen verpresst und beim Spalten bricht die Deckschicht im Holz und nicht in der Klebstofffuge.

Wenn der Anpressdruck oder die Temperatur zu gering sind, werden Klebstofffugen mit Löchern ausgebildet. Während dies in der Mitte der Schmalfläche allenfalls die Festigkeit der Verklebung beeinflusst, ist im Randbereich die oft notwendige Abdichtung gegen Feuchtigkeit durch den lokal fehlenden Klebstoff vermindert (Bilder 4.23 und 4.24). Speziell bei Bad- und Küchenmöbeln können solche Löcher im Randbereich der Anleimer zu Schäden führen.

Bild 4.22 Ein Riss in einer Schichtpressstoffplatte auf Sperrholz (links). Nach dem Abschleifen des Schichtpressstoffs bis zum Klebstoff und dem teilweisen Anfärben des PVAc-Klebstoffs mit Lugolscher Lösung (rechts) werden die nicht verpressten Klebstoffraupen deutlich.

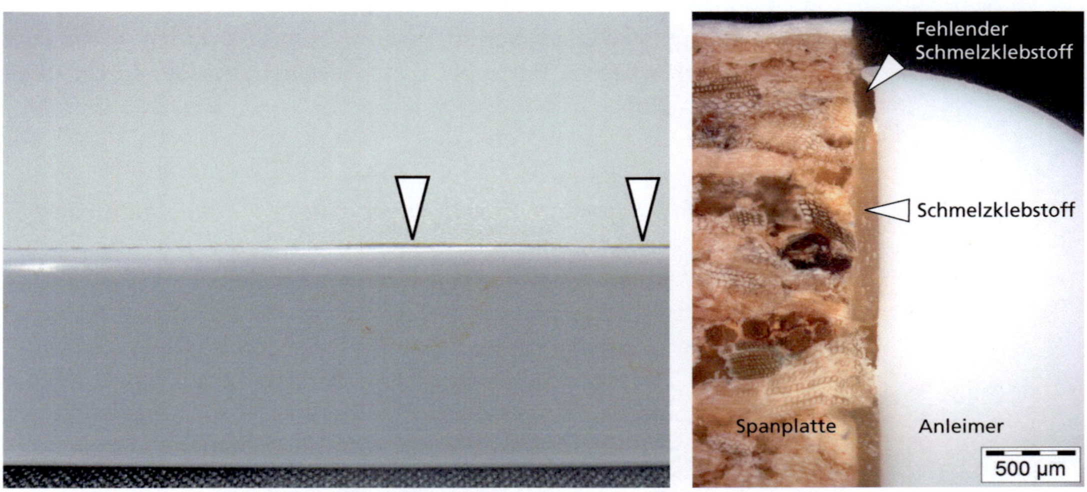

Bild 4.23 An der Unterkante einer Küchenfront ist die Trägerplatte leicht aufgequollen. Der Querschnitt durch den gequollenen Randbereich der Spanplatte zeigt, dass am Rand des Anleimers kein Klebstoff vorhanden ist.

Bild 4.24 Abgelöster Anleimer der im Kantenbereich gequollenen Küchenfront. An dem oberen Rand des weißen Anleimers erkennt man kleine Löcher im beigen Klebstoff. Hier konnte Wasserdampf und Wasser in die Trägerplatte eindringen und zu lokalen Quellungen der Trägerplatte führen.

4.3.3 Klebstoffdurchschlag

Sehr dünnflüssige Klebstoffe, hohe Pressdrücke und dünne Furniere können das Durchschlagen von Klebstoffen an die Furnieroberfläche begünstigen. Durchschläge kommen vor allem über den Frühholzgefäßen oder anderen strukturell aufgelockerten Bereichen vor. Typische Schadensausprägungen sind Verfärbungen, verursacht durch verringerte Aufnahme von Beizen, durch pH-Wert Verschiebung oder durch Silberporen (Bild 4.25):

> *»Furnierleime sind im erhärteten Zustand sehr spröde und bekommen nach und nach feine Spannungsrisse, wenn sie in dickerer Schicht in den Poren liegen. Gleichzeitig wird ihre Haftung zur darüber liegenden Lackschicht allmählich gestört, so dass sich zwischen Leimdurchschlag und Lack Luftzwischenräume bilden. Durch einen optischen Effekt wirken diese feinen Spannungsrisse und Luftkissen als Silberschimmer, wenn sie durch eine dicke transparente Lackschicht betrachtet werden …«. [85] (Plath, L. 1965).*

Bild 4.25 Helle senkrechte Linien, die besonders durch ihren unnatürlich geraden Verlauf auf einer Wandverkleidung störend auffallen. Die Linien wurden erst nach mehrjähriger Nutzung auffällig (was für derartige Befunde typisch ist). Sie sind durch Silberporen über durchgeschlagenem Klebstoff verursacht und spiegeln den Verlauf der Klebstoffraupen wieder.

4.4 Beschichten

Beschichtungen sind mechanischen, chemischen und witterungsbedingten Beanspruchungen ausgesetzt. Neben der optischen Wirkung werden von den meist 30 µm bis 120 µm (0,03 mm bis 0,12 mm) dicken Beschichtungen (hier werden darunter Lacke und Lasuren verstanden) eine Reihe an technischen Eigenschaften wie z. B. Feuchte- und UV-Schutz sowie Kratzbeständigkeit und Beständigkeit gegen Haushaltschemikalien und Verschmutzungen verlangt.

Ursachen von frühzeitigem Versagen von Beschichtungen können sein:

- für den Anwendungsfall ungeeignete Beschichtungsaufbauten
- mangelhafte Vorbereitung des Untergrundes
- ungeeignete Untergründe
- mangelhafte Chargen
- Applikations- und Trocknungsfehler
- sowie Überbeanspruchung während der Nutzung.

Obwohl viele technische Anforderungen an Beschichtungen in Normen oder Merkblättern beschrieben sind, ist die letztlich entscheidende Frage nach der tatsächlichen Haltbarkeit einer Beschichtung weitgehend ungeregelt. Bei frühzeitigem Versagen von Beschichtungen ist dann zu klären, ob die Ursache des Schadens dem Nutzer, dem Anwender oder dem Hersteller der Beschichtung zuzuordnen ist.

4.4.1 Schichtdicke

Sowohl zu geringe als auch zu hohe Schichtdicken können zu Schäden führen. In einigen Richtlinien werden für bestimmte Bauteile konkrete Mindestschichtdicken angegeben. Dies erscheint jedoch zur Beurteilung von Schadensursachen nur begrenzt sinnvoll, da die für eine bestimmte Schutzwirkung (Abrieb, Bewitterung, UV-Schutz) notwendige Schichtdicke stark von dem verwendeten Beschichtungsmaterial abhängt. Rein technisch gesehen sollten allgemeine Vorschriften für Schichtdicken daher bei Schadensanalysen mit Vorsicht und eher als grobe Orientierung betrachtet werden. Aufschlussreicher sind dagegen die Vorgaben der Beschichtungshersteller. Aber auch bei diesen Angaben ist zu beachten, dass Schichtdicken bei Schadensanalysen eine Gefahr in sich bergen: Da die sonstigen Eigenschaften von Beschichtungen weitgehend ungeregelt sind, bieten die konkreten Zahlen von Schichtdickenbestimmungen geradezu ein Rettungsanker, der dankbar ergriffen und nicht weiter hinterfragt wird. Wenn Schichtdicken von 100 µm bis 150 µm vom Hersteller vorgegeben sind, aber 70 µm oder 200 µm gemessen werden, ist der Fall jedoch keineswegs eindeutig. Die Abweichung von der Soll-Schichtdicke ist nur ein Indiz, das ohne weitere Erkenntnisse oft nur eine geringe Bedeutung hat.

Tatsächlich zu dünn sind Beschichtungen, wenn sie aufgrund ihrer Schichtdicke die geforderte Schutzwirkung nicht erreichen. Die in Bild 3.30 gezeigte Parkettbeschichtung ist demnach mangelhaft, da sie den Schutz vor lokalen Einbrüchen in nicht gefüllte Gefäße des Eichenholzes nicht gewährleistet.

Einen direkten Einfluss hat die Schichtdicke auf die UV-Durchlässigkeit, die Wasseraufnahme und die Wasserdampfdiffusion. Speziell bei Beschichtungen im Außenbereich ist demnach die Schichtdicke ein wichtiger Einflussfaktor.

In sehr dicken Lackschichten können vermehrt Störungen wie Runzeln oder Risse vorkommen. In Einzelfällen können die in sehr dicken Schichten auftretenden Spannungen sogar mechanische Schädigungen von MDF fördern, falls gleichzeitig weitere ungünstige Faktoren gegeben sind (siehe Bild 3.12).

4.4.2 Mikroschaum

Durch unsachgemäße Dosierung von Entschäumern, fehlerhaften Spritzparametern oder ungeeignete Trocknungsbedingungen können größere Mengen an Luftbläschen (Mikroschaum) in ausgehärteten Flüssigbeschichtungen eingeschlossen werden. Obwohl es Beschichtungen gibt, die annähernd frei von Mikroschaum sind, gilt das Vorkommen von Mikroschaum generell nicht als Mangel. Es gibt zwar Normen, die eine maximale Anzahl von Blasen vorschreiben [76] ÖNORM B 3803. Untersuchungen, die einen negativen Einfluss von Mikroschaum zweifelsfrei belegen, gibt es jedoch nicht. Anhand eigener Untersuchung von vielen Beschichtungen kann vermutet werden, dass weniger die Häufigkeit oder Größe der eingeschlossenen Luftblasen entscheidend

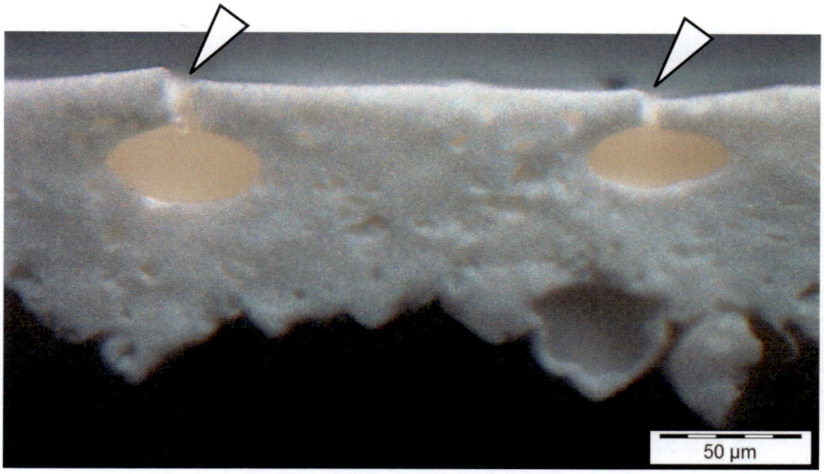

Bild 4.26 Der Querschnitt einer Lackierung zeigt zwei zur Oberfläche hin geöffnete Mikroschaumblasen.

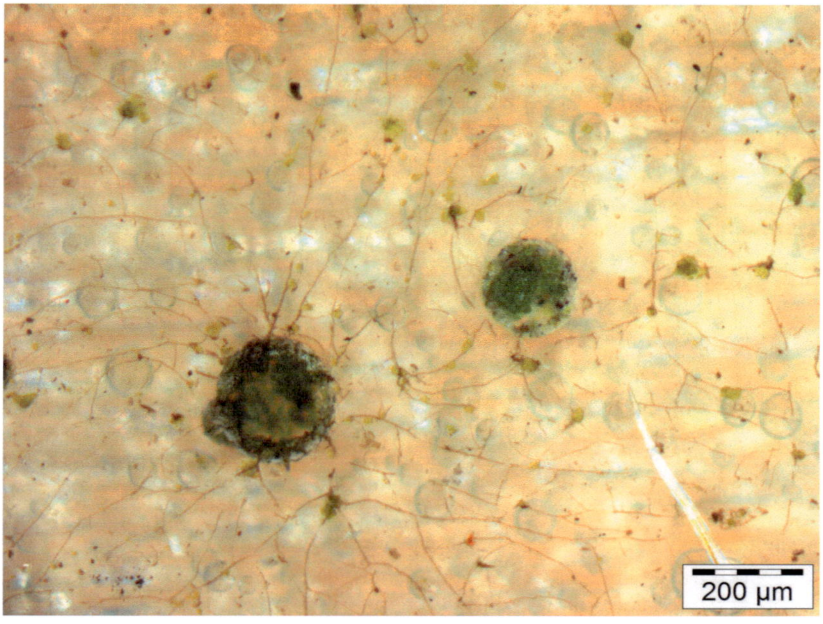

Bild 4.27 In den zur Oberfläche hin geöffneten Mikroschaumblasen einer transparenten Beschichtung haben sich Algen und Pilze angesiedelt.

für die Dauerhaftigkeit von Beschichtungen ist, sondern vielmehr deren ursprüngliche oder im Laufe der Nutzung entstehende Öffnung zur Oberfläche (Bild 4.26). Blasen, die vollständig von der Beschichtung umschlossen sind und es auch während der Nutzung bleiben, scheinen eine eher untergeordnete Rolle zu spielen. Falls jedoch eine Öffnung zur Oberfläche vorhanden ist, können die Löcher ein Ausgangspunkt für Risse sein. Außerdem sind derartige geöffnete Blasen (Krater) ein ideales Biotop für Oberflächenpilze und bei Klarlacken auch Algen (Bild 4.27).

4.4.3 Untergrundvorbereitung

Der Untergrund einer Beschichtung muss tragfähig sein. Vorschädigungen durch Stauchungen/Quetschungen, Holzabbau und UV-Strahlung beeinträchtigen die Haltbarkeit von Beschichtungen. Des Weiteren muss der Untergrund frei von die Haftung störenden Substanzen sein. Baumharz, Fette, Öle etc. können die Benetzung des Untergrunds und die resultierende Haftung erheblich verschlechtern.

Hydrohobeln, Hobeln, feines Schleifen, Finieren und Sägen (Bild 4.29) sind gleichermaßen als Untergrundvorbereitung geeignet. Wichtig ist, dass die Oberflächen nicht gequetscht werden (Bild 4.28). Es ist in der Regel günstig, wenn die Wartezeit zwischen der letzten Oberflächenbearbeitung und der Beschichtung möglichst kurz ist, damit keine die Haftung verschlechternden Substanzen an die Holzoberfläche wandern.

4.4.4 Elastizität/Duktilität

Die Elastizität als Maß der reversiblen Verformung bei Krafteinwirkung und die Duktilität, als Beschreibung des Materialverhaltens, sich bei Überbelastung plastisch zu verformen und nicht spröde zu reißen sind wichtige Größen, um Absplitterungen, Weißbruch und Rissbildung zu vermeiden. Fast alle Beschichtungen werden im Laufe der Zeit spröder. Für die längerfristige Gebrauchstauglichkeit ist demnach nicht die Elastizität kurz nach der Beschichtung maßgeblich, sondern die Elastizität nach einer gewissen Gebrauchsdauer.

Da Anforderungen meist fehlen, kann die Elastizität/Duktilität von Beschichtungen üblicherweise nur vergleichend mit anderen handelsüblichen Beschichtungen oder anhand von Erfahrungswerten abgeschätzt werden.

Sehr spröde Beschichtungen zeigen bei mechanischer Belastung sogenannten Weißbruch (Bild 4.30). Weißbruch ist eine Versagensart

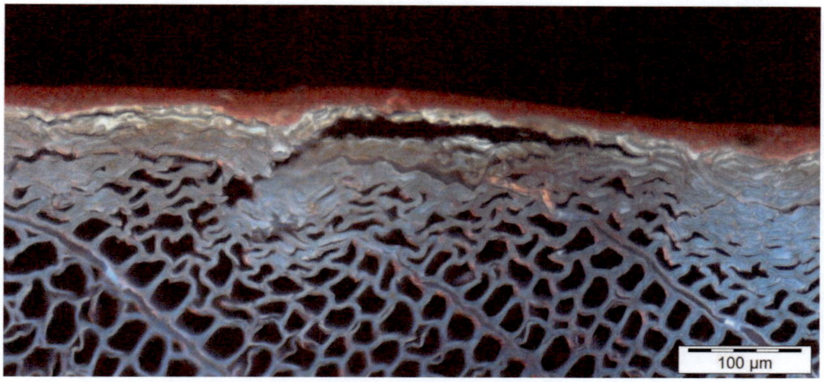

Bild 4.28 Der Querschnitt von lackiertem Nadelholz zeigt stark deformierte Zellen. Auf solch stark gequetschten Holzoberflächen sind keine dauerhaft haltbaren Beschichtungen möglich.

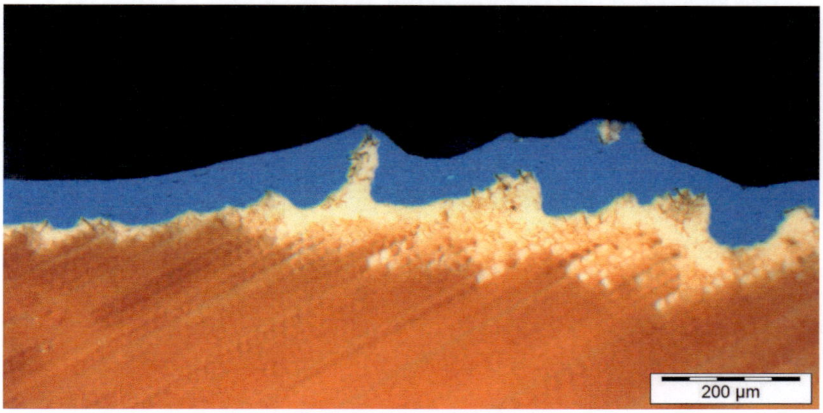

Bild 4.29 Auf sägerauen Oberflächen sind gut haltbare Beschichtungen herstellbar. Problematisch können einzelne durch die Beschichtung ragende Holzfasern sein (Dochteffekt). Falls diese Fasern jedoch wie hier auf dem Querschnitt zu sehen mit Grundierung gefüllt sind, wird die Haltbarkeit kaum beeinträchtigt.

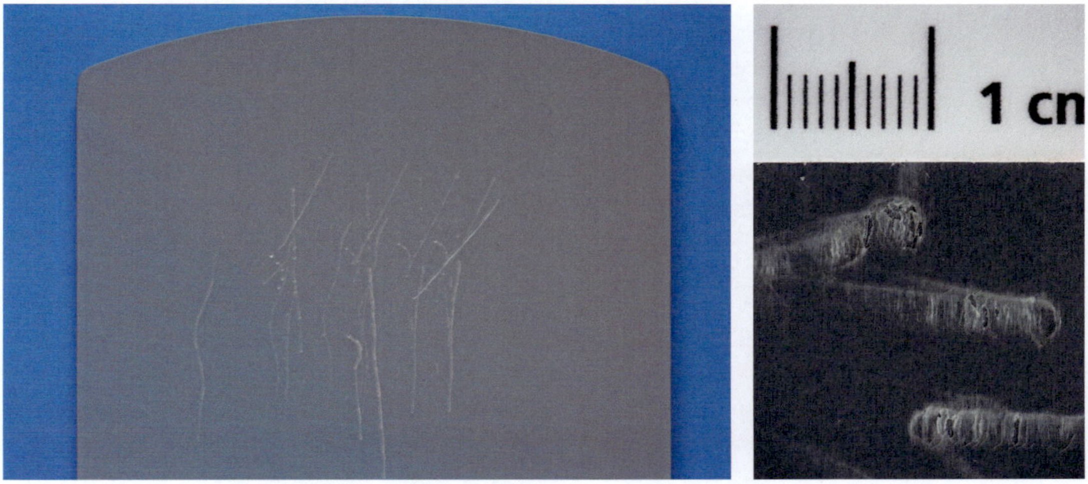

Bild 4.30 Riefen auf den Sitzflächen von Schulmöbeln werden häufig durch Nieten an den Hosen verursacht. Sie fallen jedoch üblicherweise wenig auf. Durch ihren Weißbruch kontrastieren die hier abgebildeten Riefen auffällig mit dem grauen Untergrund.

von Polymeren bei starker Druckbelastung. Duktile Polymerfilme, die sich dabei lediglich verformen, ohne neue Grenzflächen zu bilden, zeigen keinen Weißbruch. Spröde Polymerfilme, die Weißbruch zeigen, versagen dagegen durch Brüche in der Beschichtung (oder zwischen Schichten) wodurch neue Grenzflächen entstehen. Aufgrund der Lichtstreuung an derartigen Grenzflächen erscheinen diese Brüche weiß (Kapitel 3.3.1).

Bei Beschichtungen auf Fußböden, Sitzflächen von Schulmöbeln oder anderen mechanisch höher beanspruchten Flächen ist Weißbruch üblicherweise ein Mangel.

4.5 Chemische Einflüsse

Chemische Einflüsse auf Massivholz sind in Kapitel 3.3.2 beschrieben. Verfärbungen und Holzzerstörungen durch Eisen sind ebenso wie mechanische Folgen von rostendem Eisen in Kapitel 4.5.2 zusammengefasst, um die direkten und indirekten Auswirkungen dieses chemischen Elements in seiner Gesamtheit darstellen zu können.

4.5.1 Chemische Einflüsse auf Verklebungen und Beschichtungen

Mit Chemikalien behandelte Hölzer können in manchen Fällen Beschichtungen und Verklebungen beeinträchtigen. Bekannt ist z. B. der Einfluss des Restammoniakgehalts von geräucherter Eiche auf bestimmte PU-Klebstoffe [94], [95]. Grundsätzlich ist bei imprägnierten Hölzern von einer Veränderung des pH-Werts und der Pufferkapazität auszugehen. Klebstoffe, die zum Aushärten einen bestimmten pH-Wert benötigen – entweder den des Holzes oder den durch saure oder alkalische Härter eingestellten – können daher bei imprägnierten Hölzern Probleme ergeben. So zeigt z. B. Bild 3.7 die Folgen der Störung einer MUF-Verklebung durch ein Brandschutzmittel, mit dem die Furniere vor der Verklebung imprägniert worden waren. Durch die Messung von Pufferkapazitäten und gegebenenfalls thermoanalytische Untersuchungen zur Reaktionsgeschwindigkeit können derartige Fälle gegebenenfalls tiefergehend aufgeklärt werden.

Laut [85] können Rotverfärbungen von Kirschbaum- und Ahornfurnieren durch alkalische Klebstoffe verursacht werden. Auch [97] beschreibt Farbveränderungen von Macoré, Buche, Birke und Gabun durch Alkalien. Untersuchungen von [58] zeigten dagegen keinen Einfluss des pH-Werts und des Klebstoffauftrags von PVAc Klebstoffen auf die Verfärbungen von Buche, Amerikanischem Ahorn und Amerikanischem Kirschbaum. [48] beschreibt, dass Verfärbungen an Buchenfurnieren und vor allem Kirschbaumfurnieren durch den zur Erhöhung der Feuchtebeständigkeit verwendeten Zusatz Aluminiumchlorid bei PVAc Klebstoffen auftreten können. Sowohl ein Einfluss des Pressdrucks, der Belichtung als auch des verwendeten Lacks wurden festgestellt

Ungeeignete Reinigungsmittel können Oberflächen zerstören. In manchen Reinigern vorhandene starke Säuren greifen z. B. Melaminharzoberflächen an, wenn sie nicht entsprechend der Gebrauchsanweisung verdünnt werden. Typischerweise findet man zerstörte Melaminharzoberflächen am Rand von Spülbecken und Armaturen. Es ist davon auszugehen, dass derartige Säuren eigentlich zur Reinigung der Metalle gedacht waren. In der Kapillare zwischen der Melaminharzoberfläche und den Armaturen/Spülbecken können die Reste des Reinigungsmittels auch das Nachreinigen überstehen und von dort aus die Oberflächen zerstören. Solche chemischen Zerstörungen von Melaminharzoberflächen sehen zunächst wie Verfärbungen oder Ablagerungen aus. Erst bei mikroskopischer Betrachtung wird die Materialzerstörung eindeutig (Bild 4.31).

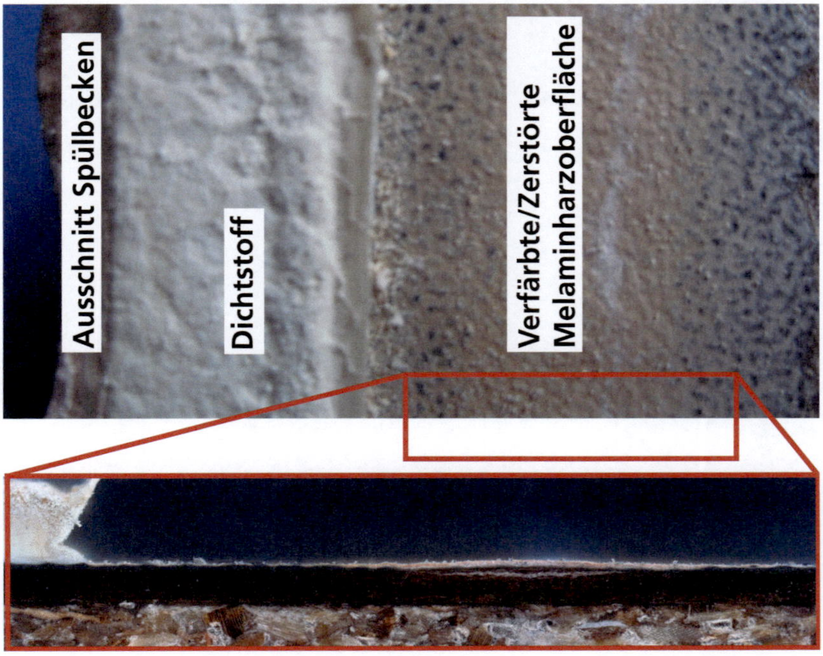

Bild 4.31 Aufsicht und mikroskopischer Querschnitt der durch konzentrierte Säure zerstörten Melaminharzoberfläche am Rand eines Spülbeckens. Der Querschnitt zeigt, dass die Säure nicht nur die Oberfläche angegriffen hat, sondern dass sich sogar Spalten in dem Schichtpressstoff gebildet haben.

Da viele Säuren flüchtig sind oder beim Reinigen entfernt werden, können sie später kaum noch direkt nachgewiesen werden und Erkenntnisse lassen sich nur über die Spurenlage gewinnen (Bild 4.32).

In [95] wird beschrieben, dass orangefarbene Verfärbungen von aromatischen PUR-Lacken durch Gummifüße von Haushaltsgeräten sowie

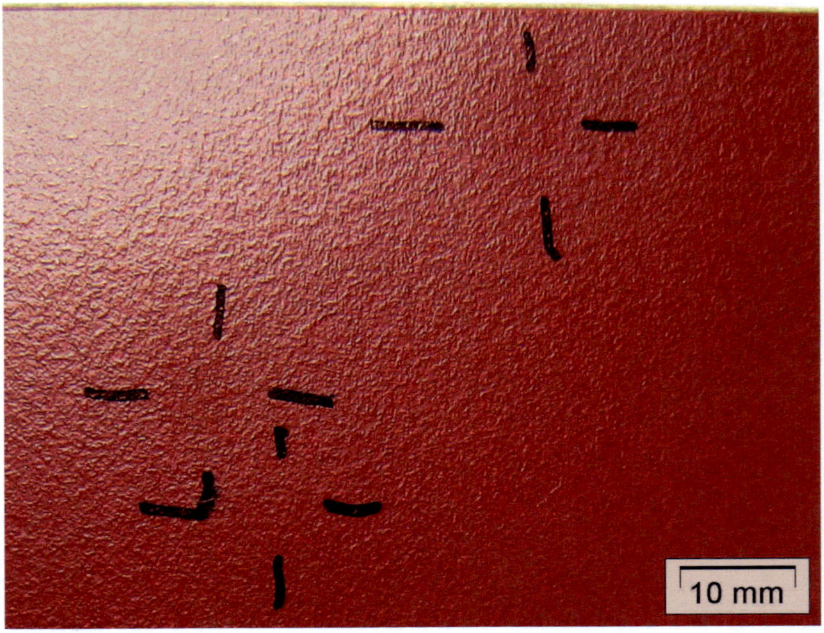

Bild 4.32 Schwach wahrnehmbare Verfärbungen auf einem Schichtpressstoff, die sich durch Reinigen nicht entfernen lassen; ein chemischer Nachweis ist bei derartigen Spuren in der Regel nicht möglich. Die Lage der Spuren passt allerdings hervorragend zu Fingerabdrücken einer Hand. Möglicherweise wurde die Oberfläche mit säurekontaminierten Fingern (oder Handschuhen) berührt.

Bild 4.33 Enthaftungen von PVC-Folien an Küchenfronten aus MDF treten manchmal erst nach einigen Jahren auf. Offensichtlich können Substanzen aus bestimmten MDF-Qualitäten in die Klebstoffschicht eindringen und sie schädigen. Die Ursachen sind derzeit noch nicht vollständig bekannt.

durch Oxidationsmittel wie Wasserstoffperoxyd und Chlor verursacht sein können.

Nach derzeitigem Kenntnisstand sind auch manche Enthaftungen von PVC-Folien an MDF Küchenfronten durch die Wanderung von Substanzen aus bestimmten MDF-Platten in die Klebstoffschicht verursacht (Bild 4.33).

4.5.2 Reaktionen mit Eisen

Reaktionen mit Eisen können zu Verfärbungen führen, aber auch Holz strukturell schädigen. Gleichzeitig können Rostspuren wichtige Hinweise auf frühere Feuchtezustände liefern (siehe Kapitel 5.7 »Holzfeuchte«). Eine Nachweismethode für Eisen ist in Kapitel 5.10.1 beschrieben.

Eisensalze verfärben Holz durch Rostspuren oder durch die Reaktion mit Gerbstoffen/Tanninen. Tannine färben sich in der Anwesenheit von Eisensalzen tiefschwarz (Bilder 4.34 und 4.35). Intensive Eisen-Gerbstoffreaktionen schon mit geringsten Mengen an Eisen sind z. B. bekannt bei Kernholz von: Eiche, Robinie, Western Red Cedar, Douglasie und Lärche.

Typische Herkünfte von verfärbenden Eisenpartikeln sind Metallarbeiten mit Trennschleifern und Reinigung mit Stahlwolle (Bild 4.36). Bei Trennschleifern sind die Partikel in manchen Fällen selbst auf Glasflächen regelrecht eingeschmolzen, wenn sie aus kurzem Abstand auf die Flächen geschleudert werden. Der ursächliche Zusammenhang mit Trennschleiferarbeiten ist eindeutig, wenn derartig eingeschmolzene Partikel vorhanden sind.

In der Umgebung von Verbindungsmitteln aus Eisen kann das Holz zerstört werden. Die Anwesenheit von Chlorid und erhöhte Temperaturen beschleunigen die Zersetzung des Holzes (Bild 4.37). Die Zerstörung ist wahrscheinlich verursacht durch pH-Verschiebungen und der katalytischen Wirkung von Eisen-Ionen [4]. In Kombination mit Salzsäuredämpfen können Eisensalze das Holz erheblich schädigen (Bild 4.38).

Da Rost ein gegenüber Eisen um ca. 400 % größeres Volumen hat, können größere rostende Bolzen Holz auch mechanisch schädigen (Bild 4.39).

Bild 4.34 Graue Eisenverfärbungen auf einer Stufe aus frischem Douglasienholz. Die Verfärbungen mögen zwar störend wirken, da die Stufe aber innerhalb von Monaten auch unabhängig von den Verfärbungen die gleiche Farbe annehmen wird, wie die ca. ein Jahr alte Terrasse (unten), sind – minimaler guter Wille der Betroffenen vorausgesetzt – keine Maßnahmen notwendig.

Bild 4.35 Extreme Eisenverfärbungen einer Terrassendiele der Holzart Tatajuba. Quer zur Faserrichtung des Holzes verlaufende Verfärbungen sind besonders störend (Quelle: Gerald Koch vTI, Hamburg)

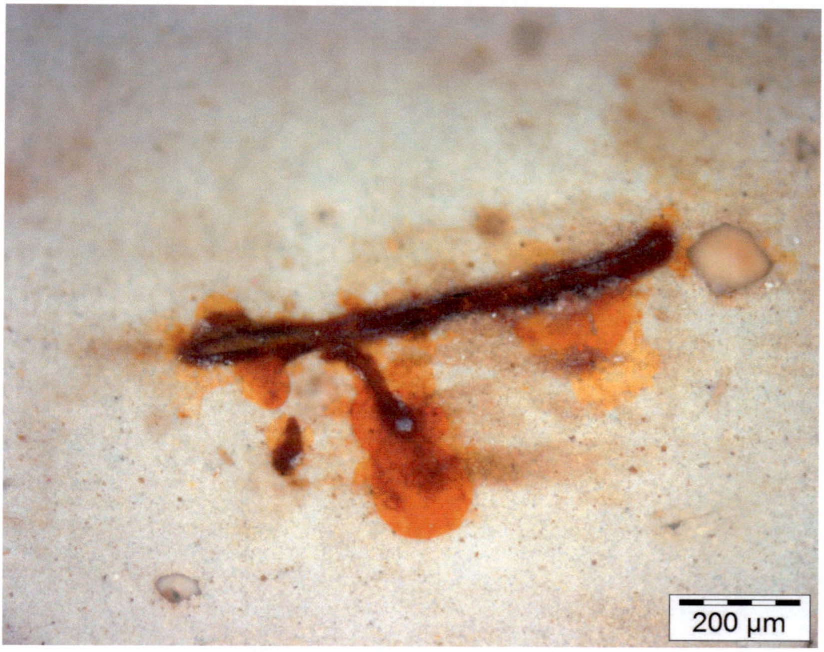

Bild 4.36 Die Form dieses Eisen/Rost-Partikels legt nahe, dass es sich um Reste von Stahlwolle handelt.

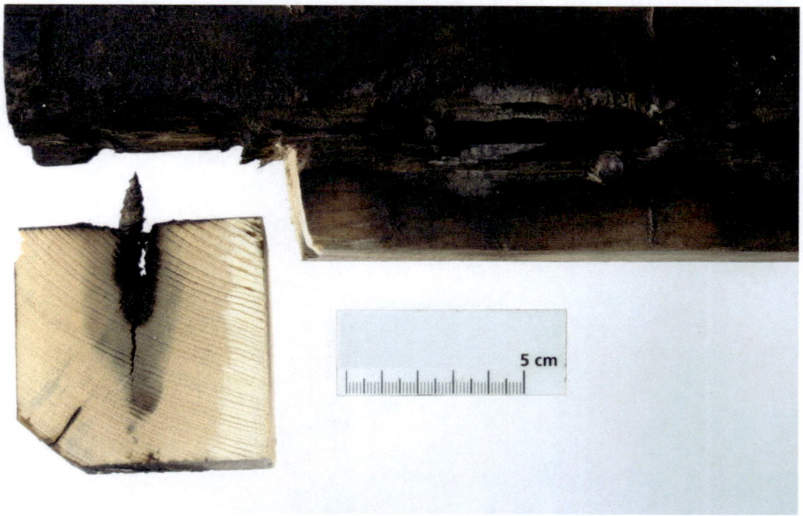

Bild 4.37 Rostende Schrauben können im Sitzbankbereich von Saunakabinen das Holz stark schädigen. An dieser Stelle kommen Temperatur, Feuchtigkeit und korrosives Chlorid durch den Schweiß zusammen.

Bild 4.38 Eisenchloride, die sich in einer Feuerverzinkerei aufgrund von Salzsäuredämpfen gebildet haben, führen zu intensiven Zerstörungen des umgebenden Holzes. Im Endzustand ist das Holz von teerartiger Farbe und Konsistenz.

Bild 4.39 Die Volumenvergrößerung von rostenden Bolzen hat zur Aufspaltung an diesem Träger geführt.

4.6 Geometrie/Konstruktion

Geometrische Ursachen sind bedingt durch die Anordnung oder Form von Werkstoffen oder Werkstoffkomponenten. Ursachen können sowohl bei der Herstellung von Holzwerkstoffen als auch bei der Verarbeitung von Holz oder Holzwerkstoffen liegen. Die Auswirkungen von nicht symmetrischen Schichtaufbauten sind in Kapitel 3.4 »Verformungen« beschrieben.

4.6.1 Spannungsspitzen/Kerbwirkung

Im optimalen Fall sind die in einem Bauteil auftretenden Spannungen an allen Punkten annähernd gleich. Kritische Situationen können auftreten, wenn die Spannungen sich an einem Punkt konzentrieren ohne dass dies im Vorfeld berücksichtigt wurde. Sehr hohe Spannungsspitzen können selbst an harmlos erscheinenden Kerben auftreten:

> *»Ein Baum mit dem Hauptstamm und den verzweigenden Ästen erträgt enorm hohe Windbelastungen, ohne an den Verzweigungen (Orte der größten Biegebeanspruchung) zu brechen. Falls Sie diese Verzweigstellen leicht ankerben würden, könnte dieser Baum dem nächsten Sturm mit Sicherheit nicht standhalten, obschon durch die Kerbe keine merkliche Querschnittsreduktion auftritt. Wenn Sie einen Ast mit Durchmesser 100 mm mit 5 mm ankerben, erhöht sich die Spannung um ungefähr 16 %. Damit wäre ein Bruch nicht zu erklären. Der Grund liegt darin verborgen, dass an dieser Kerbe eine Spannungserhöhung von Faktor 4–5 auftritt und Holz sich spröd verhält« [72].*

Ein Stab, der auf Zug belastet wird, hat an jeder Stelle seines Querschnitts die gleiche Spannung. Einkerbungen führen zu ungleichmäßigen Spannungsverteilungen. Ein Rundstab von 20 mm Durchmesser hat daher eine deutlich höhere Zugfestigkeit, als ein Rundstab von 30 mm Durchmesser und einer 5 mm Kerbe. Zur Bewertung der Kerbschärfe in einem Bauteil bei statischer Beanspruchung wurden sogenannte Formzahlen empirisch bestimmt. Den mit Abstand geringsten Einfluss auf die Festigkeiten haben Kerben mit gerundetem Grund. Die größte Reduktion ergibt sich bei keilförmigen Kerben (Bild 4.40).

Die Konzentration von Spannungen (Schrumpfspannungen, Kerbspannungen) auf spannungsempfindliche Bauteilkomponenten kann zu Rissen oder Verformungen führen. Ein typischer Fall sind Risse an rechtwinkligen Ausschnitten in z. B. HPL (Bild 4.41).

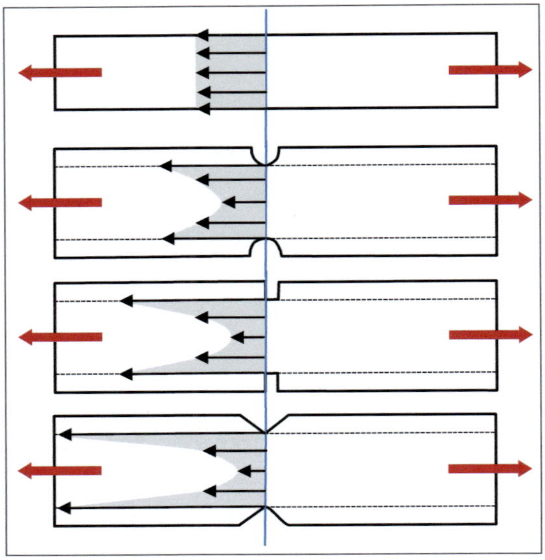

Bild 4.40 Einfluss von Kerben und der Kerbgeometrie auf die resultierende Spannungsverteilung. Trotz vergrößertem Querschnitt sinkt die Zugfestigkeit aufgrund der an den Kerben auftretenden Spannungsspitzen.

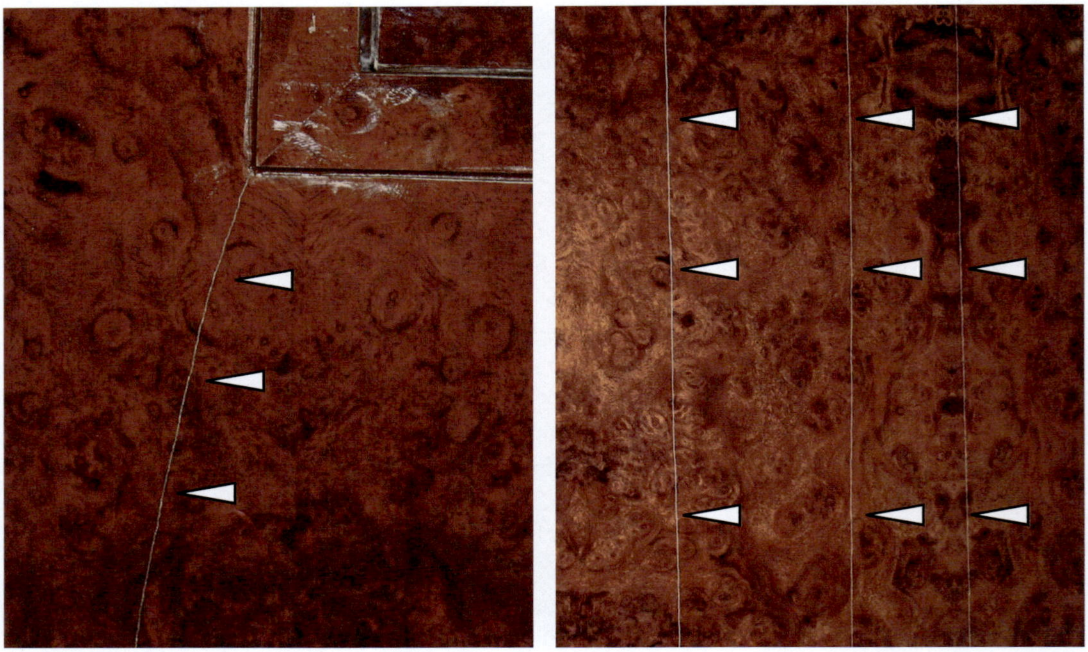

Bild 4.41 Riss in HPL, ausgehend von einem rechtwinkligen Ausschnitt ohne Rundung (links). Im gleichen Objekt traten aufgrund längerer extrem niedriger relativer Luftfeuchte von unter 20 % auch Längsrisse im HPL auf (rechts). Wären nur von den Ecken der Ausschnitte ausgehende Risse vorhanden, wäre unabhängig von der vermuteten relativen Luftfeuchte die fehlende Rundung der Ecke als maßgebliche Schadensursache anzunehmen. Erst die auch vorkommenden Längsrisse zeigen, dass offensichtlich eine andere wesentliche Ursache – nämlich die extreme Untertrocknung, anzunehmen ist (siehe auch Kapitel 4.7.1)

Die Zugfestigkeit von Vollholz rechtwinklig zur Faserrichtung beträgt weniger als 10 % der Zugfestigkeit parallel zur Faserrichtung. Holzkonstruktionen sollten möglichst so geplant und ausgeführt werden, dass Zugspannungen rechtwinklig zur Faser vermieden werden oder nur möglichst geringe Werte annehmen. Beispiele für querzuggefährdete Bauteile sind ausgeklinkte Trägerauflager, Trägerdurchbrüche und Queranschlüsse.

Die unvermeidlichen Quell- und Schwindbewegungen von Holz können zu Schäden führen, wenn der Einfluss möglicher Spannungsspitzen nicht berücksichtigt wird. Bild 4.42 zeigt einen Parkettboden, bei dem sich die Ecken von zahlreichen Elementen im Winterhalbjahr stark hochwölbten. Betroffen waren fast ausschließlich Elemente mit Deckschichten aus Holz mit liegenden Jahresringen. Bild 4.43 zeigt, dass es sich um ein Aufspalten der Mittellage im Bereich des Nutgrundes handelte.

Bild 4.42 Dreischichtiges Parkett mit Deckschicht aus geräucherter Eiche auf Heizestrich; Oberflächen geölt. Der Faserverlauf ist diagonal. Die Richtung des stärksten Quellens und Schwindens endet daher genau in der Ecke des Elements.

Bild 4.43 Die Aufwölbung hat zu einem von der Ecke des Nutgrundes ausgehenden Riss innerhalb der Mittellage geführt.

Ein entscheidender Einfluss auf den Schadensfall hat die auf den quadratischen Parkettelementen diagonal verlaufende Faserrichtung in Kombination mit einer Reihe sich ungünstig auswirkender Umstände (Oberfläche geölt, tiefe Nut, Oberkante Nutgrund durch Vorschneider gequetscht). Aufgrund der mit 8,5 mm relativ tief eingefrästen Nut stehen an den Ecken in der Richtung des maximalen Quellen und Schwindens 12 mm Holz über. Die beim Schwinden dieses Überstands resultieren-

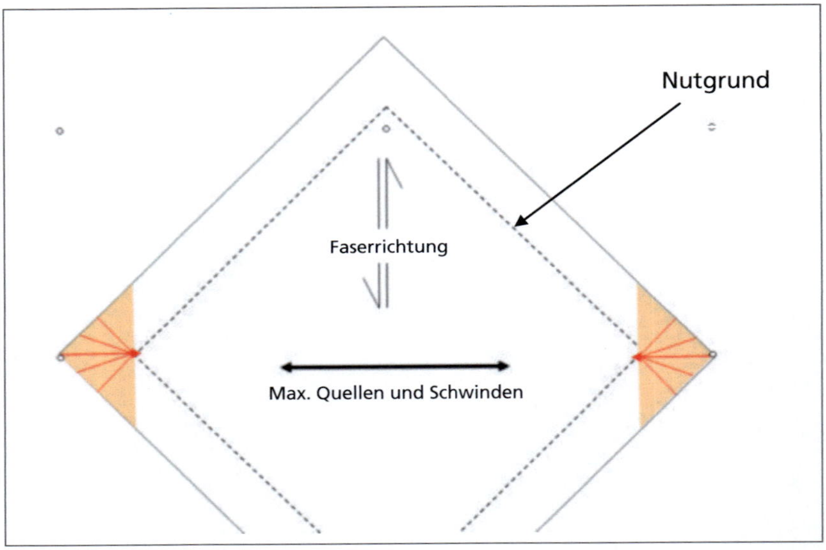

Bild 4.44 Die diagonal verlaufende Faserrichtung des Eichenholzes führt zu Spannungsspitzen an den Ecken des Nutgrunds.

Bild 4.45 Der Ausschnitt für einen Lüftungskanal in einem Träger aus Brettschichtholz wurde an den Ecken nicht abgerundet. Genau von der Ecke ausgehend verläuft ein Riss. An einem benachbarten Balken führte die fehlende Abrundung der Ecke des Ausschnitts zum Bruch eines Trägers.

den Spannungen konzentrieren sich genau an der Oberseite der Spitze des Nutzgrundes – also theoretisch an einem einzigen Punkt (Bild 4.44). Bereits die Rundung des Nutgrunds hätte die auftretenden Spannungen gleichmäßiger verteilt und derartige Schäden verhindert [68]. Ein Beispiel für Spannungsspitzen an einem nicht abgerundeten Ausschnitt in einem Brettschichtholzträger zeigt Bild 4.45.

4.6.2 Fehlende Absperrwirkung

Eine wichtige Maßnahme zur Verminderung ungewünschter Quell- und Schwindbewegungen von Holz ist das Absperren. Die hohen Festigkeiten und gleichzeitig sehr geringen Quell- und Schwindbewegungen in der Längsrichtung der einen Holzschicht verringern die Quell- und Schwindbewegungen der benachbarten, üblicherweise im Winkel von 90° versetzten Holzlagen. Wenn bei einem Sperrholz das Deckfurnier nicht um 90° gedreht aufgeklebt wurde, ist die Gefahr von Rissen im Deckfurnier bei klimatischer Beanspruchung hoch (Bilder 4.46 und 4.47).

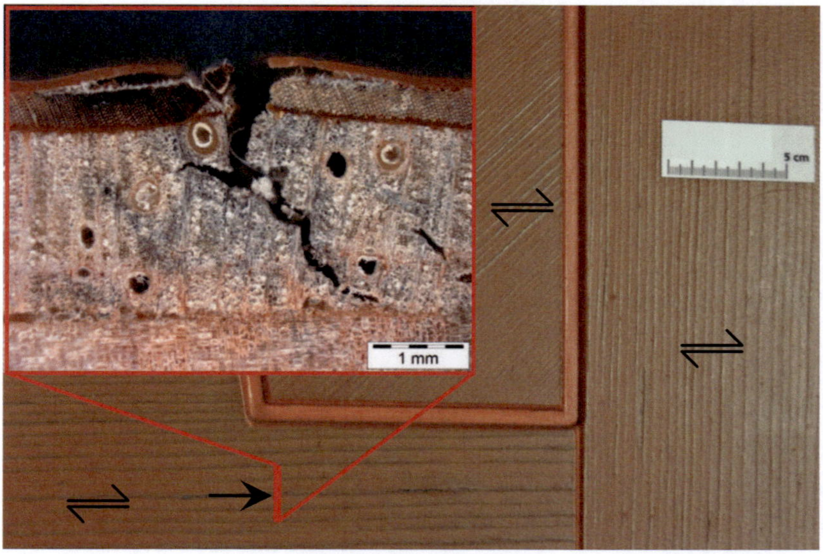

Bild 4.46 Auf einer Haustürvorsatzschale wurden Rahmen und Füllungen durch unterschiedliche Ausrichtung des Deckfurniers angedeutet. Das darunterliegende Absperrfurnier verläuft an allen Stellen in gleicher Richtung. Das Bild zeigt, dass das um 90° gedrehte, hier senkrecht verlaufende Deckfurnier kaum Schäden zeigt, während das parallel zum ›Sperrfurnier‹ verlaufende waagerechte Furnier tiefe Risse aufweist. Der mikroskopische Querschnitt aus den mit gleicher Faserrichtung verklebten Furniere zeigt, dass Schälrisse aus dem ›Absperrfurnier‹ aufgegangen sind und das Deckfurnier dabei mit aufgerissen haben.

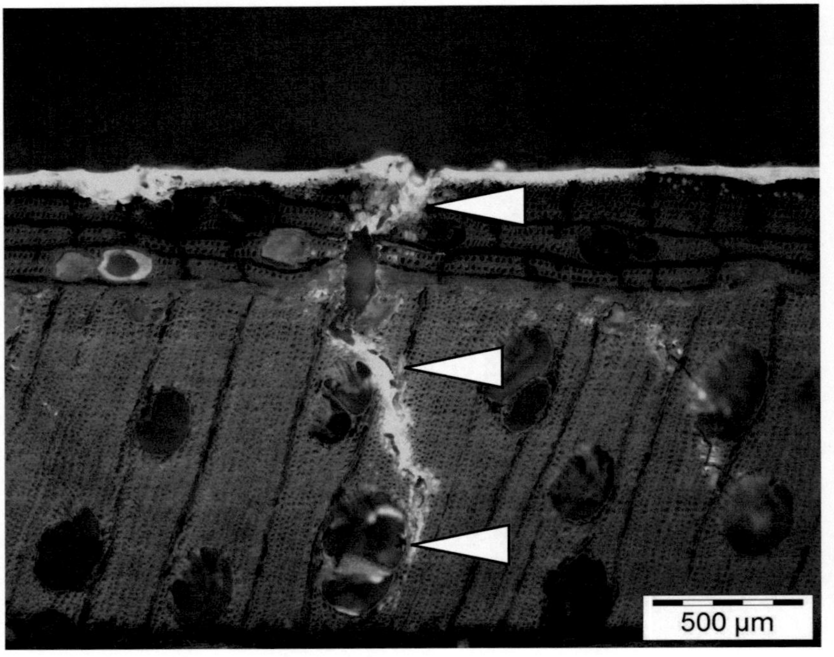

Bild 4.47 Eine Fassadenplatte mit zum darunterliegenden Furnier parallel verlaufendem Deckfurnier zeigt tiefe Risse. Die mikroskopische Aufnahme zeigt, dass nach dem Öffnen des Risses ein erneuter Anstrich aufgebracht wurde, der in den Riss gelaufen ist.

In Einzelfällen kann es sinnvoll sein, die Decklage faserparallel mit der darunterliegenden Schicht herzustellen, da dies die Tragfähigkeit in Faserrichtung der Decklage erhöht. Bei dekorativen Außenanwendungen ist davon allerdings abzuraten falls es keine technische Notwendigkeit für die faserparallele Verklebung gibt.

4.6.3 Kantenflucht

Bei Schwerelosigkeit bilden Flüssigkeiten ideale Kugeln, da dies der energetisch günstigste Zustand mit geringstmöglicher Oberfläche ist. Aber auch unter irdischen Bedingungen streben flüssige Lacke zu einer möglichst geringen Kontaktfläche mit der Luft. Daraus resultiert eine über scharfen Kanten meist deutlich verringerte Schichtdicke (Bild 4.48).

Nicht abgerundete Kanten sind aber nicht nur problematisch, weil die Dicke der Beschichtung an dieser Stelle geringer ist. Die scharfe Kante führt auch zu Spannungsspitzen in dem Lack, wodurch Risse bei höherer klimatischer Beanspruchung fast vorprogrammiert sind. Eine Rundung mit 2 mm Radius verhindert die Kantenflucht weitgehend. Fasen von Kanten verringert die Kantenflucht nicht nennenwert (Bild 4.49).

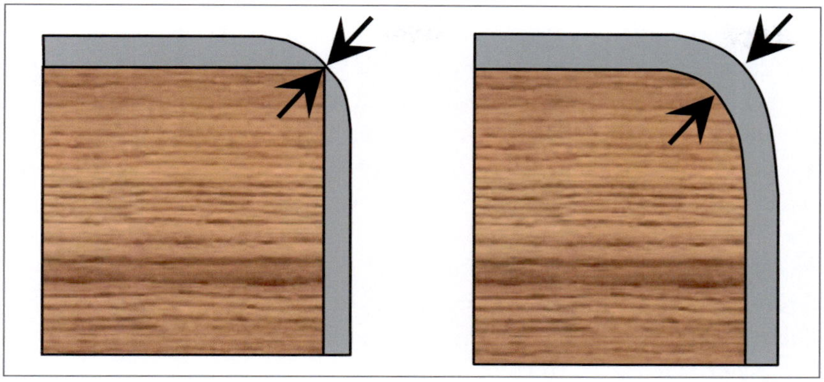

Bild 4.48 Schematische Auswirkung von Kantenflucht (links) und gleichmäßiger Schichtdicke über Rundungen

Bild 4.49 Auch an gefasten Kanten kann die Kantenflucht so ausgeprägt sein, dass an den Kanten die Schichtdicke annähernd null ist.

4.7 Gebrauchsbedingungen

4.7.1 Feuchte

Das Schwinden und Quellen von Holz kann zu unterschiedlichsten Schadensausprägungen führen. Häufig stellt sich in Schadensfällen die Frage, ob das Material (oder die Konstruktion) zu empfindlich auf noch hinzunehmende Umgebungsbedingungen reagiert haben, oder ob die Umgebungsbedingungen so weit außerhalb des für das Material geeigneten Feuchtebereichs lagen, dass das Versagen ausschließlich den Umgebungsbedingungen (und damit üblicherweise dem Nutzer) zuzurechnen ist. Eindeutige Aussagen dazu sind oft schwierig, da die zulässigen Nutzungsbedingungen in der Regel nicht ausreichend definiert und die tatsächlichen Feuchtebedingungen meist nicht rekonstruierbar sind.

Für Bauteile in Wohnräumen können folgende Grenzbedingungen aufgrund der natürlichen klimatischen Bedingungen und der für Menschen zuträglichen Umgebungsbedingungen abgeleitet werden:

Feuchteobergrenzen Sommermonate

Grundsätzlich kann davon ausgegangen werden, dass im Spätfrühling/Sommer/Frühherbst auch permanent geöffnete Fenster üblich und zulässig sind. Demnach müssen die Klimabedingungen im Außenbereich in den Sommer- und Übergangsmonaten von allen Baustoffen und Bauteilen schadensfrei ausgehalten werden. Schadensfrei heißt in diesem Zusammenhang nicht, dass keinerlei Abweichungen vom Idealzustand auftreten dürfen. Die vorkommenden Abweichungen dürfen jedoch bei derartigen Umgebungsbedingungen nicht zu bleibenden Störungen führen oder die Gebrauchstauglichkeit einschränken. Ein geringes Abzeichnen von Einleimern während hoher Luftfeuchten in den Sommermonaten ist demnach ebenso kein Schaden im hier verwandten Sinne wie weitgehend reversible Fugenbildungen in den Wintermonaten bei Parkett.

Im Spätfrühling/Sommer/Frühherbst kann die mittlere relative Luftfeuchte in Deutschland/Mitteleuropa über mehrere Tage/Wochen 75 % und mehr betragen. Demnach müssen alle Materialien eine relative Luftfeuchte von mindestens 75 % zumindest über mehrere Tage schadensfrei überstehen können.

Feuchteuntergrenze Wintermonate

Anders als im Sommer und Teilen der Übergangsperioden im Frühjahr und Herbst haben das Nutzerverhalten und technische Gegebenheiten wie Dichtigkeit der Fenster und gegebenenfalls Anlagen zur Luftbefeuchtung einen sehr großen Einfluss auf die resultierende relative Luftfeuchte. Während des Winters liegt der Wassergehalt der Außenluft zwischen 2 g und 3 g/kg trockener Luft. Dies entspricht bei 0 °C einer relativen Luftfeuchte von etwa 60 %. Wird diese Luft auf 20 °C erwärmt stellt sich eine relative Feuchte von weniger als 20 % ein. Derart geringe Luftfeuchten werden vor allem in älteren Gebäuden mit wenig luftdichten Fenstern angetroffen.

In der EN 13779:2004 (»Lüftung von Nicht-Wohngebäuden – Allgemeine Grundlagen und Anforderungen an Lüftungs- und Klimaanlagen«) wird die Untergrenze der zulässigen relativen Luftfeuchte mit 30 % angegeben. In der Norm wird dazu weiter ausgeführt: »*Die untere*

Grenze von 30 % ist vorgegeben, um trockene Augen und Schleimhautreizungen zu vermeiden. In extremen Klimaten ist eine geringere Feuchte für einen begrenzten Zeitraum jedoch annehmbar; dieser Zeitraum ist zwischen Auftraggeber und Planer unter Berücksichtigung lokaler Vorschriften und Präferenzen zu vereinbaren. ...« Demnach sind auch relative Luftfeuchten von 25 % für einen begrenzten Zeitraum während sehr kalter Winterperioden nicht außerhalb der hinzunehmenden Bedingungen.

Vorschlag zur Bewertung von Feuchteober- und -untergrenzen

Eine klare Abgrenzung, welches die minimalen und maximalen relativen Luftfeuchten sind, bei denen Baustoffe und Konstruktionen noch schadensfrei funktionieren müssen, gibt es nicht.

Eine mögliche Herangehensweise an die Problematik ist, dass dauerhaft verbleibende klimabedingte Schadensbilder an empfindlichen Bauteilen, die nachweislich längere Zeit Klimaten von weniger als 25 % oder mehr als 75 % relativer Luftfeuchte ausgesetzt waren, zunächst als klimabedingt gelten und daher in der Regel in den Verantwortungsbereich der Nutzung fallen. Als empfindlich angenommen werden können z. B. Zimmertüren, Möbel und Parkett. Dagegen müssen Baukonstruktionen und alle Bauteile die erwartungsgemäß bereits vor Estrich- und Putzarbeiten in einen Bau eingebracht werden (Außentüren, Fenster, Schalungen) höhere Feuchten schadensfrei überstehen, wobei hier eine Obergrenze von 85 % relativer Luftfeuchte angesetzt werden kann. Der für ein Bauteil kritische Zeitraum kann anhand der vermuteten Feuchtewechselzeiten abgeschätzt werden. Das Klima gilt erst dann als kritisch, wenn davon auszugehen ist, dass die schadhaften Bauteile erwartungsgemäß die daraus resultierende Ausgleichsfeuchte weitgehend erreicht haben. Bei einem Bilderrahmen aus z. B. Abachiholz kann dies innerhalb eines Tages der Fall sein. Für Parkett sind deutlich längere Zeiten zur Änderung der Holzfeuchte anzusetzen. [95] führen aus, dass Buchenparkett bei Klimaänderung innerhalb von 18 Tagen eine Holzfeuchteänderung von 2 % erreicht. Bei Eichenparkett dauert es mit 52 Tagen fast dreimal so lange.

Sonstige Ursachen trotz unzulässiger Nutzungsbedingungen

Falls die genannten Grenzen über- oder unterschritten werden, muss dennoch überprüft werden, ob die Bauteile Mängel aufweisen. Falls sich nämlich durch die unzuträglichen Nutzungsbedingungen tatsächlich vorhandene Mängel manifestieren, ist dieser zumindest Mitursache für den aufgetretenen Schaden. Denn wäre dieser Mangel nicht vorhanden gewesen, hätte das Bauteil ja selbst die kritischen Umgebungsbedingungen überstanden.

Bild 4.50 Querschnitt durch ein Ausstellungsobjekt. Der Stoß der MDF Platten war zwar durch eine darunter geklebte Platte verstärkt und an der Oberfläche mit Epoxidharz gut verspachtelt. Die eingefräste Nut bei gleichzeitig fehlender Feder hat den Stoß jedoch so geschwächt, dass der entstandene Riss letztlich dem Hersteller und nicht den ungeeigneten Klimabedingungen zugeordnet wurde.

Bild 4.50 zeigt eine Probe aus einem Ausstellungsobjekt, das vom Publikum auch als Sitzmöbel benutzt werden konnte. Über manchen Stößen der Objekte waren Risse aufgetreten. Gleichzeitig lag die relative Luftfeuchte offensichtlich für mehrere Wochen unter 25 %. Es wurde eine Probe aus dem gerissenen Stoßbereich entnommen. Es zeigte sich, dass zwar Nuten vorhanden waren, die vorgesehene Feder jedoch vergessen worden war. Ohne die Nut wäre die Konstruktion prinzipiell geeignet gewesen. Durch die Nut wurde allerdings der Stoßbereich so geschwächt, dass tatsächlich eine mangelhafte Konstruktion vorlag. Trotz der für die Konstruktion ungeeigneten Klimabedingungen war daher dem Hersteller zumindest eine erhebliche Mitverantwortung zuzuweisen.

Ein weiteres Bespiel für Schäden, die trotz vermuteter unzuträglicher Klimabedingungen letztlich auf konstruktive Mängel zurückgeführt wurden, ist in Kapitel 3.1.1 beschrieben.

(Winter)Baustellen

Schäden an Holzfenstern und Haustüren aus Holz während der Bauphase sind relativ häufig. Wenn Putz- und Estricharbeiten durchgeführt werden, die Heizung läuft, aber zum Vermeiden von Durchzug und Auskühlung die Fenster geschlossen bleiben, beträgt die relative Luftfeuchte oft 85 % und mehr. Die Fenster sind in diesem Moment oft der kälteste Punkt eines Gebäudes und durch kondensierende Feuchtigkeit auf mehrfache Weise stark belastet:

- Die Feuchte kann an den Scheiben kondensieren, herablaufen und in die im Innenbereich häufig weniger gut geschützten Eckverbindungen eindringen und zu teils dramatisch erscheinenden Quellungen führen. Je nach Ausmaß der Schäden kann nach der Rücktrocknung eine malermäßige Überarbeitung zur Beseitigung der Schäden ausreichend sein. Typisch für diese Schadensursache ist, dass die Schäden nur innen und nur an den unteren Stößen der Flügel auftreten.

- Über die üblicherweise nicht luftdichten Glasleisten und die nach außen führende Glasfalzbelüftung kann feuchte Luft in das Innere des Fensterflügels eindringen. Typischerweise treten in diesem Fall die Schäden (Enthaftungen, Risse, Verfärbungen) auch an den oberen Ecken des Fensterflügels auf.
- Die Feuchtigkeit kann durch Diffusionsprozesse im Holz bis in äußere Schichten transportiert werden. Dieser Effekt wird jedoch oft überschätzt [10], [107]. Gegenüber den Transportmechanismen: Befeuchtung durch von der Scheibe herablaufendes Tauwasser und dem Transport feuchter Luft direkt in das Innere der Konstruktion, scheint Diffusion nur in wenigen Fällen die zentrale Ursache für Feuchteschäden an Fenstern zu sein. Im Schrifttum findet sich dennoch häufig die Forderung, dass die Schichtdicke auf der Fensterinnenseite mindestens so hoch sein muss wie an der Fensteraußenseite. Begründet wird dies damit, dass Schäden durch Diffusion verhindert werden sollen. Diese Forderung ist schon anhand der tatsächlich auftretenden Schäden nicht nachvollziehbar, da Schäden durch Diffusion auch zu Schäden an den oberen Hölzern von Fenstern führen müsste – was aber in der Praxis nicht beobachtet wird – außer durch den oben beschriebenen Transport durch Glasleisten und Glasfalzbelüftung. Berücksichtigt man zusätzlich den im Winter aufgrund der Temperaturabhängigkeit geringeren Diffusionswiderstand auf der Innenseite, müsste die Forderung dann konsequenterweise lauten, dass die Beschichtung innen deutlich dicker sein muss als außen.

Diffusionswiderstand von Beschichtungen

Der Einfluss des Diffusionswiderstands von Beschichtungen auf Schadensfällen ist meist nur schwer einzuschätzen. Der Diffusionswiderstand verändert sich mit der Zeit, er wird beeinflusst vom Untergrund und er ist feuchte- und temperaturabhängig. Bereits die Frage, ob bei einer Vorgabe der Wet-Cup oder der Dry-Cup Wert gemeint sind, kann üblicherweise nicht beantwortet werden, obwohl der Dry-Cup Wert doppelt so hoch wie der Wet-Cup Wert sein kann. Aufgrund dieser recht undefinierten Situation empfiehlt sich Zurückhaltung bei der Bewertung von Diffusionswiderständen von Beschichtungen und deren Einfluss auf Schadensfälle.

> Offensichtlich wird der Begriff Partialdampfdruck von vielen nicht Sachkundigen als ein Druck im Sinne eines Absolutdruckunterschieds verstanden, obwohl es sich tatsächlich um eine Konzentrationsangabe handelt. Obwohl der Partialdampfdruck in Einzelfällen die genauere Beschreibung ist, sollte dieser Begriff in Gutachten vermieden werden. Die auch für Laien anschauliche relative Luftfeuchte ist geeigneter, um die meisten Sachverhalte verständlich zu beschreiben.

4.7.2 UV-Strahlung

Auf ungeschützter Haut kann der energiereiche UV-Anteil des Sonnenlichts zu schweren Verbrennungen führen. Auch Holz und Beschichtungen benötigen einen UV-Schutz, falls eine Veränderung bzw. Zerstörung der Oberfläche verhindert werden soll.

Holz besteht zu ca. 60 % aus Zellulose und Hemizellulosen. UV-Strahlung kann beiden Stoffen nur wenig anhaben. Die restlichen ca. 40 % von Holz, das als ›Kittsubstanz‹ wirkende Lignin, kann dagegen bis in ca. 0,3 mm Tiefe durch den energiereichen UV-Anteil des Sonnenlichts zu kleinen wasserlöslichen Bruchstücken zerschlagen werden. Fehlendes Lignin kann durch chemische Methoden nachgewiesen und durch geeignete Färbemethoden auch mikroskopisch sichtbar gemacht werden. Sehr anschaulich lässt sich abgebautes Lignin an abgelösten Beschichtungen mit bloßem Auge, gegebenenfalls mithilfe einer Lupe, sicher erkennen. Wenn Fasern an der abgelösten Beschichtung haften (Holzfaserbelag), kann eine Schädigung des Holzes durch UV-Strahlung angenommen werden, solange eine Schädigung durch Chemikalien oder den Kristallisationsdruck von Salzen (Kapitel 3.3.2) oder extreme Stauchung der Holzoberfläche ausgeschlossen (Kapitel 4.4.3) werden können (Bild 4.51).

Gute transparente UV-Schutz-Lacke können die Zerstörung des Lignins bzw. die natürliche Farbänderung von Holz weitgehend verhindern. Problematiken ergeben sich daraus, dass die Schutzwirkung nur schwer definierbar ist. Die UV-Durchlässigkeit der vorhandenen Beschichtung z. B. eines Möbels kann zwar in vielen Fällen mit einer gewissen Genauigkeit gemessen werden [70], die Bewertung ist jedoch schwierig (Bild 4.52). Die tatsächliche Schutzwirkung hängt zudem nicht nur von der messbaren UV-Durchlässigkeit ab. Im Zweifelsfall muss die UV-Schutz-Wirkung durch künstliche Bestrahlung und Messung der resultierenden Verfärbungen erfolgen, gegebenenfalls vergleichend mit anderen handelsüblichen Produkten.

Bild 4.51 Abplatzende Lasuren auf dem unteren Rahmenstück von Fensterflügeln. Auf der Unterseite von abgelösten Lasurstücken sind bereits mit bloßem Auge oder mit einer Lupe Holzfasern erkennbar. Der Holzfaserbelag belegt einen zu geringen UV-Schutz der Lasuren.

Bild 4.52 Hinter einem abgerückten Hotelbett wird die Entfärbung des Furniers erkennbar. Ob derartige durch UV-Strahlung verursachte Entfärbungen hinzunehmen sind hängt von den Umständen ab. Es handelt sich um eine für Sapeli typische Entfärbung, die nur durch UV-schützende Beschichtungen oder Beizen verhindert werden kann.

4.7.3 Temperatur

Der Einfluss von Temperaturen unter ca. 100 °C auf die Holzstruktur ist gering. Von Sonderfällen wie Holz in Saunen abgesehen brauchen direkte Temperatureinflüsse bei der Betrachtung von Massivholz nicht berücksichtigt werden. Da aber mit jeder Temperaturänderung eine Änderung der relativen Luftfeuchte einhergeht, sind Temperaturen indirekt von großer Bedeutung. In der Nähe von Heizkörpern sind daher Trocknungsschäden gehäuft anzutreffen. Bei harzhaltigen Hölzern wie Kiefer, Lärche oder Bangkirai können durch hohe Temperaturen die im Holz vorhandenen Harze verflüssigen und an die Oberfläche gelangen. Die Aufheizung von Hölzern wird entscheidend durch den Farbton der Beschichtung beeinflusst. Dunkle Beschichtungen sind daher für harzreiche Hölzer nicht zu empfehlen.

Während Holz und Holzwerkstoffe bei Temperaturerhöhung trocknen und daher schwinden, dehnen sich Metalle und Kunststoffe aus. Diese entgegengesetzte Verformung kann in Einzelfällen kompensierend und damit positiv wirken, z. B. bei Aluminiumschichten in Haustüren [101]. Bei einseitiger Beplankung von z. B. Möbeloberflächen mit Aluminium kann dieses Verhalten dagegen zu extremen Verformungen führen.

Temperaturprobleme können naturgemäß bei thermoplastischen Klebstoffen (PVAc, Schmelzkleber) und Beschichtungen (Kapitel 5.5.3) auftreten. Auch viele Schmelzkleber sind nur bis ca. 70 °C ausreichend stabil, was besonders im Küchenbereich zu Problemen führen kann.

Frostschäden können an flüssigen Klebstoffen und Beschichtungen auftreten, die während des Transports oder der Lagerung niedrigen Temperaturen ausgesetzt waren. Die Filmbildung kann in solchen Fällen so gestört sein, dass im Gebrauch Risse auftreten. Auch bereits applizierte Beschichtungen können geschädigt werden, wenn ihnen nicht die Zeit gegeben wird, bei geeigneten Temperaturen zu verfilmen, z. B. wenn Außenbauteile im Winter kurz nach dem Trocknen der Beschichtung ausgeliefert werden. Typisch sind in diesem Fall Blasenbildungen aufgrund der dann oft zu schlechten Nasshaftung.

4.7.4 Mechanische Einwirkung

Das Körpergewicht von Erwachsenen kann bei fast allen Holzarten deutlich wahrnehmbare Druckspuren hinterlassen, wenn es punktförmig einwirkt. Defekte Absätze von Schuhen [95], Nieten an Hosen (Bild 4.30) oder auf dem Boden liegende Partikel können ursächlich sein.

Vom Nutzer wird manchmal bezweifelt, dass das Holz eine ausreichende Härte aufwies. Die Brinellhärte ist ein guter Indikator für die Tiefe der z. B. durch fallende Gegenstände oder andere mechanische Belastungen zu erwartenden Eindrücke in Parkettoberflächen [95]. Die Messung der Brinellhärte ist jedoch bei Holz relativ ungenau, aufwändig und die Ergebnisse zeigen eine große Streuung. Mehrere Autoren haben nachgewiesen, dass eine gute Korrelation zwischen Brinellhärte und der Rohdichte des Holzes besteht [73] und [102]. Obwohl beide Autoren eine etwas voneinander abweichende Korrelation aufgestellt haben, weicht die resultierende Brinellhärte im Bereich mittlerer Rohdichten von 0,5 g/cm³ bis 0,8 g/cm³ maximal 3 N/mm² voneinander ab. Die Härte eines Holzes kann daher auch mittels der sehr viel zuverlässigeren Rohdichtebestimmung ermittelt werden.

Im Außenbereich ist Hagelschlag eine sehr häufige Ursache für frühzeitiges Versagen von Beschichtungen. Selbst relativ kleine Hagelkörner können auf Beschichtungen typische kreisförmige Perforationen verursachen (Bild 4.53). Spröde Beschichtungen, schlechte Haftung auf dem Untergrund, durch UV-Strahlung bedingten Abbau von Lignin, geringe Schichtdicken und weiche Untergründe (Nadelholz) verstärken die Auswirkungen von Hagelschlag.

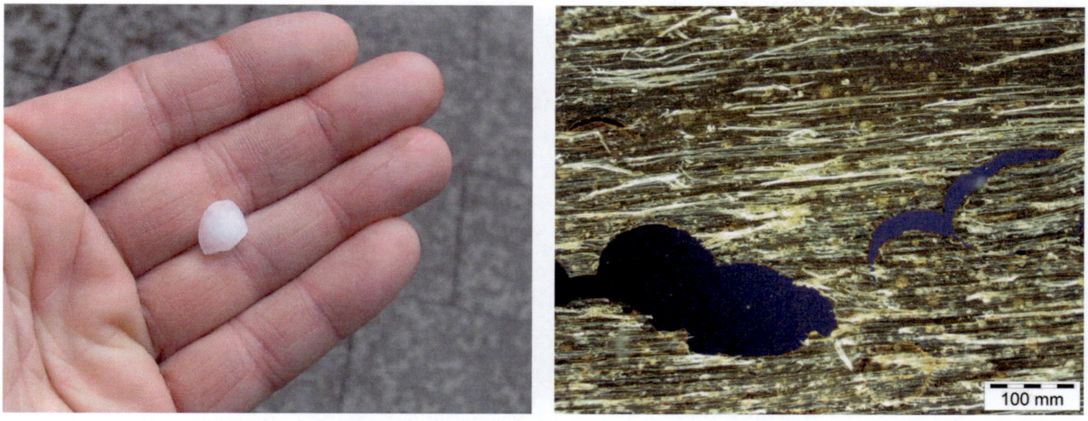

Bild 4.53 Auf der Unterseite einer abgelösten Lasur sind die durch Hagelkörner verursachten Perforationen gut zu erkennen. Gleichzeitig zeigt der Holzfaserbelag, dass die Beschichtung keinen ausreichenden Schutz gegen UV-Strahlung aufwies. Hagelkörner von der Größe einer Erbse sind ausreichend, um bei spröden Beschichtungen und vorgeschädigtem Untergrund derartige Schäden zu verursachen.

5 Untersuchungsmethoden

Die im Folgenden dargestellten Herangehensweisen und Methoden sind praxisbewährt und oft mit relativ geringem Aufwand und ohne teure Spezialausrüstung anwendbar. Erfahrungsgemäß sind in vielen Fällen gerade die einfachen Methoden nicht nur schnell und ökonomisch, sondern bringen Ergebnisse, die mit den üblichen Labormethoden nicht gewonnen werden können. Natürlich gibt es Fälle, in denen auf aufwändige analytische Methoden wie FTIR-Spektroskopie, EDX oder Hochleistungs Wärmefluss-Thermographie nicht verzichtet werden kann. Solche Methoden sind daher der Vollständigkeit halber zum Teil aufgeführt und können bei Bedarf bei spezialisierten Laboren beauftragt werden.

Welche Untersuchungsmethoden für den jeweiligen Einzelfall sinnvoll sind, kann im Vorfeld allenfalls vermutet werden und hängt z. B. auch von der Menge des zur Verfügung stehenden Materials ab. Bei geringer Probenmenge ist es entscheidend, zunächst solche Methoden anzuwenden, die möglichst zerstörungsarm sind. Die kreative Anpassung von Methoden für den speziellen Anwendungsfall ist häufig notwendig. Die Zusammenstellung soll daher vor allem als Anregung für eigenes Experimentieren dienen.

5.1 Probenahme

Eindeutige Aussagen zu Schadensursachen sind üblicherweise nur durch zerstörende Prüfungen möglich. Sollte einmal ein Fall ohne Zerstörungen zweifelsfrei geklärt werden können ist dies als besonderer Glücksfall zu werten. In der Regel führt der Verzicht auf zerstörende Prüfungen nicht zu verlässlichen Resultaten. Durch zerstörungsfreie Untersuchungsmethoden – hier ist in erster Linie das genaue Beobachten der Schadensausprägung und der Schadensverteilung zu nennen – kann die Anzahl der zerstörend zu untersuchenden Teile jedoch erheblich reduziert werden. Weitere zerstörungsfreie Methoden sind: Thermografie und Ultraschallmessung von Schichtdicken, aber auch das vorsichtige Reiben und Klopfen auf Oberflächen. Die dabei entstehenden Geräusche verraten in manchen Fällen viel über den Untergrund. Die Probenahme erfolgt durch Heraussägen, -bohren, -stemmen oder -schneiden eines kleinen Teils aus dem zu prüfenden Objekt mithilfe von scharfen Werkzeugen (Bild 5.1). Die Entnahme von kleinsten

Bild 5.1 Werkzeuge zur Probenahme

Proben aus sehr wertvollen Objekten und deren Lagerung und weitere Behandlung ist in [113] beschrieben.

Gezielte – zufällige Probenahme

Falls laut Aufgabenstellung alleine die Ursache eines augenscheinlich vorhandenen Befundes ermittelt werden soll, ist die Probenahme unproblematisch und orientiert sich z. B. an den in Kapitel 2.2 »Untersuchungsmaterial« beschriebenen Kriterien. Die Probenahme erfolgt in dem Fall gezielt unter Berücksichtigung aller Sachkunde, Erfahrung und Prämissenkompetenz.

Falls laut Aufgabenstellung aber auch die Häufigkeit von Befunden festgestellt werden soll, aber z. B. aus Gründen der Effizienz oder zur Schonung des vorhandenen Materials nicht alle Proben/Flächen untersucht werden können, wird die Art und Häufigkeit der Probenahme zu einem zentralen Thema. Das oberste Prinzip für die Probenahme ist dann die zufällige Auswahl der Proben. Das heißt, jeder Punkt/jedes Bauteil etc. wird mit derselben Wahrscheinlichkeit beprobt, dokumentiert oder untersucht (Bild 5.2).

Als Sachverständiger achtet man naturgemäß vor allem auf auffällige Befunde. Um diesen Einfluss soweit es geht zu eliminieren, muss ein Entnahme-, Untersuchungs- oder Dokumentationsschema geplant und dann strikt angewandt werden. Die zufällige Probenahme ohne Plan liefert keine reine Zufallsverteilung [6]. Das Schema muss für jeden Fall individuell geplant werden. Wenn z. B. an der Verkleidung zahlreicher

Bild 5.2 Probenahme aus einem Paket Buchenleisten zur Feststellung der Fräsqualität. Die schwarzen Ziffern an den Hirnenden markieren die Proben, welche zur Bemusterung vorgesehen waren.

Wände aus senkrechten 30 cm breiten Elementen die Anzahl oder Fläche eines bestimmten Merkmals bestimmt werden soll, zeigen die folgenden vier Beispiele eine kleine Auswahl der im Einzelfall denkbaren Möglichkeiten:

1. Auf jeder Wandfläche wird von der linken Seite ausgehend jedes zehnte Element vollständig untersucht. (Nur anwendbar, wenn die Raumecken offensichtlich nicht weniger stark oder stärker betroffen sind als die Flächen).
2. Ausgehend von dem ersten Brett der ersten Wandfläche wird die Zählung auch bei jeder weiteren Wand fortgeführt und jedes zehnte Element wird vollständig untersucht. (Dadurch keine gehäufte/verminderte Berücksichtigung der Ecken).
3. Ausgehend von dem ersten Brett der ersten Wandfläche wird die Zählung auch bei jeder weiteren Wand fortgeführt und jedes zehnte Element wird untersucht. Das erste untersuchte Brett wird in genau 70 cm Höhe, das zweite in 140 cm Höhe und das dritte 210 cm Höhe, das vierte dann wieder in 70 cm Höhe und so weiter untersucht. Diese Reihenfolge wird in den anderen Räumen fortgesetzt.
4. Auf jede Wandfläche werden mit einem Projektor mehrere zufällige Punkte projiziert. Genau an den Punkten wird untersucht. Dieses Verfahren entspricht im Prinzip dem in Kapitel 5.2.7 beschriebenen Schnittpunktauszählverfahren und ist das sicherste Verfahren der zufälligen Probenahme.

In der prEN 12169 (2006) [91] sind Kriterien und Entnahmeschemata zur Konformitätsprüfung von Schnittholz detailliert beschrieben. Demnach müssten aus einem Los mit neun Paketen und insgesamt 1 000 Stücken von drei Paketen insgesamt 80 Stücke entnommen und geprüft werden. Im Zweifelsfall können die dort beschriebenen Strategien auch auf andere Untersuchungsobjekte sinngemäß übertragen werden.

Eine Strategie, um die Messung von Schichtdicken möglichst objektiv zu gestalten, ist in Kapitel 5.9.5 dargestellt.

Probenahme an Holzfenstern

In Streitfällen kann ein Nachweis der Holzschutzbehandlung notwendig sein. Da im bewitterten Bereich ein Abbau der Wirkstoffe nicht auszuschließen ist, sollten Proben von der Innenseite unter der Griffabdeckung entnommen werden. An diesen Stellen ist eine Probenahme ohne Beeinträchtigung der optischen oder technischen Eigenschaften des Fensters möglich. Zudem ist an dieser Stelle die Beschichtung vor Umgebungseinflüssen weitestgehend geschützt, so dass ein Abbau der Beschichtung oder von Holzschutzmittelwirkstoffen ausgeschlossen werden kann. An den Proben kann auch die Holzart und die Beschichtung untersucht werden. Folgende Punkte sind zu beachten:

- Wenn die Holzschutzbehandlung erfolgte, als die Bohrungen für die Beschläge bereits vorhanden waren (erkennbar an Farbe in den Bohrungen), muss ca. 1 mm des quer zur Faserrichtung und ca. 5 mm des in Faserrichtung an die Bohrung angrenzenden Holzes entfernt werden, um die Zonen der üblichen Eindringtiefe von wässrigen Imprägnierungen zu entfernen (Bild 5.3).
- Wenn die Proben mit vollständiger Beschichtung auf Holzschutzmittel analysiert werden, können Filmschutzmittel das Ergebnis beeinflussen. Um das zu verhindern, kann die Beschichtung vorsichtig heruntergekratzt werden.
- Da die Probenahme und die Präparation Fehlerquellen beinhalten, sollten die Ergebnisse nicht überinterpretiert werden. Wenn mindestens 50 % der vorgeschriebenen Wirkstoffmenge nachgewiesen werden, kann eine ordnungsgemäße Holzschutzbehandlung nicht ausgeschlossen werden.

Bohrkerne

Mit handgetriebenen Bohrern oder Bohrmaschinen können Bohrkerne entnommen werden. Vor allem bei größeren maschinell entnommenen Bohrkernen ist vorteilhaft, dass eine mechanische Beschädigung durch die Probenahme ausgeschlossen werden kann und größere zusammenhängende Proben gewonnen werden (Bild 5.4).

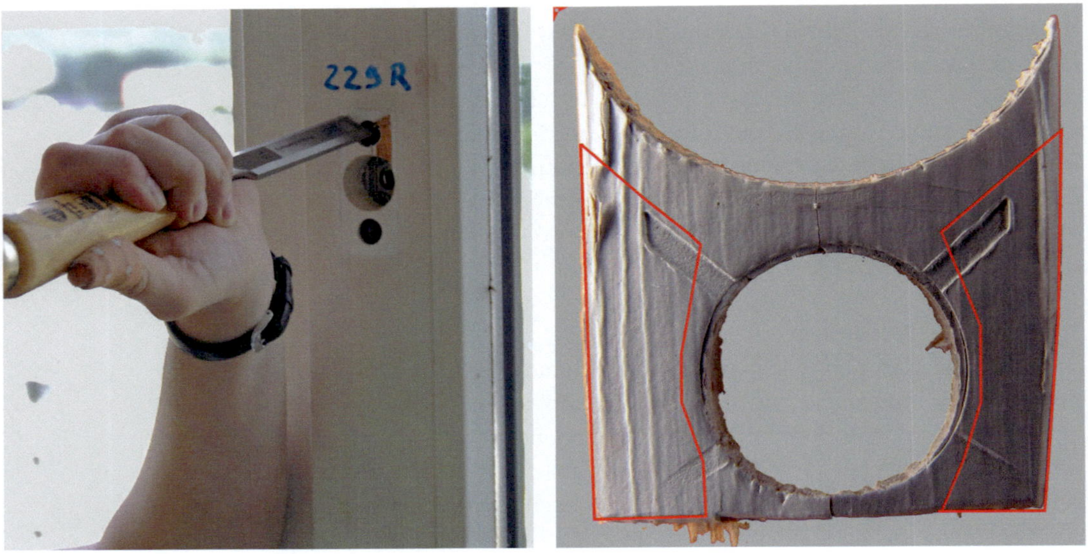

Bild 5.3 Entnahme von ca. 3 mm dicken Proben unter der Abdeckung eines Fenstergriffs; falls ein Nachweis von Holzschutzmitteln geführt werden soll und die Löcher vor der Holzschutzbehandlung gebohrt wurden, dürfen nur die rot umrandeten Flächen analysiert werden. Wenn erst nach der Holzschutzbehandlung gebohrt wurde, kann die ganze Probe analysiert werden.

Bild 5.4 Zur Entnahme von größeren Bohrkernen oder Bohrkernen an Brettschichtholzträgern haben sich Bohrständer bewährt, bei denen die Grundplatte vom Ständer getrennt, separat auf das Bauteil aufgeschraubt werden kann und der Ständer schwenkbar ist. Speziell zur Bedienung von einer Leiter aus ist ein Vortrieb über ein Drehrad empfehlenswert, da anders als beim Vortrieb über einen Hebel keine Kräfte aufgebracht werden müssen, welche die Standsicherheit des Bedieners gefährden könnten.

5.2 Dokumentation

5.2.1 Fotografie

Fotografien sind ein unverzichtbarer Bestandteil von Gutachten. Sie dienen der Dokumentation, ersparen aufwändige schriftliche Beschreibungen, dienen als Gedankenstütze und sie sind in einigen Fällen sogar eine eigenständige Untersuchungsmethode (z. B. Interferometrie). Andererseits sind viele Oberflächenschäden gar nicht oder nur mit großen Anstrengungen in einem Bild festzuhalten. Erhebungen, Risse oder Farbnuancen, die sich mit dem bloßen Auge deutlich abzeichnen, sind für eine Kamera manchmal kaum erfassbar. Einer der Gründe ist, dass das menschliche Auge dreidimensionale Bilder liefert, während Fotos zweidimensional sind. Zudem setzt unser Gehirn das Abbild eines Objekts aus mehreren unterschiedlichen Bildern zusammen, die durch das Bewegen des Betrachters oder des Objekts aus damit unterschiedlichen Perspektiven und/oder Beleuchtungen resultieren.

Schräge Beleuchtung, das Ausnutzen von Reflektionen, starke Vergrößerung und bestimmte Formen der Bildbearbeitung sind oft geeignete Methoden, um Schäden sichtbar zu machen (Bilder 5.5 und 5.6). Der Anwender muss sich dabei jedoch immer bewusst sein, dass die Betrachtung unter extremer Beleuchtung nicht zur Bewertung geeignet ist, ob es sich überhaupt um einen ›Mangel‹ handelt. Eine solche Bewertung muss stets bei üblicher Beleuchtung und einem üblichen Betrachtungsabstand erfolgen. Um die Ursache von Schäden zu ergründen, wie es Ziel dieses Buches ist, spielen solche Betrachtungen jedoch keine Rolle und alle Mittel sind erlaubt, die zur Aufklärung der Schadensursachen dienen.

Wenn es der Wahrheitsfindung dient, ist auch jede Art der Bildbearbeitung zulässig. Viele feine Strukturen sind ohne eine Schärfung oder Kontrasterhöhung auf Ausdrucken überhaupt nicht erkennbar. Puristen mögen einwenden, dass damit einer Manipulation von Ergebnissen Tür und Tor geöffnet sind, da möglicherweise weniger wichtige Details plötzlich ins Groteske überzeichnet dargestellt werden können. Das Argument trifft zu. Es trifft jedoch in gleichem, evtl. aufgrund seiner Unauffälligkeit noch viel problematischerem Umfang auch auf alle Detailfotos und speziell alle mikroskopischen Abbildungen zu. Die Wahl des Bildausschnittes und des mikroskopischen Verfahrens gibt einem Untersucher mit manipulativer Absicht jede Möglichkeit zur Verkehrung jedes Befundes in sein Gegenteil. Bei mikroskopischer Betrachtung kann auf annähernd jeder Fläche ein Befund entdeckt werden, der bei

Bild 5.5 Im Grenzbereich der Reflektion von Leuchtstoffröhren lassen sich selbst minimale Erhöhungen von wenigen tausendstel Millimetern (µm) auf glänzenden Oberflächen erkennen und dokumentieren.

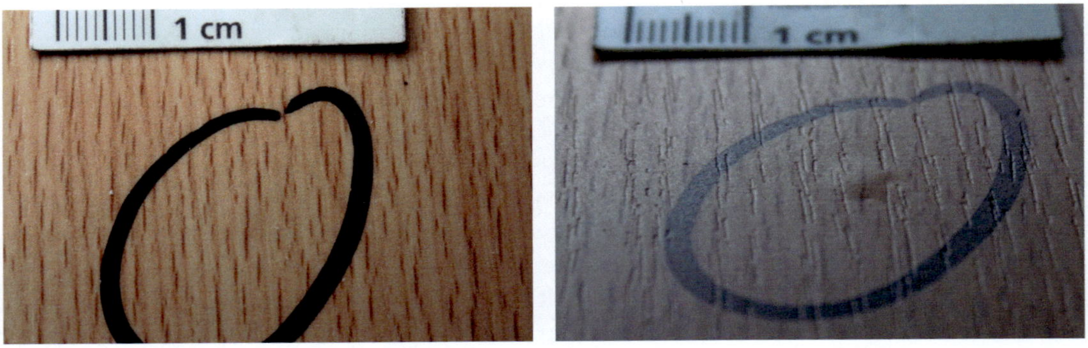

Bild 5.6 Die Erhebung auf einer Schichtstoffoberfläche wird nur bei schräger Beleuchtung dokumentierbar.

entsprechender Vergrößerung als problematisch dargestellt werden könnte. Das Vertrauen, dass der Untersucher repräsentative Bildausschnitte zur Darstellung wählt, ist eine unabdingbare Voraussetzung zur Akzeptanz eines Gutachtens. In gleichem Umfang muss auch darauf vertraut werden, dass die angewandte Bildbearbeitung keine relevanten Details unterdrückt. Im Zweifel kann in einem Gutachten das Ursprungsbild und das bearbeitete Bild nebeneinander dargestellt werden. Auch dieses Vorgehen täuscht aber eher eine besondere Objektivität vor, da die eigentliche Möglichkeit zu Irreführung in der Wahl des Bildausschnittes und der Beleuchtungsmethode liegt.

Einige grundsätzliche Überlegungen:

- Weitwinkelobjektive verzerren die Konturen von Objekten. Größerer Abstand mit Teleobjektiv (Zoom) verringert die Verzerrung von Linien, erhöht aber gleichzeitig die Gefahr von Verwackelungen.

Bild 5.7 Das linke Foto demonstriert, wie stark das Holz erweicht und durchnässt ist: Das durch bakteriellen Befall zerstörte Holz (nach Jahrhunderten unter Wasser) lässt sich mit den Fingern ausquetschen. Das rechte Foto veranschaulicht die Klebrigkeit einer Lasur: Die Probe bleibt am Finger kleben und kann alleine durch die Klebekraft hochgehoben werden.

- Um ein gutes Bild zu erhalten, sind immer mehrere Bilder mit verschiedenen Beleuchtungen und Perspektiven zu machen.
- Ein Übersichtsbild, ein Ausschnitt und ein Detailbild sind oft eine sinnvolle Abstufung der Dokumentation.
- Höchste Anschaulichkeit erreicht man mit der fotografischen Verdeutlichung von Phänomenen (Bild 5.7).

Mit einem Haarlineal, einem Lineal mit einer schneidenförmig geschliffenen Messkante, können selbst Höhenunterschiede ab ca. 2 µm dokumentiert werden (Bild 5.8).

Um annähernd unsichtbare Risse zu dokumentieren, können sie mit Farbstoffen, z. B. mit Tuschierpaste, eingefärbt werden (Bild 5.23). Die Paste wird auf die Oberfläche gerieben und anschließend wieder vollständig entfernt. Vorhandene Risse kontrastieren sich dann in der Farbe der Tuschierpaste.

Mit Makroobjektiven an Spiegelreflexkameras oder im Makromodus vieler Standardkameras können an geschliffenen Proben (Kapitel 5.9.2) Detailbilder mit beeindruckender Auflösung fotografiert werden (Bilder 5.9 und 5.10). Die Dicke von Beschichtungen kann damit bereits orientierend abgeschätzt werden.

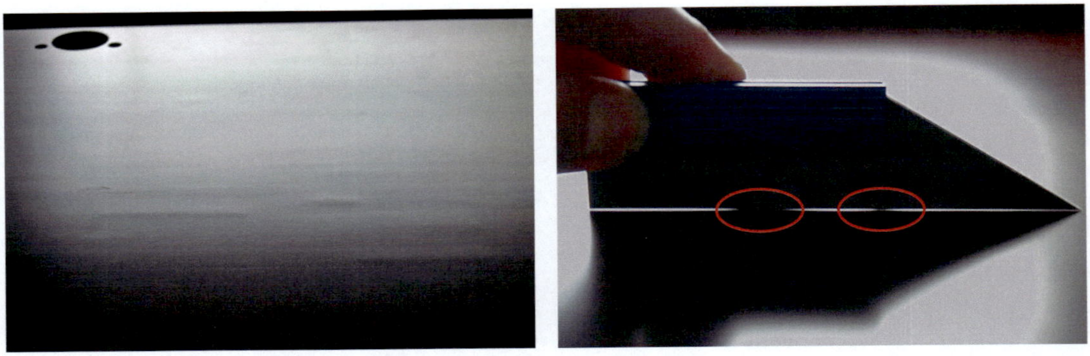

Bild 5.8 Erhöhungen werden an der Kante eines von hinten beleuchteten Haarlineals durch dunkle Zonen erkennbar.

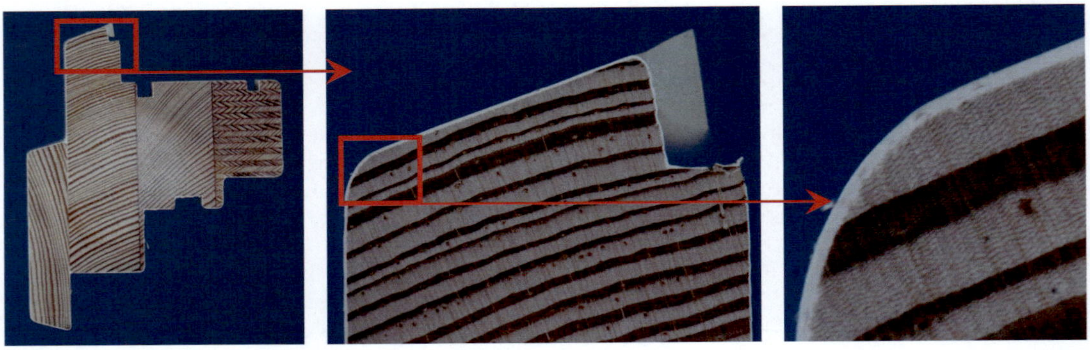

Bild 5.9 Ein geschliffener Querschnitt einer Fensterkantel als Übersicht sowie ein mit einem Makroobjektiv fotografierter Ausschnitt und einer Ausschnittsvergrößerung. Der weiße Lack ist ca. 100 µm (0,1 mm) dick.

5.2.2 Scannen

Gegenüber Fotografieren hat Scannen Vorteile: Die Konturen der Proben bleiben unverzerrt, die Ausleuchtung ist gleichmäßig und die Aufnahmen können nicht verwackeln. Andererseits werden durch Scanner zwar Farbunterschiede, aber keine Höhenunterschiede erfasst. Gegenüber Fotografien mit Makroobjektiven ist die Auflösung üblicher Scanner zudem geringer (Bild 5.11).

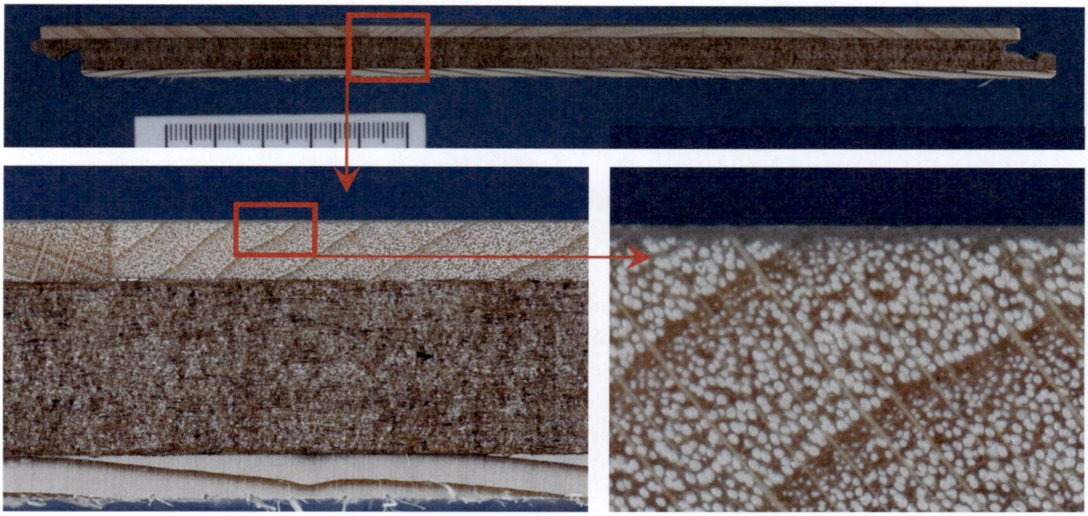

Bild 5.10 Querschliff eines Dreischichtparketts als Übersichtsbild, mit einem Makroobjektiv fotografierter Ausschnitt und einer Ausschnittsvergrößerung. Die Schichtdicke des Lacks beträgt ca. 80 µm.

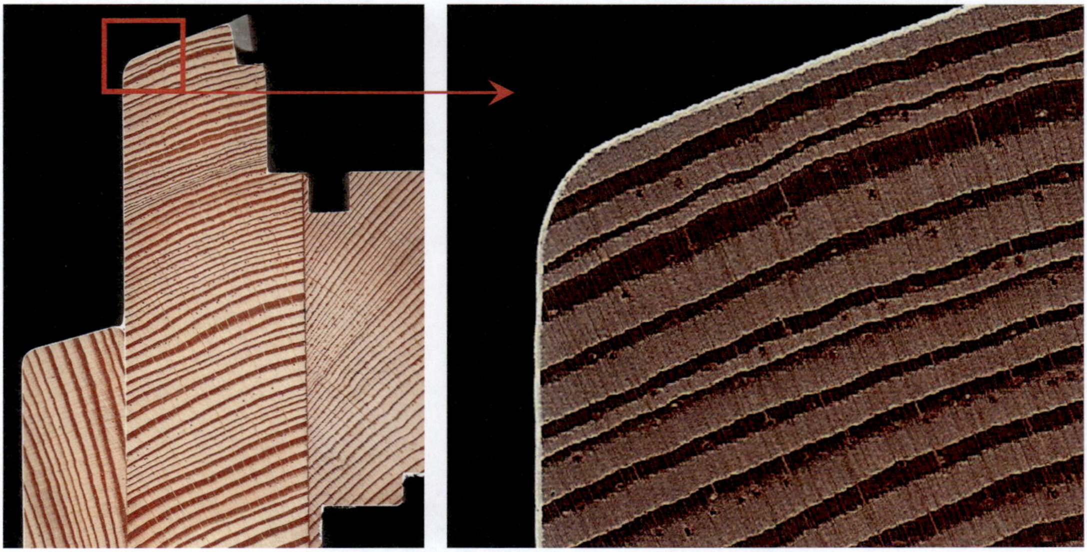

Bild 5.11 Mit einem üblichen Büroscanner dokumentierter Querschliff einer Fensterkantel mit Ausschnittsvergrößerung.

5.2.3 Abdrücke

In seltenen Fällen können die Proben nicht direkt untersucht werden, z. B. weil Objekte nicht zerstört werden dürfen oder der Aufwand dafür zu hoch wäre. Die Oberflächenstruktur kann in diesem Fall auch als Abdruck genommen werden. Abformmassen aus dem zahnärztlichen Bereich bieten sich dafür an. Beide Komponenten werden im Verhältnis 1:1 miteinander verknetet und auf die Oberfläche gedrückt. Schon nach wenigen Minuten sind die Abdrücke ausgehärtet. Abdrücke können auch von feuchten Oberflächen genommen werden. Da die ausgehärteten Massen mit einem Cuttermesser oder Skalpell gut schneidbar sind, können Querschnitte einfach hergestellt und mikroskopisch dokumentiert werden (Bild 5.12). Möglicherweise sind auch bestimmte Massen aus dem Hobbybereich geeignet.

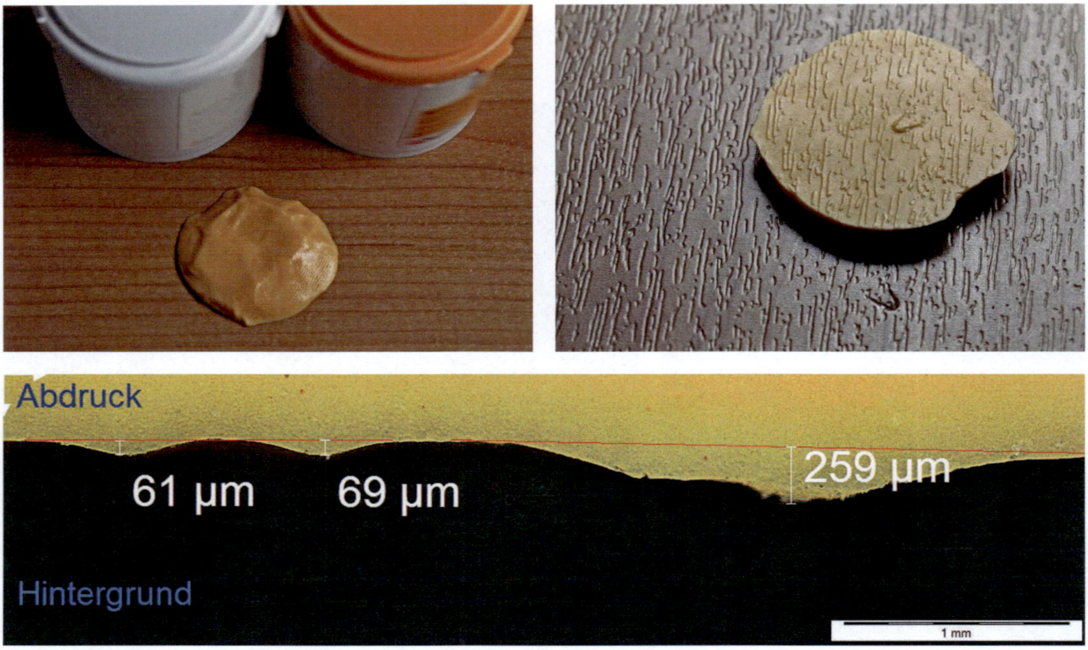

Bild 5.12 Die Oberflächenstruktur eines Laminatbodens mit einer mechanischen Beschädigung wird mit einer Abdruckmasse dokumentiert. Die beiden Komponenten werden gemischt und auf die Oberfläche gedrückt. Nach wenigen Minuten ist die Masse ausgehärtet. Das mikroskopische Bild zeigt den Abdruck oben, sodass der schwarze Hintergrund die genaue Kontur der Oberfläche zeigt.

5.2.4 Frottage

Jeder hat als Kind schon einmal die Oberfläche einer Münze dokumentiert. Man legte ein Papier auf die Münze und beim darüber Malen mit einem Bleistift ergibt sich ein genaues Abbild. Diese Technik wird Frottage genannt und kann trotz ihrer Einfachheit etwas, was selbst mit modernsten und aufwändigsten Methoden sonst kaum erreichbar wäre: Auf beliebig großen Flächen können minimale Erhebungen und Vertiefungen verzerrungsfrei dokumentiert werden. Erhöhungen von wenigen tausendstel Millimetern werden durch die Frottagetechnik sichtbar. Verwendet werden Grafitblöcke aus dem Künstlerbedarf und übliches Papier (Bilder 5.13 und 5.14). Der Grafitblock wird senkrecht oder diagonal zu der Richtung der interessierenden Strukturen über das Papier gerieben. Falls Unsicherheiten bleiben, ob eine Struktur tatsächlich vorhanden oder aber zufällig durch Verkanten des Grafitblocks entstanden ist, wird die Frottage mit veränderter Richtung wiederholt. Um sehr kleinflächige Vertiefungen zu erfassen, kann die Frottage auch mit einem schräg gehaltenen Bleistift durchgeführt werden.

Bild 5.13 Mit einem Grafitblock wird über ein auf die Probe gelegtes Papier gerieben. Die Frottage dokumentiert die Oberflächenstruktur der Probe.

Bild 5.14 Die fotografisch fast nicht dokumentierbaren ca. 20 µm tiefe Strukturen auf einem Schichtpressstoff wurden durch einen über aufgelegte Papiere geriebenen Grafitblock großflächig dokumentiert. Einige der so erkannten Oberflächenstrukturen waren selbst bei intensiver Inspektion im Schräglicht zuvor nicht aufgefallen.

5.2.5 Fluoreszenz

Fluoreszierende Substanzen können energiereiche, weitgehend unsichtbare UV-Strahlung aufnehmen und in einer energieärmeren und damit sichtbaren Wellenlänge wieder abstrahlen. Es gibt Strahlenquellen für verschiedene Wellenlängenbereiche. Für holzkundliche Gutachten üblich und praktikabel sind einfache Geldscheinprüfer, die UV-Strahlung im Wellenlängenbereich von ca. 350 nm bis 370 nm (Schwarzlicht) abgeben. Bei manchen Stoffen kann vorhergesagt werden, dass sie bei diesen Wellenlängen eine Fluoreszenz zeigen. Papiere, die mit optischen Aufhellern behandelt wurden, leuchten im Schwarzlicht z. B. hell Weiß und das Kernholz von z. B. Robinie und Gleditschie leuchtet intensiv gelb-grün (Bild 5.15). Bei anderen Substanzen ist eine Fluoreszenz manchmal, aber nicht zuverlässig vorhanden, z. B. bei vielen pflanzlichen Ölen. In sehr vielen Fällen ist keine Vorhersage möglich, ob eine Substanz fluoresziert oder nicht. Die Fluoreszenz beruht meist auf äußerst geringen Mengen an Verunreinigungen oder Zusätzen, die vorhanden sind – oder auch nicht. Schwarzlicht ist daher meist ein unspezifisches Diagnoseinstrument, das lediglich aussagt, dass an bestimmten Stellen etwas anders ist (Bild 5.16). In [95] wird mithilfe des UV-Lichts eines Geldscheinprüfers demonstriert, dass Verfärbungen eines PUR-Lackes nur im Lack vorkommen und nicht im Holz.

Bild 5.15 Im Licht einer Schwarzlichtlampe leuchtet frisch angeschnittenes Kernholz von Robinie und Gleditschie intensiv grün-gelb. Links: Fluoreszierendes Kernholz von Gleditschie. Rechts: Im Schwarzlicht werden Robinienspäne in einer Spanplatte erkennbar. Derartige Späne sind natürlich in Spanplatten vollkommen in Ordnung. In Einzelfällen kann anhand derartiger Befunde aber kontrolliert werden, ob z. B. alle strittigen Platten aus einer Charge eines Herstellers stammen.

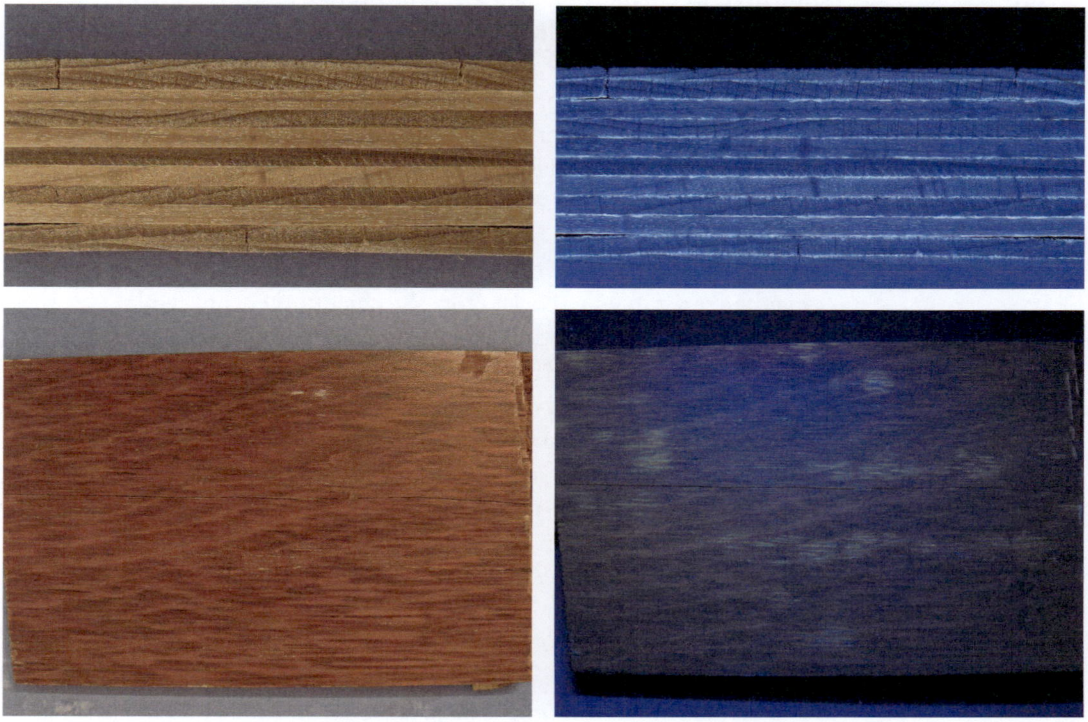

Bild 5.16 Im Schwarzlicht eines Geldscheinprüfers wird der Klebstoff des Sperrholzes erkennbar (oben) und die tatsächliche Verteilung der störenden Kerninhaltsstoffe von Parkett aus Jatoba wird deutlich (unten).

5.2.6 Genauigkeit von Messergebnissen

»Durch nichts zeigt sich mathematischer Unverstand deutlicher als durch ein Übermaß an Genauigkeit im Zahlenrechnen.«
Carl Friedrich Gauß (1777–1855).

Im Rahmen von holzkundlichen Gutachten werden statistische Methoden nur selten explizit angewendet. Umso wichtiger ist es allerdings, gewisse statistische Grundprinzipien bei der Bewertung der Befunde zu berücksichtigen. Dabei ist es entscheidend, die Repräsentativität der untersuchten Probe und den zu erwartenden Fehler der angewandten Messmethode einzuschätzen und im Bericht angemessen darzustellen. Moderne Messinstrumente liefern Ergebnisse oft mit beeindruckender Genauigkeit und die Versuchung ist groß, alle angezeigten Nachkommastellen auch anzugeben und den Werten blind zu vertrauen. Gerade weil genaue Zahlen ein so hohes Vertrauen schaffen, sind sie besonders kritisch zu sehen. Denn selbst wenn es sich um eine Messmethode mit hoher Genauigkeit handelt, wird in der Regel bereits der Einfluss der Probenahme (wo und wann die Probe genommen wurde) eine so große Unsicherheit mit sich bringen, dass Auf- und Abrundungen der Messwerte die dem ganzen Prozess innewohnende Unsicherheit besser widerspiegeln. Besonders auch bei elektronischen Holzfeuchtemessungen ist es notwendig, die Zuverlässigkeit der Ergebnisse immer wieder kritisch zu hinterfragen und die vermutete Messgenauigkeit im Bericht angemessen darzustellen (Kapitel 5.7.1).

Programme zur Vermessung von mikroskopischen Aufnahmen erlauben es z. B. die Dicke von Beschichtungen auf Holz mit zwei Nachkommastellen zu dokumentieren. Bei der üblichen Angabe in µm (1/1 000 mm) bedeutet bereits die erste Nachkommastelle aber eine Ortsauflösung, die präziser ist, als es für Lichtmikroskope theoretisch möglich ist. Die Bestimmung von Schichtdicken ist auf Holzuntergründen aufgrund der Zellstruktur des Holzes nie besonders präzise. Daher sind selbst Angaben in µm ohne Nachkommastellen immer nur qualifizierte Schätzungen. In den meisten Fällen ist eine Auf- oder Abrundung auf 10 µm angemessen.

»Messwerte sollten mit einer durch die Genauigkeit der Messkette gedeckten Anzahl von Nachkommastellen angegeben werden. Sind Zahlenwerte nicht entsprechend genau, ist es besser statt ›2,0 m‹ nur ›2 m‹ zu schreiben, da ›Komma Null‹ gerade beim Laien eine Genauigkeit vortäuscht, die möglicherweise gar nicht vorhanden und häufig auch nicht notwendig ist.« [116]

5.2.7 Abschätzen von Verteilungen und Mengen

Mit vielen Bildanalyseprogrammen können z. B. Partikelgrößen und Verteilungen berechnet werden. Wenn jedoch kein solches Programm verfügbar oder dessen Anwendung für einen Einzelfall zu aufwändig ist, kann mit der Treffermethode ein relativ einfaches statistisches Verfahren angewandt werden [3]. Die Treffermethode, auch Schnittpunkt-Auszählverfahren genannt, beruht darauf, dass mithilfe eines Gitters gezählt wird, welche Struktur an genau definierten Punkten vorkommen. Bei ausreichend großer Zahl an Punkten kann das Flächenverhältnis der verschiedenen Strukturen abgeschätzt werden.

Auf das zu untersuchende Bild oder Objekt wird eine mit einem Raster bedruckte Transparentfolie aufgelegt oder bei digitalisierten Bildern eingeblendet. Von jedem Rasterfeld wird bestimmt, welche Komponente sich z. B. am linken unteren Kreuzungspunkt befindet. Das Verhältnis aller Rasterpunkte zu der Anzahl der Rasterpunkte mit der jeweiligen Komponente entspricht dem Flächenverhältnis der Komponenten. Die Häufigkeit der Treffer multipliziert mit der Fläche des Rasters ergibt die absolute Fläche der jeweiligen Komponente. Je feiner das Raster und je trennschärfer die Komponenten sind, desto genauer wird das Ergebnis. Bild 5.17 zeigt beispielhaft, wie die Klebstoffmenge in einer Fuge abgeschätzt wird. Das resultierende Ergebniss kann selbstverständlich nur als grobe Abschätzung dienen. Und zwar weniger aufgrund von möglicherweise fehlerhafter Messung, sondern vor allem, weil eine Strecke von 660 µm (0,66 mm) nicht als repräsentativ für eine Verklebung gelten kann. Wenn es auf eine hohe Zuverlässigkeit ankommt, wäre die Messung daher an z. B. zehn weiteren Stellen zu wiederholen.

Die Treffermethode kann für beliebige Geometrien verwendet werden. Gerade, wenn die Übergänge zwischen den verschiedenen Strukturen nicht vollkommen trennscharf sind, wie der Übergang zwischen Früh- und Spätholz in Bild 5.18, kann mit der Methode unter Zuhilfenahme von Sachkenntnis eine vernünftige Abschätzung der Flächenanteile gewonnen werden. Mit Bildauswerteprogrammen wird in derartigen Fällen zwar ein Ergebnis gewonnen, das extrem präzise erscheint, die Präzision beruht aber letztlich auf der subjektiven Entscheidung, wo genau die Grenzwerte gesetzt werden (Bild 5.19).

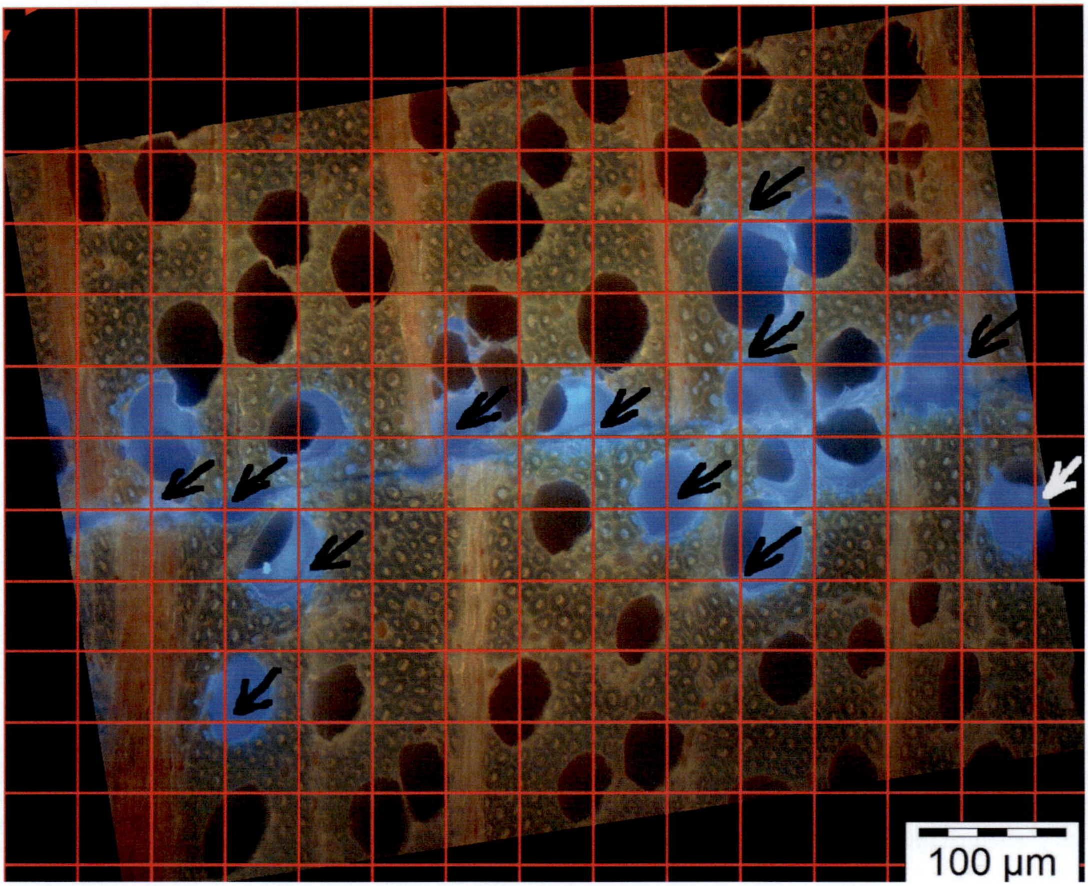

Bild 5.17 Querschnitt einer PVAc-Klebstofffuge in Buche (UV-Fluoreszenz). Ein Gitter mit einem Raster von 50 µm wurde eingeblendet. Die Probe wurde bewusst gedreht, damit die Klebstofffuge nicht parallel zu dem Raster verläuft und so die Zählung verfälscht. 12 Rasterquadrate, die an der unteren linken Ecke Klebstoff zeigen, wurden gezählt. Die Klebstofffläche beträgt demnach 12 × 50 µm × 50 µm = 30 000 µm². Die dokumentierte Holzprobe ist 660 µm breit. Die durchschnittliche Klebstoffdicke beträgt demnach 30 000 µm²/660 µm = 45 µm. Bei einem Feststoffgehalt von 50 % und einer Dichte des flüssigen Klebstoffs von 1,1 g/cm³ können demnach ca. 100 g/m² flüssigen Klebstoffs als Auftragsmenge abgeschätzt werden. Ein falsch gesetztes Kreuz würde die abgeschätzte Klebstoffmenge um 8 g/m² flüssigen Klebstoffs verändern.

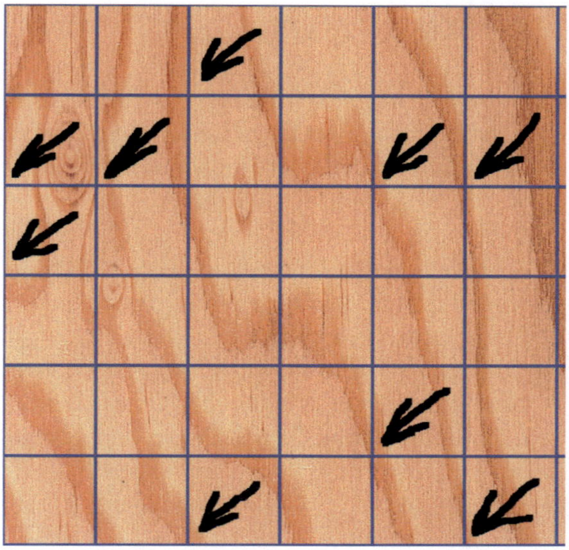

Bild 5.18 Auf neun von 36 Quadraten ist in der unteren linken Ecke Spätholz vorhanden. Dementsprechend besteht die Oberfläche zu 25 % aus Spätholz. Wird ein Quadrat falsch markiert, entsteht ein Fehler von ca. 3 %.

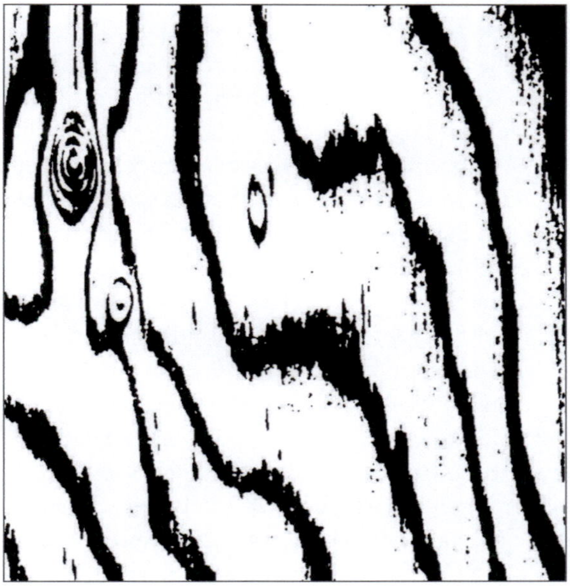

Bild 5.19 Zur Bildanalyse wird das Bild anhand genauer Vorgaben zur Bewertung der einzelnen Farbkanäle in ein Schwarz-Weiß Bild umgewandelt. Laut der Analyse besteht die Oberfläche zu 31,5 % aus Spätholz. Bei einigen Strukturen, die laut Bildanalyse Spätholz sind, kann dies aus holzanatomischer Sicht ausgeschlossen werden. Die Genauigkeit des Zahlenwerts darf nicht darüber hinweg täuschen, dass es sich letzlich um eine Schätzung handelt.

5.3 Schleifen von Oben

Die Ursache mancher Oberflächenschäden lässt sich gut klären, indem die Oberfläche vorsichtig heruntergeschliffen wird. Ob die Verteilung der Schäden auf der Oberfläche mit bestimmten in tieferen Schichten auftretenden Merkmalen übereinstimmt oder nicht, kann für die Klärung der Schadensursache entscheidend sein. Der besondere Vorteil dieser Methode ist, dass mit sehr geringem Aufwand große Flächen untersucht und zusammenhängend dokumentiert werden können, während z. B. bei der mikroskopischen Untersuchung von Querschnitten immer nur Informationen von sehr kleinen Ausschnitten gewonnen werden.

Geschliffen werden kann von Hand oder mit Flächenschleifmaschinen. Da bei maschinellem Schleifen der Zustand in definierten Höhen dokumentiert werden kann, kann damit ein exaktes Höhenprofil einer Fläche erzeugt werden. In der praktischen Anwendung ist das Schleifen von Hand aber meist ausreichend.

Es ist oft entscheidend, die Lage der ursprünglichen Oberflächendefekte genau mit der Lage auf dem abgeschliffenen Untergrund zu korrelieren. Dazu gibt es mehrere Möglichkeiten:

- Fotografische Dokumentationen vor und nach dem Abschleifen aus gleicher Position
- Markierung der zu untersuchenden Stellen durch Übertragen auf eine transparente Folie oder Glas; dies bietet den Vorteil, dass während der Untersuchung je nach Bedarf mit und ohne Markierung gearbeitet werden kann (Bild 5.20).
- Feine Bohrungen am Rand der Schadensstellen bis in die Trägerplatte (Bild 5.21); dies ist einerseits die sicherste Art der Dokumentation, andererseits kann damit eine vorurteilsfreie Bewertung erschwert sein, da die Markierungen immer vorhanden sind.

Bild 5.22 zeigt mit der Technik ›Schleifen von Oben‹, dass die Blasen auf einer mit Buche furnierten Spanplatte durch nicht verpresste Klebstoffraupen verursacht wurden. In den Zonen ohne Klebstoff ist Beize auf die Spanplatte gelangt und lies diese lokal angequellen.

Bild 5.23 zeigt Bilder einer Probe mit Lackrissen und unterschiedlich weit abgeschliffener Oberfläche. Zuvor waren die Risse mit Tuschierpaste und die Oberfläche mit einem blauen Farbstoff gefärbt worden. Bild 5.24 zeigt die Entstehung der Bilder schematisch in der Aufsicht und als Querschnitt. Weitere Beispiele für das Schleifen von Oben zeigen die Bilder 5.32 und 5.125.

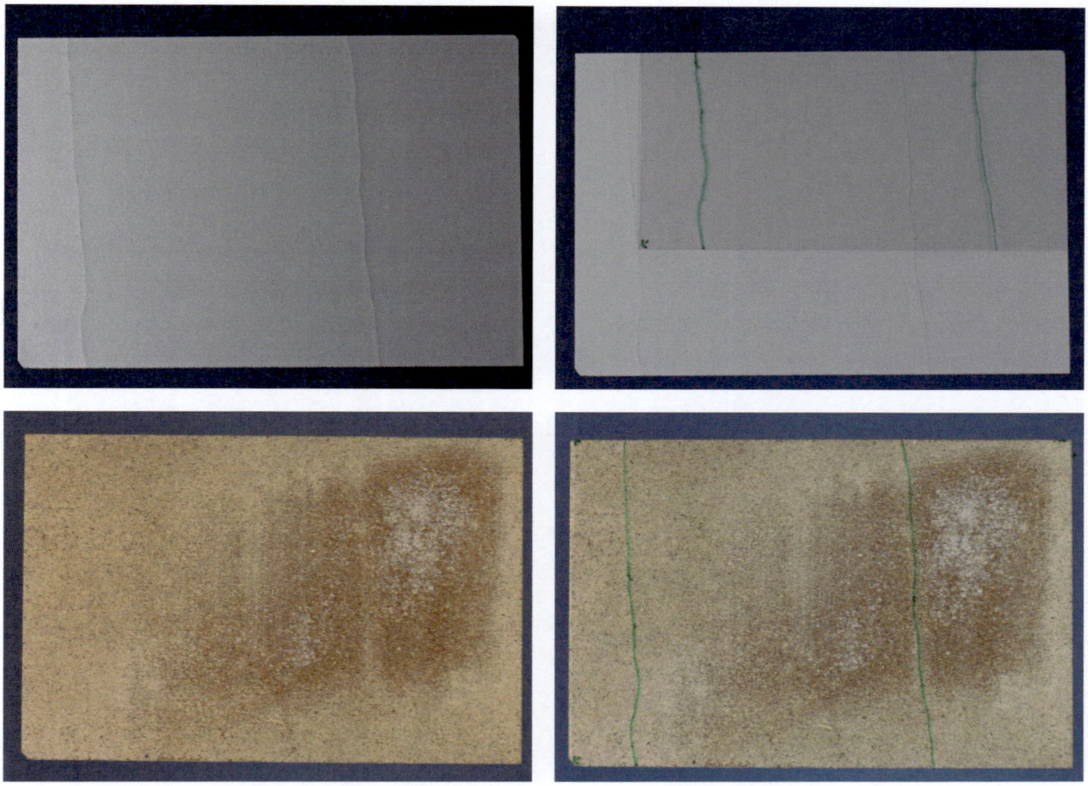

Bild 5.20 Die Risse auf der beschichteten Spanplatte wurden auf einer aufgelegten Transparentfolie nachgezeichnet. Auf der abgeschliffenen Platte kann so der ursprüngliche Rissverlauf rekonstruiert werden.

Bild 5.21 Durch zwei Bohrungen im Durchmesser von 1 mm wurde die Position einer lokalen Aufwölbung auf einer beschichteten Spanplatte markiert. Nach dem Abschleifen der Beschichtung erkennt man zwischen den Bohrungen einen weißen Kunststoffpartikel.

Bild 5.22 Die Oberfläche einer furnierten Spanplatte zeigte optisch störende Erhebungen. Als das Buchenfurnier vorsichtig abgeschliffen wurde, waren nicht verpresste Leimraupen erkennbar. Zwischen diesen Leimraupen war kein Klebstofffilm vorhanden, der die Platte vor dem Eindringen der Beize schützen konnte. Die Beize gelangte so auf die Deckschicht der Spanplatte und führte zu lokalen Quellungen.

In manchen Fällen kann es sinnvoll sein, die Oberfläche bewusst extrem keilförmig herunterzuschleifen. Die einzelnen Schichten erscheinen dann auf einer wesentlich größeren Fläche und sind damit auch ohne Mikroskop bewertbar und weitergehenden Analysen zugänglich. Um relativ definierte Keilschliffe herzustellen, kann ein Klebestreifen auf das Schleifpapier geklebt werden. Ein Ende der Proben bleibt beim Schleifen auf diesem Streifen und wird daher nicht abgetragen (Bild 5.25). Je nach Dicke der zu untersuchenden Schicht und der Länge der Probe können Schliffe bis zu einem Winkel von ca. 0,5° angefertigt werden. Daraus ergibt sich eine Vergrößerung um den Faktor von ca. 50. Eine ursprünglich 100 µm dicke Schicht ist demnach auf einer Fläche von ca. 5 mm ausgebreitet. Falls die Schliffe und der Untergrund exakt gerade sind, kann das Dickenverhältnis der verschiedenen Schichten bestimmt werden (Bild 5.26). Die Ebenheit der Schliffe kann z. B. mit einem Haarlineal kontrolliert werden.

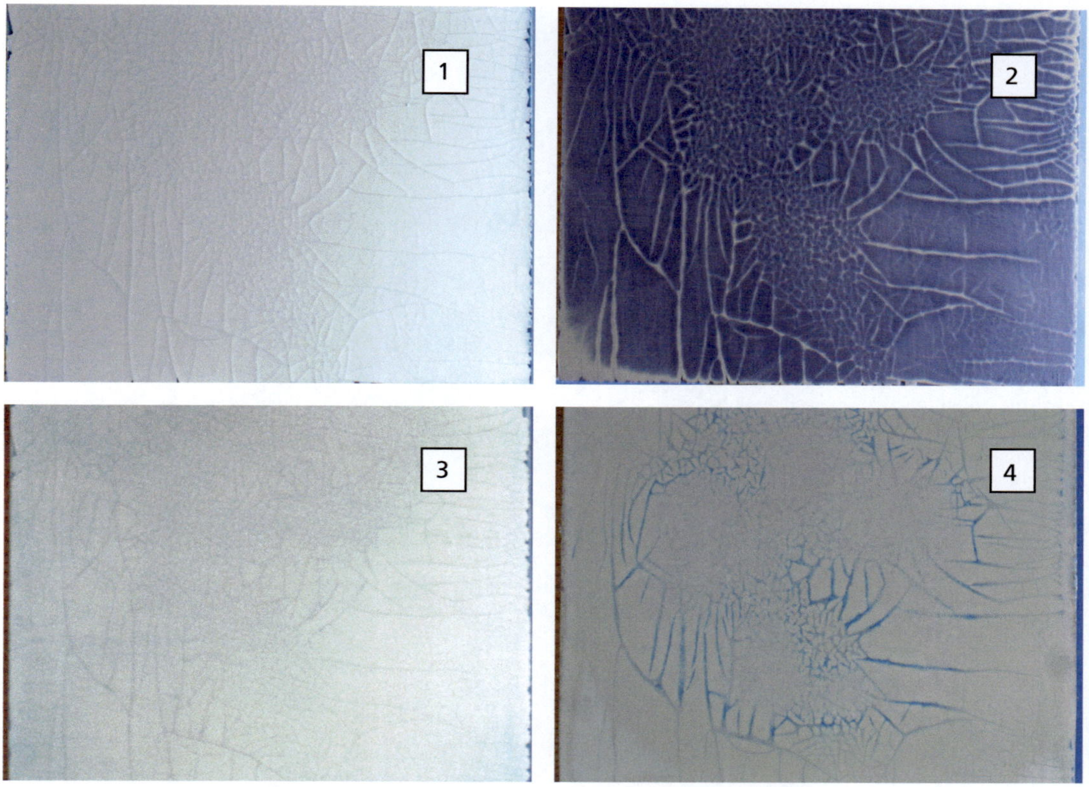

Bild 5.23 Risse in einer lackierten Möbelplatte. Die Risse wurden mit Tuschierpaste und die Oberfläche anschließend mit dem Farbstoff Baumwollblau (normale Füllertinte wäre auch möglich) gefärbt. Bei dem Abschleifen von oben zeigen die weißen abgeschliffenen Zonen um die Risse in Abbildung 2, dass die Rissflanken sich leicht hoch gewölbt hatten und daher als erstes abgeschliffen wurden. Das war zwar auch fühlbar, konnte so aber eindeutig dokumentiert werden. Beim weiteren Schleifen werden in Abbildung 3 die Risse weniger sichtbar, da jetzt nur die gefärbte Rissbreite kontrastiert. Kurz vor Erreichen des darunterliegenden Grundierpapiers werden in Abbildung 4 die großen Risse breiter. Die Tuschierpaste ist in die enthafteten Zonen am Rissgrund eingedrungen und scheint nun durch den hauchdünnen Lack hindurch. In Bild 5.24 ist die Entstehung der Bilder im Querschnitt dargestellt.

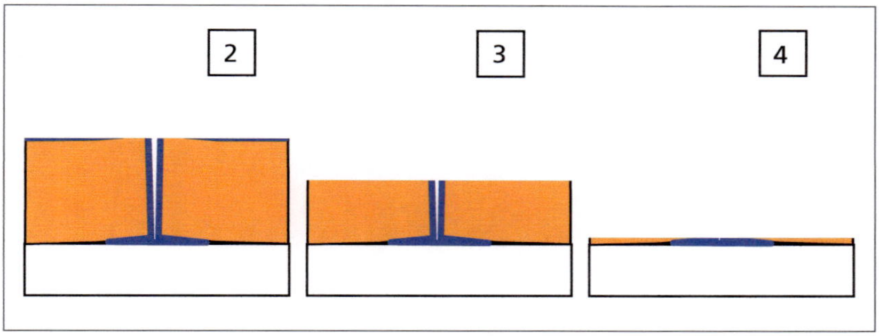

Bild 5.24 Schematische Querschnitte der Entstehung der Abbildungen in Bild 5.23.

Bild 5.25 Zur Herstellung von Keilschliffen wird ein Klebeband auf das Schleifpapier geklebt. Die Probe wird mit einem Ende auf das Klebeband gelegt und so lange geschliffen, bis am anderen Ende der Untergrund sichtbar wird. Eine Holzleiste als Anschlag stellt sicher, dass die Probe während des Schleifens nicht in der Länge verrutscht.

Bild 5.26 Keilschliff im Winkel von 1° einer 800 µm (0,8 mm) dicken Lackierung aus vier Schichten. Die Schichtenfolge ist auf dem Keilschliff auf einer Länge von 23 mm ausgebreitet und damit weitergehenden Analysen zugänglich. Bei dem manuellen Schleifen werden die Schliffe zwar zu den Kanten hin meist etwas intensiver, das Dickenverhältnis der Beschichtungen bleibt jedoch überall erhalten.

5.4 Verteilung von Merkmalen

Aus der Verteilung von Schadensmerkmalen können bestimmte Ursachen von vornherein ausgeschlossen werden. Vor allem zu Beginn einer Untersuchung können anhand der Verteilung der Merkmale die tatsächlichen Schadensursachen oft so weit eingrenzt werden, dass die weiteren Untersuchungen sehr gezielt und damit sparsam und schnell durchgeführt werden können. Sowohl die Verteilung am Bauwerk, die großflächige und die lokale Verteilung am Bauteil als auch die Verteilung auf mikroskopischer Ebene können betrachtet werden.

5.4.1 Verteilung großflächig

Am Beispiel einer furnierten Holzwerkstoffplatte, einer Keilzinkung und einem Stück Massivholz zeigen die nachfolgenden Beispiele mögliche Interpretationen der Verteilung der Schadensmerkmale. Einige der Beispiele und deren Interpretation sind aus Gutachten von Lore und Erich Plath entnommen. Zum Teil beschreiben diese Beispiele Schadensursachen, die heutzutage kaum auftreten – sie schärfen jedoch den Blick für die Bedeutung der Verteilungen von Merkmalen.

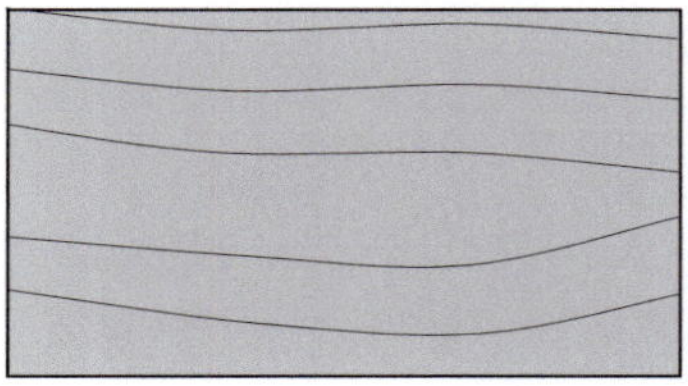

Gleichmäßige Verteilung
Ungeeignete Beschichtungen, Ausblühung von Klebstoffbestandteilen, gleichmäßiger Feuchteeinfluss oder die Einwirkung von gasförmigen Substanzen wie Zigarettenrauch können zu einer vollflächig gleichmäßigen Verteilung der Schadensmerkmale führen.

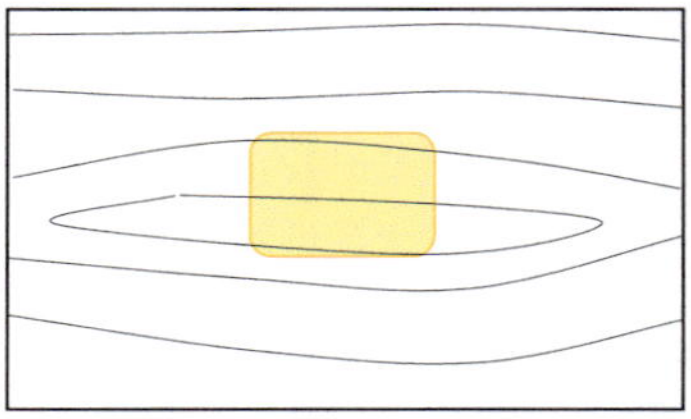

Merkmale in Plattenmitte (bzw. Mitte der ursprünglichen Platte)
In der Plattenmitte sind die Feuchte, die Temperatur und der Dampfdruck beim Verkleben am höchsten.
Die Schichtdicke von Klebstoff oder Beschichtung kann in den Randzonen dünner oder dicker sein.
Im Stapel kann z. B. verfärbende Feuchte aber auch Ammoniak (vom Bleichen) schneller aus den Kanten entweichen. Die Verfärbung kommt daher nur in Plattenmitte vor.

Merkmale nur im Randbereich
Die Randbereiche von Platten können beim Heißpressen stärker austrocknen, falls die Temperatur zu hoch oder die Pressdauer zu lang sind. Die Klebstoffdicke oder die Schichtdicke der Beschichtung kann in den Randbereichen applikationsbedingt dünner oder dicker sein.

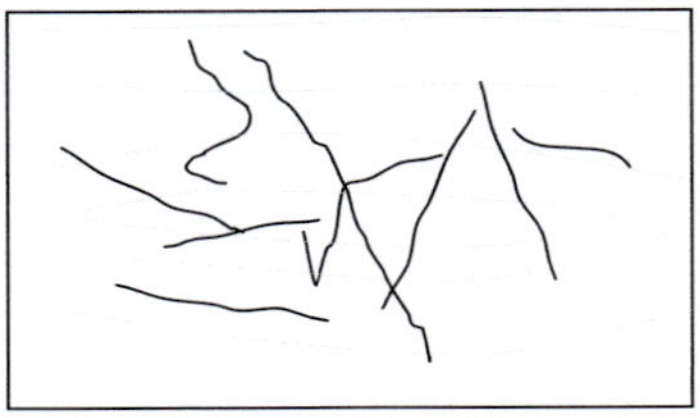

Risse ohne Vorzugsrichtung
Risse in Lacken verlaufen manchmal ohne Vorzugsrichtung. Meist laufen Lackrisse in bogenförmigen Enden aus. Mögliche Ursachen sind zu hohe Schichtdicken, Überhärtung oder starke Schrumpfung. Ein Einfluss des Furniers ist weitgehend ausgeschlossen.

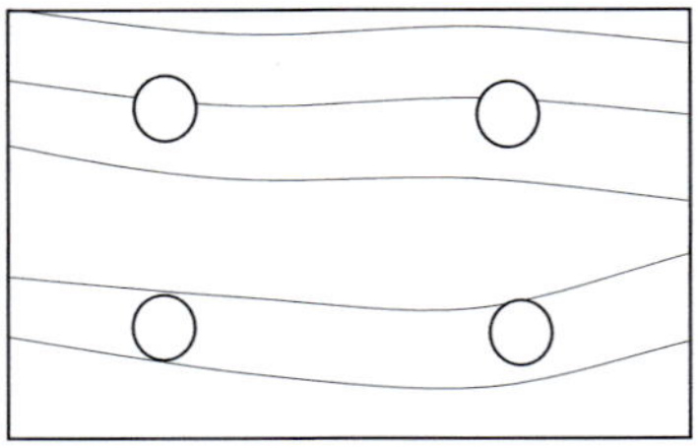

›Technische‹ Anordnung in Reihen, sehr gleichmäßige Formen etc.
Vakuumheber belasten das Furnier, während der Klebstoff noch nicht ausgehärtet ist. Maschinell bedingte Quetschungen oder Verschmutzung können vorkommen. Bei Hochglanzfolien können sich Spuren der Scheibenrollen (Transportbahnen für beleimte Oberflächen) abzeichnen. Fehler von Auftragswalzen wiederholen sich jeweils nach einer Umdrehung.

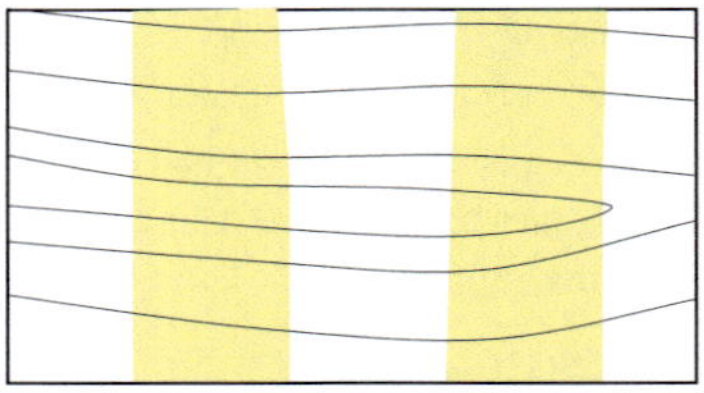

Streifen quer zur Faserrichtung
Farbige Inhaltsstoffe aus dem Blindfurnier können durchschlagen und derartige Streifen verursachen (empfindliche Furniere wie Ahorn oder Kirsche dürfen nur auf farbtongleiche helle Absperrfurniere aufgezogen werden). Gleichartige Streifen können enstehen, wenn die Dicke der Blindfurniere unterschiedlich war und die dickeren Streifen daher beim Verpressen gestaucht wurden. Möglich sind auch 2 cm bis 4 cm breite Markierungen durch z. B. verschmutzte oder ungeeignete Stapelleisten. Denkbar ist auch eine ungleichmäßige Applikation von Klebstoff oder Beschichtung.

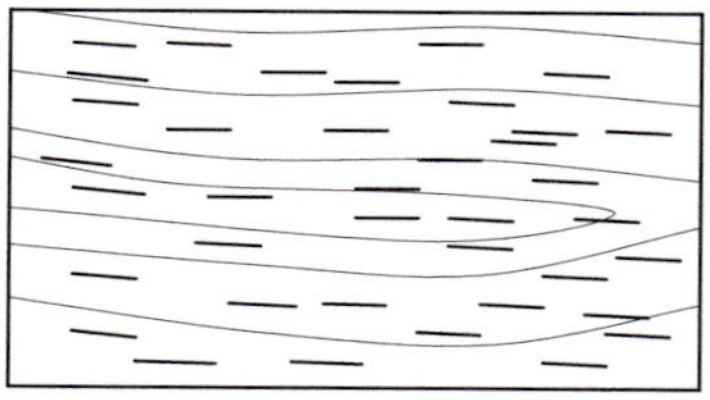

In Faserrichtung im Abstand von 1 mm bis 3 mm oder Vielfachem davon. Gehäuft im Spätholz. Länge meist 2 cm bis 10 cm

Risse, Verfärbungen oder sonstige Befunde, die auf geöffnete Schäl- oder Messerrisse zurückgehen, zeigen eine charakteristische Verteilung.

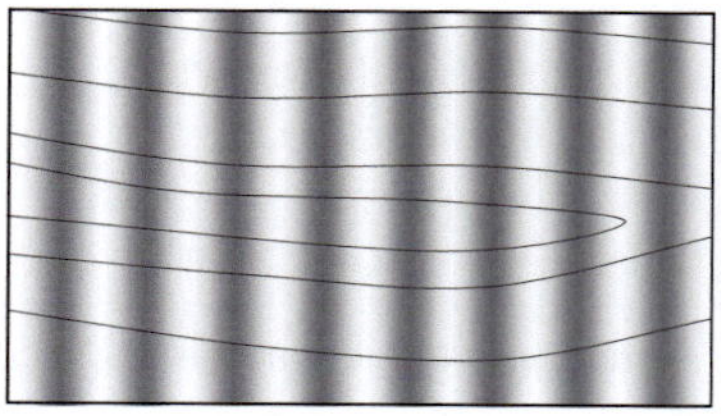

Sehr gleichmäßige, wellenartige Unruhe

Sogenannte Rattermarken können bei nicht optimal eingestellten Schleifmaschinen entstehen. Sie sind meist nur auf hochglänzenden Oberflächen erkennbar.

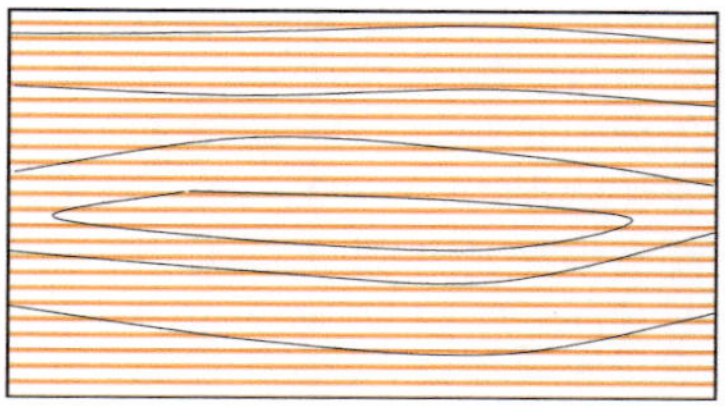

Relativ gleichmäßige ca. 5 mm breite Streifen

Unverpresste Klebstoffraupen können verschiedenste Schäden verursachen: Verfärbungen durch Klebstoffdurchschlag, Quellung der Trägerplatte durch eindringende Feuchte, (z. B. Beize) oder Risse durch Spannungsspitzen können vorkommen. Die Schäden verlaufen über oder neben den Klebstoffraupen.

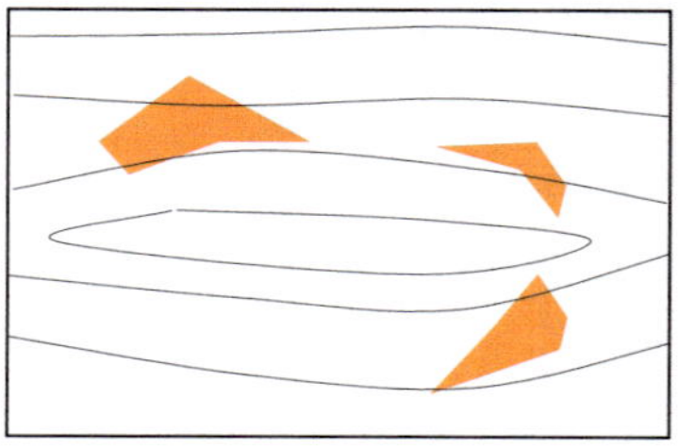

Unregelmäßig ohne Bezug zur Holzstruktur

Feuchtigkeitsnester in Furnier sind immer relativ scharf begrenzt und führen zu Farbveränderungen (Dämpfen), stärkerer Verdichtung und/oder Enthaftungen beim Öffnen der Presse. Auch Bakterienbefall, untypische holzeigene Verfärbungen oder diverse verfahrenstechnische Umstände können ursächlich sein.

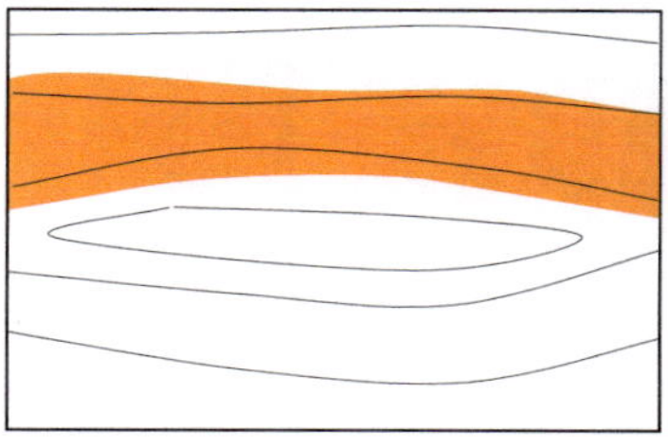

Verfärbungen oder Risse folgen Holzstrukturen

Reaktionsholz (Druckholz, Zugholz), holzeigene Verfärbungen und andere Holzmerkmale folgen typischerweise der Holzstruktur.

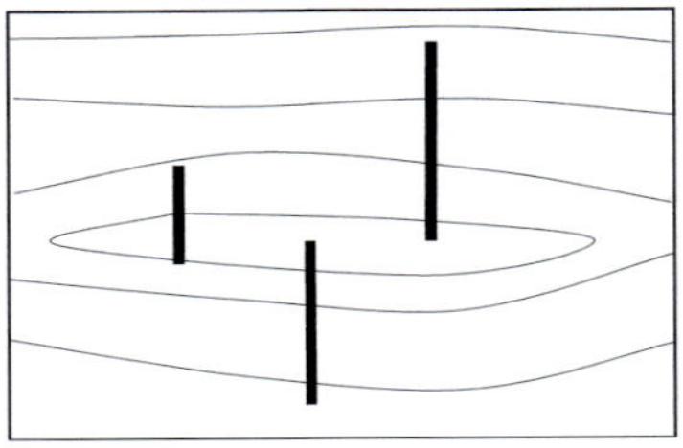

Verfärbungen oder Höhenunterschied quer zur Faserrichtung
Schälrisse im Absperrfurnier können aufgeplatzt und beim Verkleben des Deckfurniers mit Klebstoff gefüllt worden sein Die resultierende lokalen Feuchte-, oder pH-Wert Unterschiede führen zur Verfärbung empfindlicher Deckfurniere.
Wenn bei Tischlerplatten (Streifenplatte) einzelne Furnierstreifen in falscher Faserrichtung oder deutlich zu trocken oder zu feucht verklebt wurden, können sie sich im Gebrauch markieren.

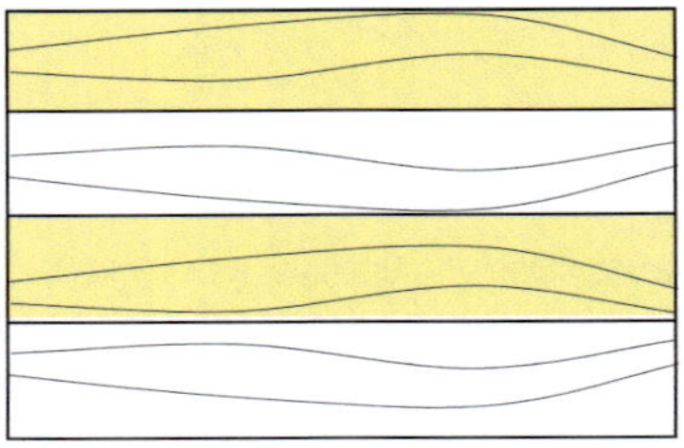

Jedes zweite Blatt von gestürzten Furnieren
Beim Trocknen von Eiche werden Gerbstoffe bevorzugt auf die offene Seite verschleppt, da hier die Verdunstung wegen der größeren Oberfläche schneller verläuft. Die Gerbstoffe sind zunächst gelb und verfärben sich durch Oxidation dunkler. Bei gestürzten Furnieren sind die unvermeidlichen Messerrisse abwechselnd nach oben und nach unten angeordnet.

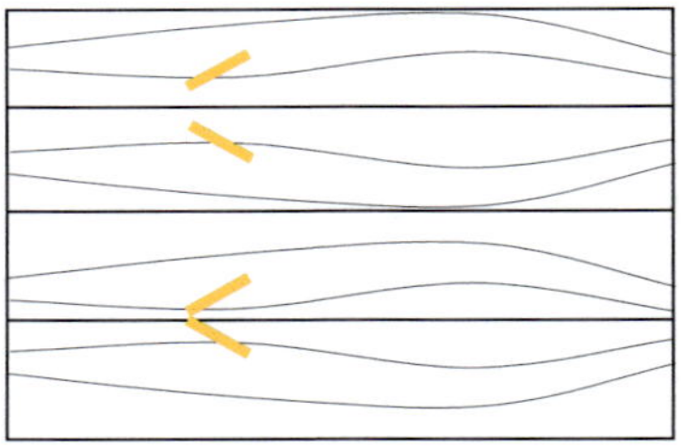

Jedes Blatt von gestürzten Furnieren (nicht exakt deckungsgleich)
Holzmerkmale wie Verfärbungen, Faserabweichungen und Äste etc. wiederholen sich zwar auf den Blättern von gestürzten Furnieren, die Lage und die Größe verändert sich jedoch kontinuierlich.

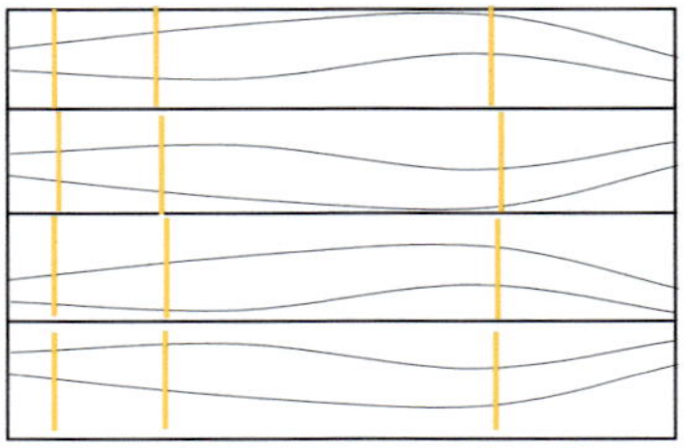

0,5 mm bis 2 mm breite, genau senkrechte Querstreifen
Bei der Furnierherstellung führen größere Scharten in den Messern zu Quetschungen. Solche Zonen können eine erhöhte oder verringerte Aufnahme von Klebstoff, Lack oder Beize führen.

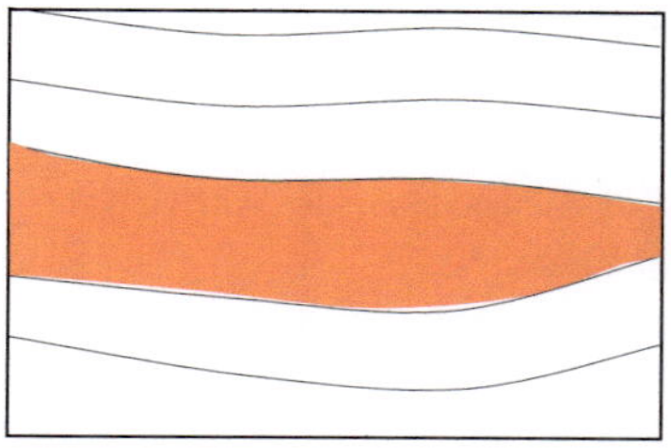

Nur über dem Kernholz
Wasserdampfflüchtige Harze aus Nadelhölzern werden beim Verpressen an die Oberfläche getrieben. Harze können Haftungsprobleme von Lacken verursachen.
Kerninhaltsstoffe können die Trocknung von Beschichtungen verzögern oder zu grauen Verfärbungen führen.

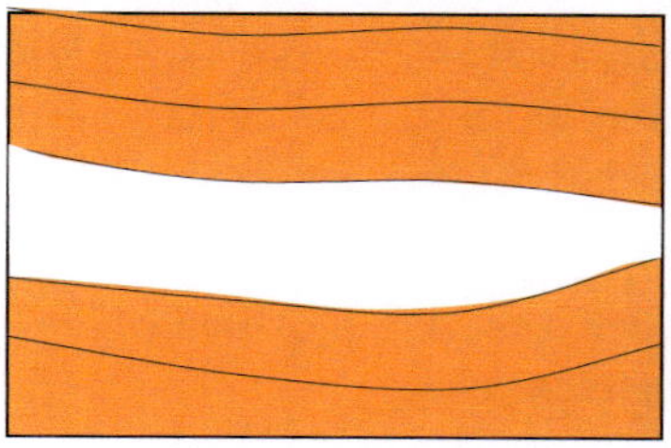

Nur über Splintholz
Reaktionen von Zuckern/Stärke/Eiweißen, die nur im Splint vorkommen, können zu Verfärbungen führen. Im Splintholz können vermehrt Risse auftreten, da hier stärkere Durchfeuchtung und damit stärkere Quellung beim Verkleben vorhanden sein kann. Das im stark gequollenen Zustand fixierte Splintholz ist daher bei stärkerer Trocknung rissanfälliger.

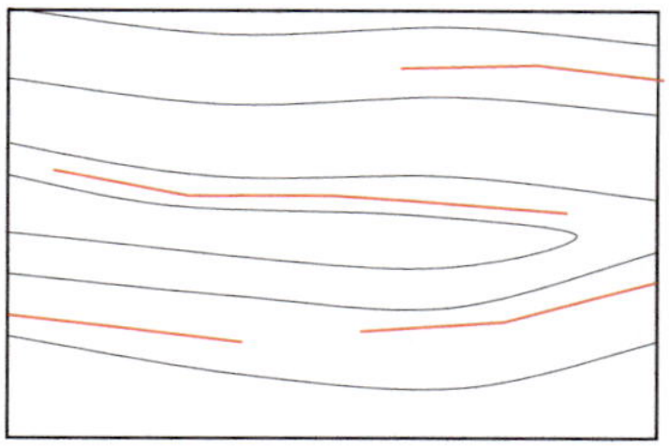

Meist längere Risse genau in Faserrichtung (gleichzeitig Furnierstöße oft offen)
Das Furnier war beim Verkleben zu feucht (zu viel Klebstoff oder Klebstoff mit zu hohem Wassergehalt) oder ist im Gebrauch sehr stark getrocknet (Heizungsnähe).

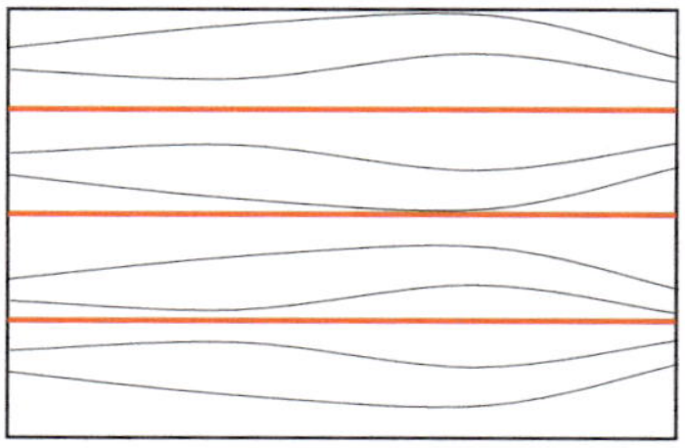

Verfärbte Stöße
Verfärbte Stöße können durch Reaktion von Holzinhaltsstoffen mit dem Klebstoff entstehen oder der zum Fügen der Furniere verwendete Klebstoff verhindert dort die Aufnahme von Beize.

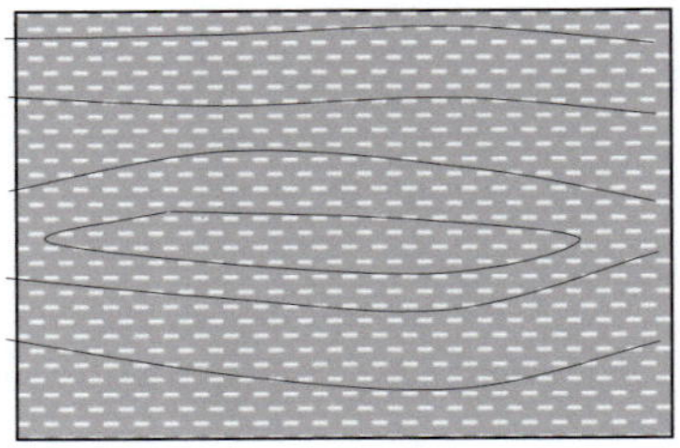

Über größeren Gefäßen

Wenn der Schleifstaub aus den Gefäßen nicht abgebürstet wurde, kann aufsteigende Luft aus dem Schleifstaub Lackstörungen oder Verfärbungen bewirken.

Wenn dunkle Beizen die Gefäße nicht benetzen, bleiben die Gefäße als helle Striche störend sichtbar.

Lacke können verstärkt über den Gefäßen reißen, da hier die Lackschichtdicke am dicksten ist. Am deutlichsten ist dies bei insgesamt dünnen Lackschichtdicken, da dann der Einfluss der Gefäße am größten ist.

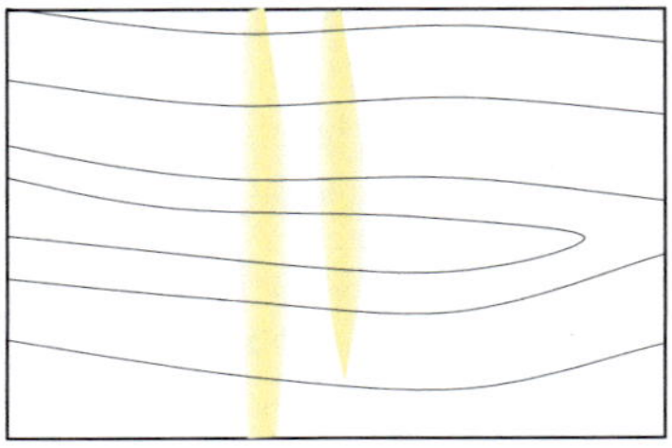

Quersteifen unregelmäßig, besonders auffällig wenn gebeizt

Lokale Faserabweichungen durch Wülste oder Riegelwuchs führen zu Zonen mit erhöhter oder verminderter Flüssigkeitsaufnahme wie z. B. Beizen und Lacken.

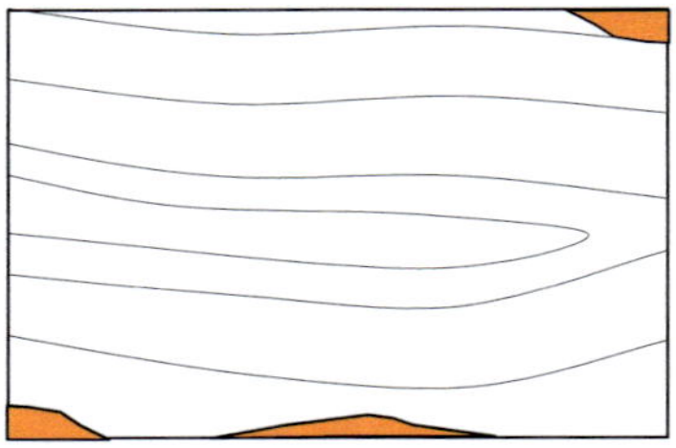

Enthaftungen an den Plattenrändern

Vollflächig mangelhafte Verklebungen zeigen sich üblicherweise zuerst an den Plattenrändern.

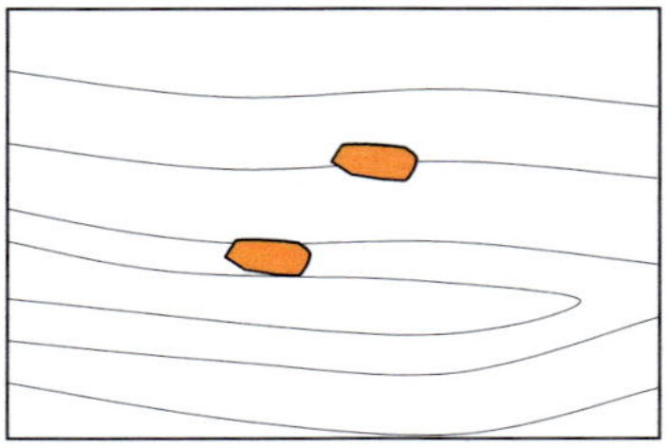

Enthaftungen in der Mitte der Platte

Tendenziell zeigen Enthaftungen (Kürschner) oder durch Versagen des Klebstoffes weit geöffnete Risse auf der Fläche, dass es sich um ein lokales Phänomen handelt und die Verklebung nicht auf der gesamten Fläche mangelhaft ist. Anderenfalls wären zunächst Enthaftungen an den Kanten zu erwarten.

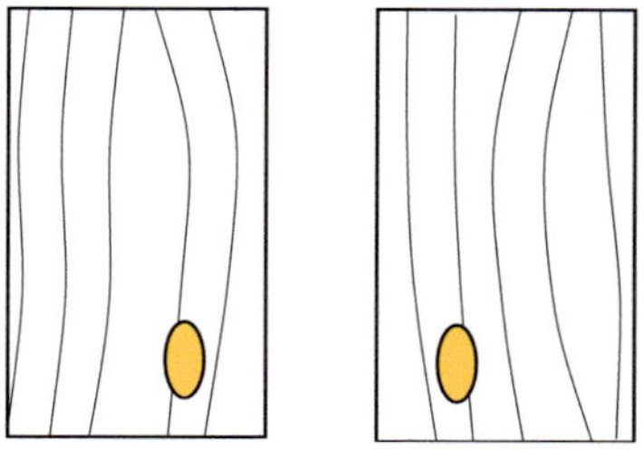

Wiederholung auf der Rückseite der Platte
Öl oder ander Verschmutzungen auf den Pressblechen ergeben auf der Ober- und Unterseite ähnlich geformte Flecken, wenn die Pressbleche aufeinanderliegen.

Die Verteilung von Schäden bei Platten mit Einleimern (vor dem Furnieren verklebt) oder Anleimern (nach dem Furnieren verklebt) gibt die Möglichkeit zur Differenzierung zwischen den Flächen und den Kanten.

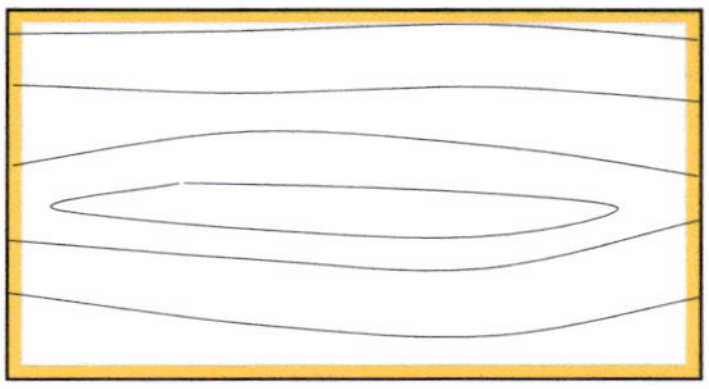

Schäden nur über den Ein-/Anleimern
Die Ursache muss im Holz des Ein-/Anleimers liegen.

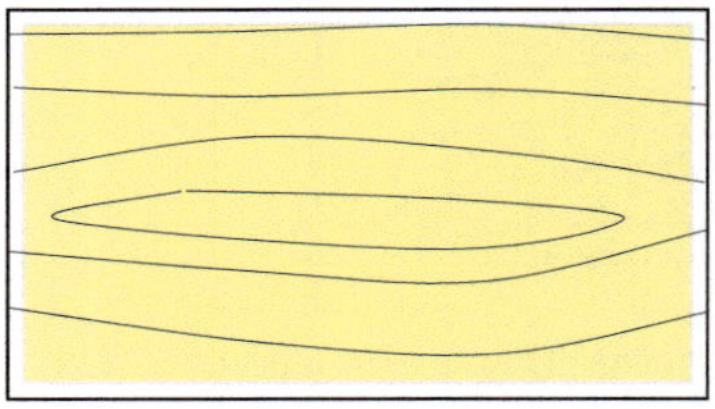

Schäden nur auf der Platte
Die Ursache muss in der Platte liegen. Bei Anleimern käme auch der Klebstoff des Furniers als Ursache infrage.

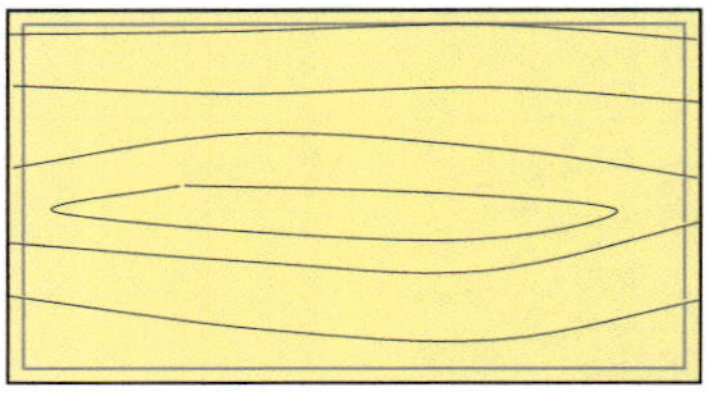

Fläche und Ein-/Anleimer gleichartige Befunde
Der Untergrund kann für die Schäden nicht verantwortlich sein. Das Holz der An-/Einleimer und die Trägerplatte können als Ursache ausgeschlossen werden. Bei Einleimern wäre jedoch Einfluss des Furniers möglich.

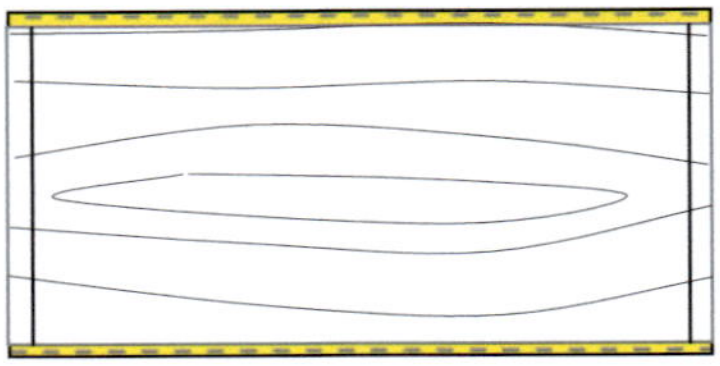

Risse nur über den längslaufenden Einleimern.
Über den längslaufenden Einleimern fehlt die absperrende Wirkung des Untergrundes. Daher ist das Quellen und Schwinden des Deckfurniers hier am größten. Die Lackschicht ist daher dort den höchsten Spannungen ausgesetzt und kann Risse zeigen.

An Keilzinkungen ist mit einer erhöhten Frequenz von holzbedingten Schäden zu rechnen. Neben der Keilzinkung wurde gekappt, weil ein störendes Holzmerkmal vorhanden war (Risse, Kieniges Holz, Äste). Wenn nicht weit genug von diesem Merkmal gekappt wurde, können Ausläufer des Holzmerkmals in der Nähe der Keilzinkung vorhanden sein (Bild 5.27). Schadensmerkmale, die ohne Versatz über zwei aneinandergrenzende Hölzer verlaufen, können kaum durch das Holz an sich verursacht sein (Bild 5.28). Enden die Schadensmerkmale dagegen direkt am angrenzenden Holz, ist ein Einfluss des Holzes oder dessen Bearbeitung vor dem Verkleben/Zusammensetzen anzunehmen.

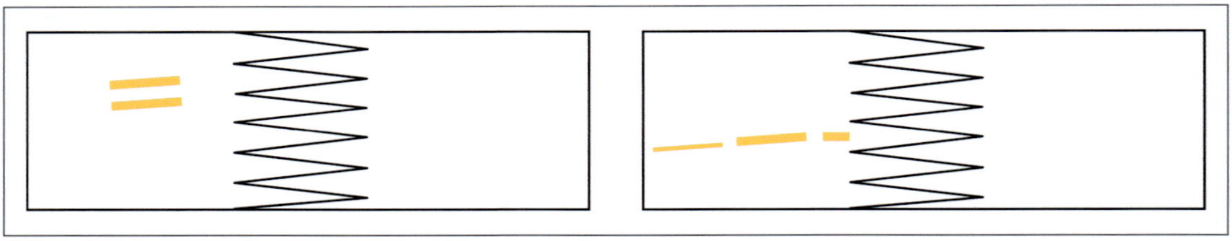

Bild 5.27 Während bei dem Beispiel links die Lage der Merkmale rein zufällig sein kann, ist bei einer Verstärkung der Befunde in Richtung Keilzinkung eine nicht ausreichende Kappung wahrscheinlich.

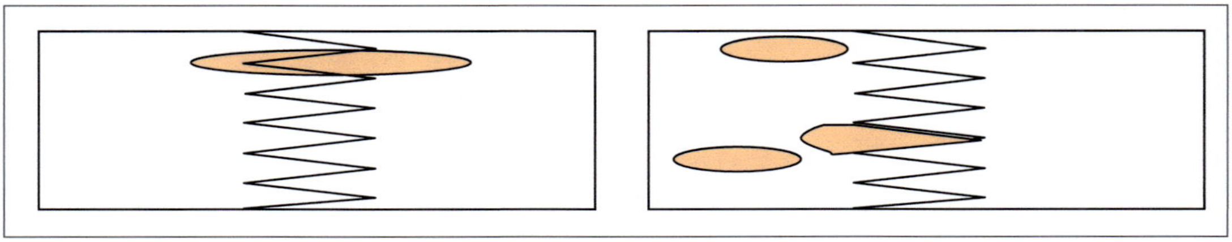

Bild 5.28 Schadensverteilung an Keilzinkungen. Links: Eine Ursache im Holz ist annähernd ausgeschlossen. Rechts: Ein Einfluss des Holzes ist sehr wahrscheinlich.

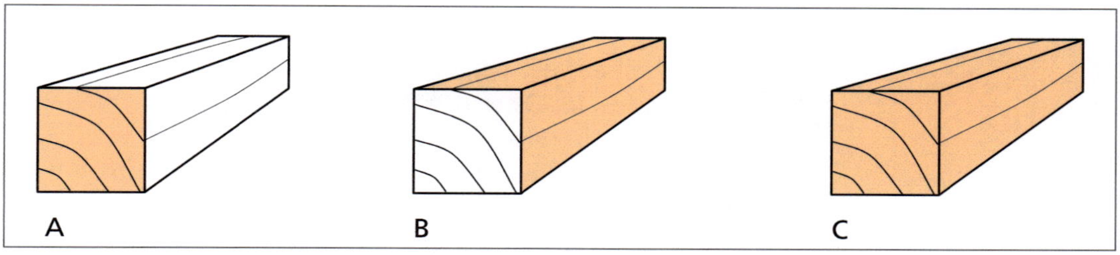

Bild 5.29 Mögliche Verteilungen von Verfärbungen auf Längsholz und Hirnholz

In axialer (Längs)Richtung nimmt Holz Flüssigkeiten wesentlich schneller auf als auf den Seitenflächen. Gleichzeitig ist es für viele Produktionen typisch, dass die Seitenflächen allenfalls wenige Millimeter abgetragen werden, während das Holz in Längsrichtung oft in großer Entfernung zur ursprünglichen Oberflächen geschnitten wird. Die in Bild 5.29 gezeigten Varianten der Verteilung von Verfärbungen auf Längsholz und Hirnholz bei ansonsten gleichmäßig behandelten und beanspruchten Hölzern würden z. B. folgende mögliche Interpretationen zulassen:

A	Spanende Bearbeitung der Längsflächen, nicht aber des Hirnholzes (dann scharf abgegrenzt) Überaufnahme von Imprägnierungen, Beizen, Gasen etc. durch das Hirnholz (weniger scharf abgegrenzt, Ausläufer auch auf Längsflächen)
B	Verfärbungen sind vor dem letzten Kappen entstanden. (Übergang nicht ganz scharf, in Randzonen des Hirnholzes gleicher Befund)
C	Ursache der Verfärbung entweder durchgängig im Holz vorhanden oder äußere Ursache nach dem letzten Kappen.

5.4.2 Verteilung am Gebäude

Die Himmelsrichtung beeinflusst die UV-Belastung und mögliche auftretende Oberflächentemperaturen und die Regenbelastung. Auch die Windbelastung und damit einhergehend die Druckverteilung im Inneren von Gebäuden sind abhängig von der Ausrichtung eines Gebäudes.

- Dunkle, nach Süden ausgerichtete Oberflächen können sich in Mitteleuropa auf bis zu 80 °C [7] aufheizen. Die gleiche Fläche nach Norden ausgerichtet kann nur die maximale Lufttemperatur von ca. 40 °C erreichen. Gleichermaßen sind auf nach Norden ausgerichteten Bauteilen keine Schäden durch UV-Strahlung zu erwarten.

- Probleme aufgrund von Undichtigkeiten im Gebäudeinneren sind z. B. tendenziell auf der dem Wind abgewandten Hausseite zu erwarten, also meist im Osten (lokale oder temporär andere Windrichtungen sind jedoch zu berücksichtigen). Auf der dem Wind zugewandten Seite kann die Außenluft z. B. durch die Glasfalzbelüftung von Holzfenstern in das Gebäude gelangen. Der resultierende Überdruck führt zum Entweichen der Luft durch die Glasfalzbelüftung der Fenster auf der gegenüberliegenden Seite.
- Feuchte Luft ist leichter als trockene Luft und warme Luft leichter als kalte Luft. Der absolute Wassergehalt der Luft steigt daher tendenziell mit zunehmender Höhe im Raum oder im Gebäude an. Tendenziell können durch feuchte Luft verursachte Schäden daher in Obergeschossen erwartet werden.
- Eine stärkere Schlagregenbelastung ist üblicherweise in einem Winkel von 60° zu Überständen zu erwarten [10].
- Spritzwasser kann bis zu einer Höhe von 30 cm über dem Boden, bzw. der das Wasser ›reflektierenden‹ Ebene erwartet werden [10]. Bei stärkeren Regenfällen sind allerdings die im unteren Bereich von Fassaden auftreffenden Wassermengen auch ohne Spritzwasserbelastung oft größer als die Wasseraufnahmekapazität des Holzes. Zusätzlich auftreffendes Spritzwasser kann die vom Holz aufgenommene Wassermenge in diesen Fällen nicht erhöhen.
- Im Inneren von Gebäuden sind z. B. die Nähe zu Heizkörpern und alle Einflüsse, die sich aus dem Nutzerverhalten ergeben, zu berücksichtigen (Putzen, Wischen, mechanische Einwirkungen).

5.5 Zeitliche Einordung von Befunden

War eine Enthaftung oder ein Riss bereits vor der Nutzung vorhanden oder nicht? Befunde, die belegen, dass Schäden oder Befunde vor oder nach einem bestimmten Produktionsschritt oder Nutzungsperiode verursacht wurden, sind für die Schadensanalyse äußerst wertvoll. Speziell der in Kapitel 5.5.3 dargestellte ›Honigbroteffekt‹ ist ein bislang fast nicht beschriebenes Phänomen, das erstaunlich häufig eine eindeutige Zuordnung zu einem Produktionsschritt ermöglicht.

5.5.1 Verfärbungen und Schichtenfolgen

Eine Staub-/Schmutzschicht auf Teilen eines ansonsten frischen Bruchs zeigt, dass hier schon vor dem Bruch ein Riss vorhanden war (Bild 5.30). Ebenso belegt eine in einen Riss eingedrungene Lasur, dass der Riss zum Zeitpunkt des Streichens bereits vorhanden war (Bilder 4.47 und 5.31). Grundsätzlich ist davon auszugehen, dass jüngere Schichten über älteren liegen. Die Schichtenlagen von Beschichtungen etc. werden üblicherweise an Querschnitten/Querschliffen mikroskopisch untersucht, aber schon vor Ort kann das Kratzen mit dem Fingernagel entscheidende Hinweise liefern.

Aufschlussreich können Zonen sein, die zu einem bestimmten Zeitpunkt abgedeckt wurden. Dazu zählen z. B. Beschläge, bei denen in der Regel davon ausgegangen werden kann, dass sie vor der Auslieferung, spätestens aber beim Aufstellen eines Möbels montiert wurden. Schäden, die sich auch unter den Beschlägen finden, lassen manchmal Hinweise auf die Schadensursache zu. Bei Fenstern kann z. B. der ursprüngliche Zustand der Beschichtung unter der Griffabdeckung Innen oder unter der Silikonfuge der Verglasung als Indikator für bestimmte Sachverhalte und deren zeitliche Einordnung herangezogen werden.

Bild 5.30 Die Verfärbung auf Teilen der Bruchfläche eines Kantholzes zeigt, dass hier schon vor dem Bruch quer zur Faserrichtung verlaufende Risse vorhanden waren.

Bild 5.31 Die in die Bruchzone eingedrungene Lasur zeigt, dass ein Riss bereits vor der letzten Lasurbehandlung vorhanden war.

5.5.2 Pilze/Insekten

Aus der Kenntnis der Wachstumsgeschwindigkeit von Pilzen ([47], [44]) und dem Lebenszyklus von Insekten kann in manchen Fällen der Zeitpunkt der Erstinfektion abgeschätzt werden. Bei Holz zerstörenden Insekten sind die Form und der Zustand der Ausschlupflöcher oft aufschlussreich. Schmutz oder Beschichtungen in Bohrlöchern zeigen, dass das Bohrloch alt, bzw. vor der letzten Beschichtung bereits vorhanden war.

Wenn ursprünglich runde Fraßgänge an der Oberfläche oval oder länglich sind, muss eine spanende Bearbeitung stattgefunden haben, als der Fraßgang schon vorhanden war (Bild 5.32).

Bild 5.32 Stück einer Türzarge mit Ausfluglöchern von Splintholzkäfern. Es war zu prüfen, ob das Holz schon beim Einbau befallen war. Nach dem Abschleifen der Lackierung erkennt man im unteren Bereich des Holzes unterschiedlich geformte Fraßgänge. Solche Formen können nur vorkommen, wenn bereits vorhandene Gänge angeschnitten wurden. Damit ist gesichert, dass Larven des Käfers schon während der Bearbeitung vorhanden waren.

5.5.3 Honigbroteffekt

Ein Brot, das mit einem klebrigen Aufstrich (Honig oder Sirup) versehen auf die ›falsche‹ Seite fällt, zeigt beim Aufheben ein charakteristisches Muster (Bild 5.33). Vergleichbare Spuren lassen sich auch mikroskopisch beobachten, wenn z. B. eine Klebstofffuge auseinander gezogen wird, während der Klebstoff noch fließfähig ist (Bild 5.34 bis Bild 5.36). Da die Fließfähigkeit bei Klebstoffen eine Eigenschaft ist, die nach der Aushärtung (üblicherweise) verloren geht, bedeuten solche oft wabenartige Strukturen auf enthafteten Klebstoffoberflächen, dass die Enthaftung vor oder während dem Aushärten bzw. Trocknen stattfand. Die charakteristische wabenartige Oberflächenstruktur ist daher häufig ein äußerst wertvolles Indiz, um die zeitliche Abfolge, bzw. die Fließfähigkeit von an Enthaftungen beteiligten Materialien zu ergründen.

Bild 5.33 Ein mit Sirup bestrichenes Brot, das auf die ›falsche‹ Seite auf den Boden fällt, zeigt nach dem Aufnehmen eine charakteristische Struktur, die nach kurzer Zeit zusammenfließt.

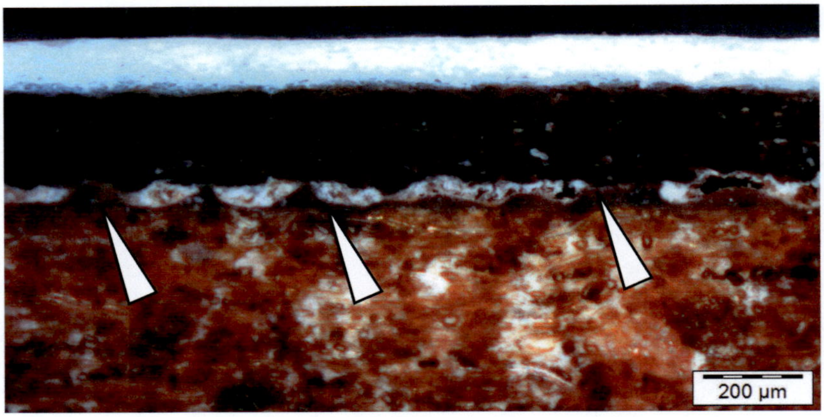

Bild 5.34 Honigbroteffekt im Querschliff. Der bräunliche Klebstoff bildet Stege zwischen der MDF und dem CPL.

Bild 5.35 Die UF-Klebstoffschicht unter den Blasen eines mit Dekorpapier beklebten Sperrholzes zeigt eine typische wabenartige Struktur. Die Blasen entstanden, weil die Presse geöffnet wurde, als der Klebstoff noch nicht überall ausgehärtet war. Ursächlich könnten z. B. lokale Feuchteunterschiede in den Materialien sein [89]. Alternative Theorien, wie möglicherweise unzuträgliche Gebrauchsbedingungen müssen bei einem derartig klaren Befund nicht weiter verfolgt werden.

Eine wabenartigen Oberflächenstruktur bei nicht thermoplastischen Klebstoffen ist ein sehr eindeutiger Befund: Gebrauchsbedingungen können als Ursache normalerweise ausgeschlossen werden, und nur der Klebstoff oder die Prozessparameter beim Verkleben kommen als Ursache infrage. Theoretisch könnte auch das verklebte Material für den Befund verantwortlich sein. Falls diese Materialien nämlich die Aushärtung des Klebstoffes stören (inhibieren), könnte trotz geeignetem Kleb-

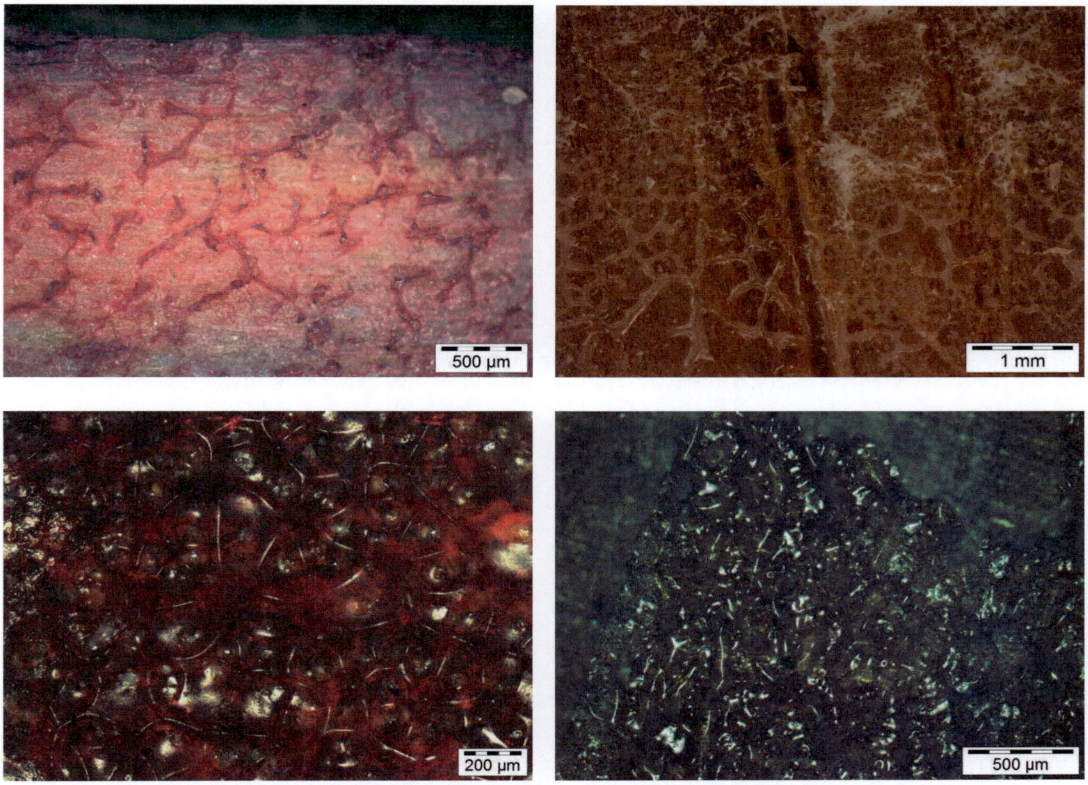

Bild 5.36 Unterschiedliche Ausprägungen des Honigbroteffekts auf Klebstoffoberflächen

stoff und geeigneten Pressbedingungen der gleiche Befund entstehen. Dieses Szenario ist jedoch unwahrscheinlich, so dass es üblicherweise nicht betrachtet wird. Nur wenn ein Anfangsverdacht auf besondere chemische Verhältnisse besteht, würde eine Inhibierung des Klebstoffes in Betracht gezogen (z.B. bei brandschutzimprägnierten Furnieren oder exotischen Materialien). Derartige Effekte ließen sich z.B. durch Testverklebungen oder z.B. mittels Dynamischer Differenzkalorimetrie (DSC) feststellen.

Falls die Enthaftung stattfand, als der Klebstoff noch sehr dünnflüssig war und er nach der Trennung der Schichten wieder zusammenfließt, kann der Honigbroteffekt wieder verschwinden. Die Oberfläche zeigt in diesem Fall die gleiche glänzende glatte Oberfläche wie Klebstoffe, die vor und während der Aushärtung nie Kontakt mit der gegenüberliegenden Schicht hatten (Bild 5.37). Da der Klebstoff bei fast allen Produktionsprozessen nur einseitig angegeben wird, zeigt Klebstoff, der auf beiden Fugenflanken vorkommt, dass zu einem Zeitpunkt, als der

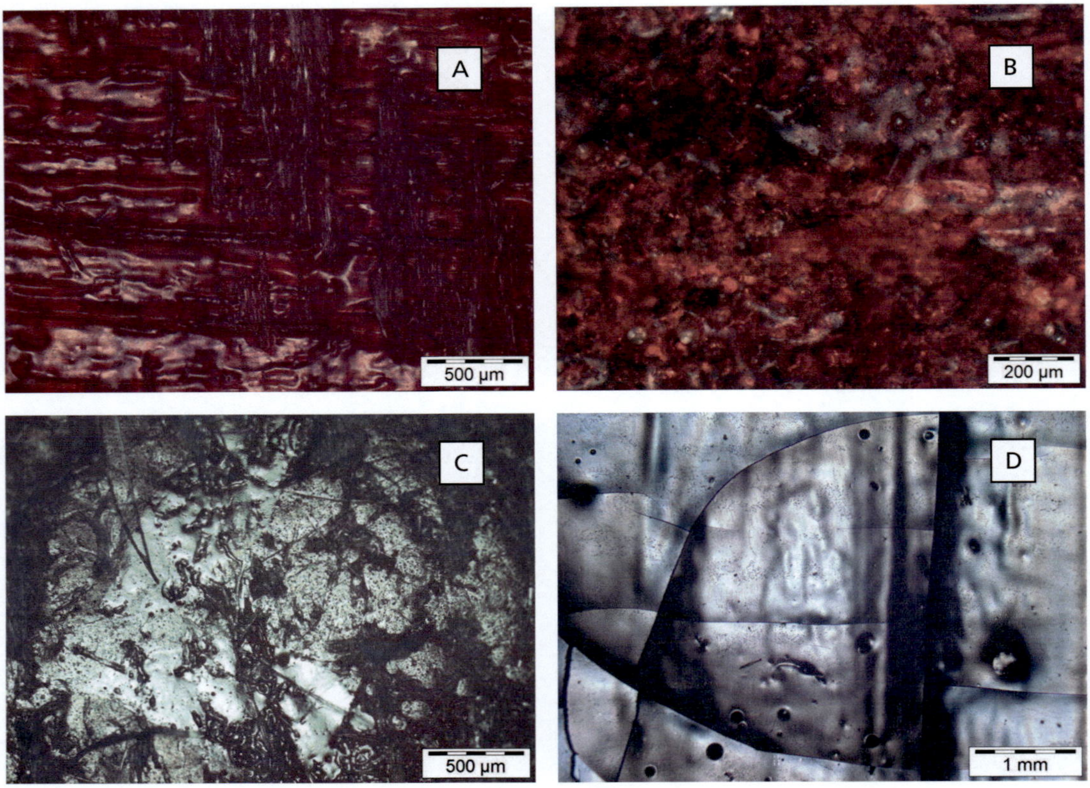

Bild 5.37 Beispiele für glänzende Klebstoffoberflächen, die zeigen, dass während des Aushärtens kein Kontakt zur gegenüberliegenden Oberfläche bestand. A und B sind mit Lugolscher Lösung gefärbte PVAc Klebstoffe. Stellenweise sind Reste der aufgeklebten Schicht erkennbar. C und D sind ›Glanzbilder‹ von UF-Klebstoffen. Die Oberflächenstruktur von Klebstoffen kann mit der Beleuchtungsart ›Glanzbild‹ (Kapitel 5.9.3) besonders gut dokumentiert werden.

Klebstoff noch sehr dünnflüssig war, ein Kontakt zwischen beiden Seiten bestanden haben muss.

Die gleiche Wabenstruktur des Honigbroteffekts entsteht auch, wenn thermoplastische Schichten bei Erwärmung auseinander gezogen werden (Bild 5.38). Wenn ein Honigbroteffekt erkannt wird, muss daher gegebenenfalls geprüft werden, ob es sich um eine thermoplastische Schicht handelt. Dies kann orientierend bestimmt werden, indem z. B. ein Metallspatel über einer Flamme erhitzt wird. Wird der Klebstoff im Kontakt mit dem erhitzten Spatel weich, handelt es sich um einen Thermoplasten.

Ein Abdruck des Holzes auf der Oberfläche des Klebstoffs bzw. der Unterseite einer abgelösten Beschichtung zeigt, dass während der Aus-

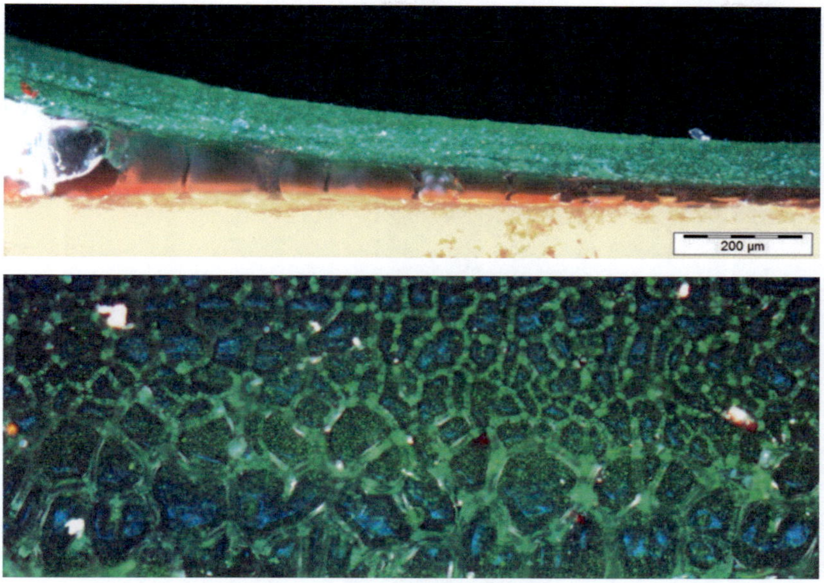

Bild 5.38 Querschnitt (oben) und die Aufsicht (unten) einer Lackblase. Bei dunklen Beschichtungen können im Sommer auf Südseiten Temperaturen bis 80 °C auftreten. Wenn die Grundierung bei der Temperatur erweicht können Blasen auftreten. Die hier erkennbare Wabenstruktur bestätigt diese Schadensursache.

Bild 5.39 Auf der Unterseite der abgelösten Beschichtung ist ein detaillierter Abdruck der Holzoberfläche vorhanden. Die Benetzung war demnach sehr gut und die Beschichtung kann nicht zu zähflüssig (hochviskos) gewesen sein.

härtung ein intensiver Kontakt mit der gegenüberliegenden Oberfläche bestand (Bild 5.39). Aus der Art des Abdrucks (vollflächig, detailliert, porenfüllend) können weitere Informationen zur Benetzung der Oberfläche und gegebenenfalls dem Pressdruck etc. abgeschätzt werden.

Bild 5.40 zeigt mögliche Befunde von Enthaftungen als Querschnitt und in der Aufsicht sowie die daraus ableitbare zeitliche Einordnung und Beurteilung.

Querschnitt	Aufsicht	Beschreibung und Interpretation
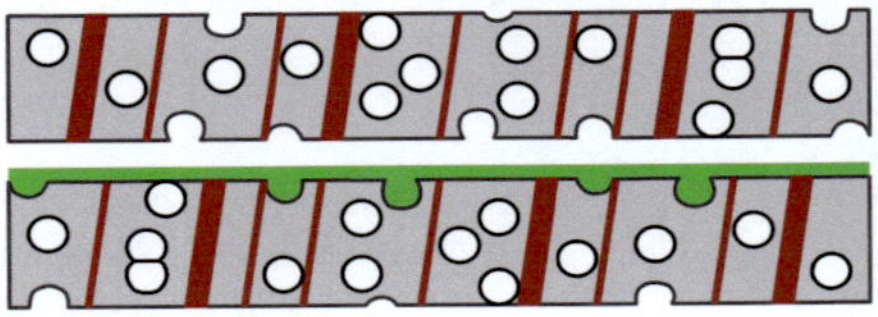		Keine Benetzung der zweiten Fügefläche: Flächen hatten nie Kontakt miteinander.
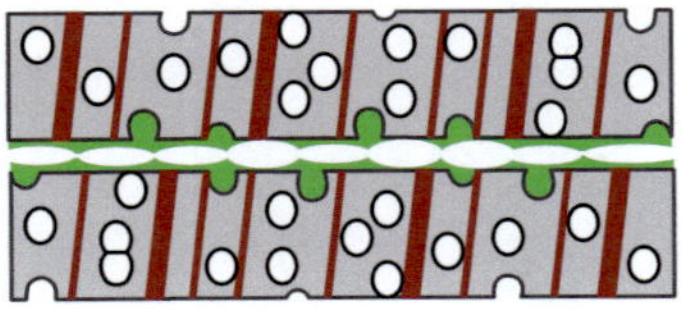		Benetzung beider Fügeflächen mit Wabenstruktur: Enthaftung während Klebstoff zähflüssig war. Entweder Presse vor Aushärtung geöffnet oder bei Thermoplasten zu hohe Temperatur im Gebrauch.
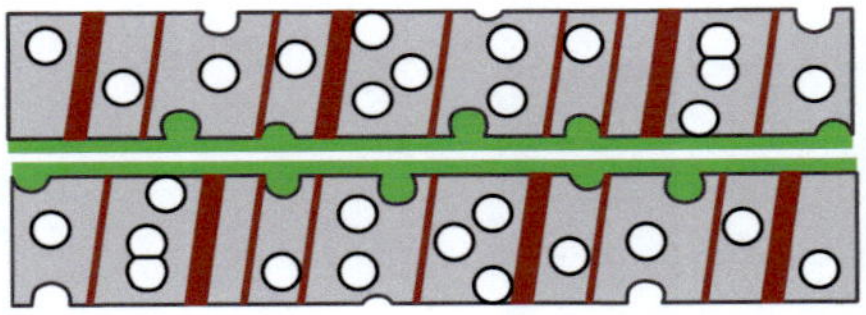		Benetzung beider Fügeflächen mit glänzender Oberflächenstruktur. Mangel entstand während der Klebstoff dünnflüssig war. Entweder Presse vor Aushärtung geöffnet oder bei Thermoplasten zu hohe Temperatur im Gebrauch. Die ehemals vorhandene Wabenstruktur (Honigbroteffekt) hat sich zurückgebildet.
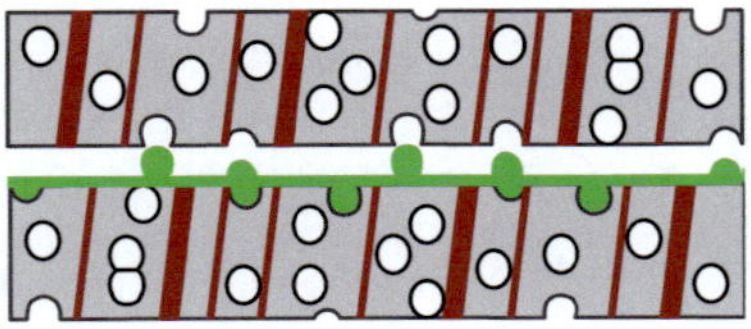		Abdruck der Holzoberfläche auf dem Klebstoff: Enthaftung nach dem Aushärten des Klebstoffs.
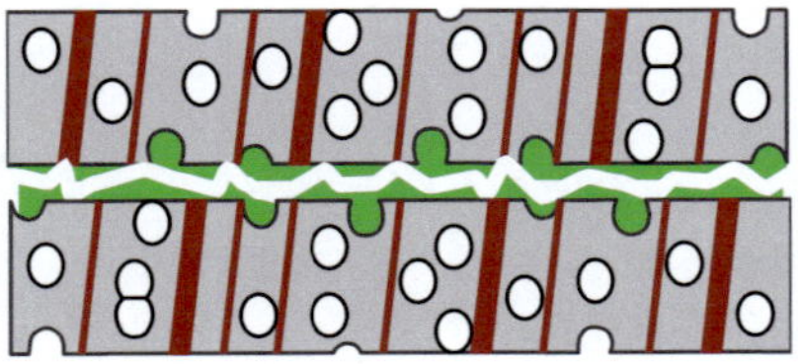		Bruch im Klebstoff mit unregelmäßiger Struktur: Enthaftung nach dem Aushärten des Klebstoffs.

Bild 5.40 Schematische Darstellung möglicher Befunde an Enthaftungen. Vorausgesetzt wird, dass der Klebstoff nur einseitig aufgetragen wurde.

5.5.4 Materialdicke

Mit dem letzten Hobeln oder Schleifen wird an einem bestimmten Zeitpunkt sozusagen eine Null-Linie der Oberfläche eines Materials fixiert. Es kann üblicherweise davon ausgegangen werden, dass moderne Schleifautomaten und Hobelmaschinen annähernd ebene Oberflächen produzieren. Die bei fehlerhafter Einstellung der Maschinen möglichen Fehler wären zudem relativ typisch und können daher bei der Analyse berücksichtigt werden. Alle später beobachteten Höhen- oder Dickendifferenzen des Materials müssen demnach nach der letzten Oberflächenbearbeitung entstanden sein. Da man üblicherweise weiß, an welcher Stelle des Produktionsprozesses die Oberfläche zum letzten Mal geschliffen oder gehobelt wurde, können damit Erkenntnisse über den Zeitpunkt der Schadensursache gewonnen werden. Auf die Informationen, die sich daraus über den Feuchtegehalt während der Produktion ableiten lassen, wird in Kapitel 5.7.3 eingegangen.

Bild 5.41 zeigt ein typisches Beispiel für lokale Furnierablösungen (Kürschner). Über der Enthaftung war das Furnier ca. 0,1 mm dünner als über den gut haftenden Bereichen. Es kann ausgeschlossen werden, dass das Furnier an dieser Stelle während des Schleifens nass und damit gequollen war und nach dem Schleifen stärker als das umgebene trockene Furnier geschwunden ist: Bei 0,47 mm dickem Ahornfurnier wäre in radialer Richtung eine maximale Schwindung um lediglich ca. 0,02 mm möglich gewesen. Also hatte das Furnier über den enthafteten Zonen höchstwahrscheinlich bereits vor dem Schleifen keinen Kontakt zum Untergrund. Dieser Zustand wurde beim Abschleifen dokumentiert. Das dünnere Furnier über den Enthaftungen ist daher ein Indiz dafür, dass die Enthaftungen bereits vor dem Lackieren der Platten entstanden.

Zusammen mit den Befunden, dass unter der Enthaftung kein Klebstoff in die Gefäße eingedrungen war (Bild 4.19 zeigt diesen Befund am selben Schadensfall) und der Verteilung der Enthaftungen (in Plattenmitte, nicht wie bei unzuträglichen Umgebungsbedingungen fast sicher zu erwarten an den Kanten) ist der Zeitpunkt des Entstehens der Enthaftung eindeutig: Während des Aushärtens des Klebstoffs bestand kein Kontakt zu dem Furnier. Verantwortlich für die Enthaftung ist demnach derjenige, der die Furniere aufgeklebt hat. Möglicherweise unzuträgliche Umgebungsbedingungen sind für die Enthaftungen nicht verantwortlich.

Bei Materialien, die eine so charakteristische Oberflächenstruktur aufweisen, dass jedes Schleifen oder Hobeln sofort auffällig würde, dokumentiert die ursprüngliche Oberflächenstruktur die Materialdicke während der Herstellung. Bild 5.42 zeigt ein mit CPL beschichtetes Tür-

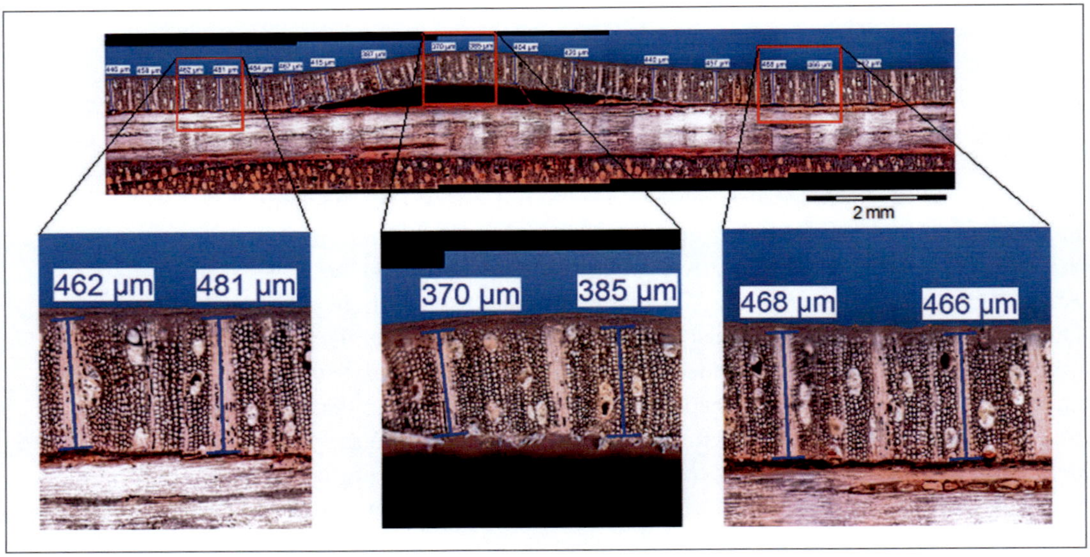

Bild 5.41 Lokale Ablösung eines Ahorndeckfurniers von einem Birkensperrholz. Die Aufnahme wurde aus fünf Einzelbildern zusammengesetzt. Über der Enthaftung war das Furnier ca. 0,1 mm dünner als in den gut haftenden Bereichen. Die Messungen können in dem speziellen Fall als relativ zuverlässig angenommen werden, da die Holzstrahlen genau senkrecht zur Furnierdicke verliefen (Schälfurnier). An den Holzstrahlen wären mögliche mechanische Beanspruchungen (Stauchungen) durch Verformungen erkennbar geworden. Die abweichende Furnierdicke war demnach vor dem Lackieren bereits vorhanden.

blatt mit einem von der abgerundeten Ecke des Glasausschnitts ausgehenden Riss. Die mikroskopische Untersuchung zeigte in unmittelbarer Nachbarschaft zu dem Riss eine lokale Aufwölbung an der Unterseite des CPL (Bild 5.43). Die Form der Aufwölbung legt eine mechanische Einwirkung auf die Unterseite des CPL nahe. Dass diese Fehlstelle vor dem Verkleben bereits vorhanden war, zeigt Klebstoff, der die Fehlstelle fast ausgefüllt hat. Über der Fehlstelle war das weiße Dekorpapier des CPL ca. 30 µm dünner als an den übrigen Flächen. Da die Oberfläche des CPL an dieser Stelle dennoch die ursprüngliche Struktur zeigte, muss die Fehlstelle bereits bei der Produktion des CPL entstanden sein.

Weitere Indizien für eine Ursächlichkeit der Fehlstelle im CPL waren in dem Fall, dass die Konstruktion der Tür keine Auffälligkeiten zeigte und die große Rundung an den Ecken der Glasausschnitte kritische Kerbspannungen vermeidet.

Bild 5.42 Riss in einem mit CPL beschichteten Türblatt, der von der abgerundeten Ecke des Glasausschnitts ausgeht.

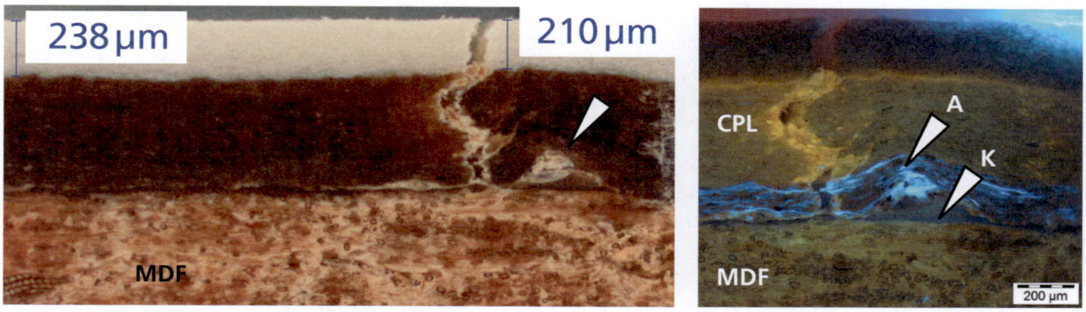

Bild 5.43 Querschliff des Risses in dem CPL bei normaler Beleuchtung (links) und UV-Fluoreszenzanregung (rechts). Neben dem Riss ist an der Unterseite des Schichtstoffs eine lokale Aufwölbung (A) zu erkennen. In der fluoreszenzmikroskopischen Aufnahme erkennt man, dass das CPL aus mindestens drei Schichten besteht. Unter der Aufwölbung der unteren, blau fluoreszierenden Schicht sieht man, dass Klebstoff (K) in den entstandenen Hohlraum eingedrungen ist. Das Dekorpapier ist über der Fehlstelle ca. 30 µm dünner als an den übrigen Flächen. Da die Oberflächenstruktur des CPL über der Aufwölbung unverändert war, muss die Fehlstelle bereits bei der Produktion des CPL entstanden sein.

Indizienreihe/Indizienkette

Die beiden geschilderten Fälle zum Erkenntniswert von Schichtdicken zeigen den Unterschied zwischen einer Indizienreihe und einer Indizienkette.

Der geschilderte Fall der Furnierablösung ist ein Beispiel einer Indizienreihe (siehe Kapitel 2 »Untersuchungsstrategie«), da mehrere voneinander unabhängige Indizien jeweils zum gleichen Schluss führen [46]. Jedes der drei Indizien:

1. unterschiedliche Furnierdicke
2. keine Benetzung der Gefäße des Furniers unter der Enthaftung
3. keine Enthaftungen an den Kanten der Platten

würde auch für sich alleine genommen die Verantwortlichkeit des Schadens dem Hersteller der Platten zuordnen und unzuträgliche Gebrauchsbedingungen ausschließen.

Dagegen handelt es sich im Falle des Risses im CPL mit der während der Produktion des CPL entstandenen Fehlstelle um eine Indizienkette, bei der die Indizien voneinander abhängen und mit dem Wegfall von einem Indiz die gesamte Argumentation zusammenbricht. Die beiden zusätzlichen Indizien:

1. keine Auffälligkeiten der Türkonstruktion
2. große Rundungen an den Ecken verringern kritische Spannungsspitzen an den Ecken der Glasausschnitte

sind Teil der Indizienkette, da sie lediglich die Bedeutung des Indiz der Fehlstelle verstärken, indem sie eine von zahlreichen möglichen Ursachen weniger wahrscheinlich machen. Letztlich ist es alleine die Nähe der Störung des CPL zu dem Riss, die einen Zusammenhang nahelegt.

Wäre der Riss nur an einer Tür aufgetreten, würde man sich mit dem Ergebnis dennoch üblicherweise zurfriedengeben. Im vorliegenden Fall zeigte die Verteilung der Schäden an vielen anderen Türen allerdings ein so charakteristisches Muster, dass die Fehlstelle im CPL tatsächlich als eigentliche Ursache wenig wahrscheinlich ist.

5.6 Nachstellen von Produktions- oder Gebrauchsbedingungen

Neben der eigentlichen Untersuchung der Proben können methodisch angelegte Untersuchungsanordnungen (Experimente) die Ursachen von Schäden aufhellen. Dies gilt jedoch meist nur für relativ einfache Fragestellungen. Vor allem bei komplexen industriellen Fertigungsprozessen sind Experimente sehr aufwändig und führen dennoch nicht unbedingt zur gewünschten Klärung der Schadensursachen. In einem Gutachten von Lore Plath und Erich Plath findet sich dazu eine beeindruckend klare Aussage:

»Wenn sich bei der früheren Verarbeitung niemals Schäden gezeigt haben, dann kann das daran liegen, dass bei industrieller Produktion die Verarbeitungsbedingen oft hart an der Grenze dessen liegen, was gerade noch ohne Schäden produziert werden kann. Fehler ergeben sich dann aus nur geringen Überschreitungen der normalen Verfahrenstechnik. Diese kann jedoch nicht immer nach allen Seiten hin abgetastet werden. Im Labor lassen sich diese Bedingungen zudem kaum reproduzieren. Oft treten solche Fehler selbst in der Produktion nur unregelmäßig auf – selbst auf denselben Anlagen sind die Fehler also nicht reproduzierbar. Eine der wichtigsten Maßnahmen zur Klärung solch unregelmäßig auftretender Phänomene ist die zeitliche Korrelation des Auftretens der Schäden mit bestimmten Produktionsfaktoren«.

Beispiele für Experimente im Rahmen von Schadensanalysen sind vergleichende Verklebungen und vergleichende Beschichtungen. Typische Fragestellungen, die dabei beantwortet werden, sind:

- Ist mit dem Klebstoff/der Beschichtung unter optimalen Bedingungen überhaupt eine angemessene Produktqualität herstellbar?
- Ist mit Rückstellproben die gleiche Produktqualität erzielbar wie mit anderen Chargen des Klebstoffs/der Beschichtung?
- Verhält sich der Klebstoff/die Beschichtung besser oder schlechter als marktübliche Vergleichsprodukte?
- Haben als kritisch vermutete Parameter wie offene Zeit, Feuchte des Untergrunds, Verarbeitungstemperatur etc. einen großen Einfluss auf die herstellbare Produktqualität?
- Führen bewusst verwendete fehlerhafte Produktionsparameter (beispielsweise ein zu geringer Pressdruck, eine zu hohe Feuchte oder Ähnliches) zu Schäden, deren visuelle oder mikroskopische Ausprägung dem Schadensfall gleicht?

Nur in seltenen Fällen gibt es sowohl von dem Klebstoff als auch von den zu verklebenden Materialien Rückstellproben. Falls damit im Labor eine einwandfreie Verklebung möglich ist, liegt ein Applikationsfehler zwar nahe, dies muss jedoch kritisch daraufhin hinterfragt werden, ob die Verhältnisse im Labor mit den realen Produktionsbedingungen übereinstimmen. Ist keine einwandfreie Verklebung möglich, können systematisch weitere Materialkombinationen geprüft werden, um die Ursache der ungenügenden Verklebung zu ermitteln.

Häufiger ist der Fall, dass zwar von den zu verklebenden Materialien Rückstellproben vorhanden sind (gegebenenfalls können dafür auch Teile aus dem Schadensfall verwendet werden), vom Klebstoff sind allerdings keine geeigneten Rückstellproben mehr verfügbar. In einem solchen Fall wird Klebstoff des gleichen Produkts aufgetragen, gegebenenfalls auch weitere vergleichbare Produkte. Zusätzlich kann untersucht werden, ob zwischen der schadhaften Verklebung und der nachgestellten Verklebung chemische Unterschiede feststellbar sind.

Die Empfindlichkeit von Bauteilen gegen bestimmte Umgebungsbedingungen kann bestimmt werden, indem die Bauteile den als noch zu tolerierenden und gegebenenfalls auch den als kritisch vermuteten Bedingungen ausgesetzt werden. Versagt eine Verklebung bereits bei noch üblichen Klimaten, kann sie als mangelhaft eingeordnet werden. So einfach dies auch erscheinen mag, in der Praxis können solche Experimente äußerst schwierig sein. Bereits die Geschwindigkeit der Änderung der Umgebungsbedingungen kann nämlich für das Bauteilverhalten entscheidend sein. Und die maximal zu tolerierenden Umgebungseinflüsse sind zudem nicht präzise definiert (Kapitel 4.7.1). Außer in sehr eindeutigen Fällen muss man sich daher damit begnügen, mit solchen Experimenten Tendenzen, aber keine eindeutigen Aussagen abzuleiten.

5.7 Holzfeuchte

Viele Schadensfälle sind durch Feuchteeinflüsse verursacht oder beeinflusst. In manchen Fällen ist die genaue Bestimmung der momentan vorhandenen Holzfeuchte entscheidend. Mindestens ebenso wichtig ist oft die Rekonstruktion der zu einem bestimmten Zeitpunkt vorhandenen Werte. Typische Fragen sind:

- Welche Holzfeuchte hatten die Materialien bei der Produktion?
- Welche Holzfeuchte hatten die Materialien beim Einbau?
- Gibt es Hinweise auf die Feuchteverhältnisse während der Nutzung?
- Ist in dem Material ein Feuchtegradient vorhanden, der Hinweise auf die Richtung, und damit der Ursache der Durchfeuchtung gibt?

5.7.1 Elektronische Messverfahren

Elektronische Messungen zur Abschätzung der Holzfeuchte nach dem Widerstandsmessverfahren bzw. dem kapazitiven Verfahren sind für Schnittholz in den Normen DIN EN 13183-2 [30] und DIN EN 13183-3 [31] beschrieben. Selbst bei optimalen Bedingungen ist von einer Genauigkeit elektrischer Holzfeuchtemessungen von höchstens 1 % auszugehen [52]. Dies gilt jedoch bei den meisten Geräten nur für den Holzfeuchtebereich zwischen ca. 5 % und 30 %. Darüber und darunter steigt die Abweichung deutlich. Salzablagerungen, Holzschutzbehand-

Bild 5.44 Abschätzung der Holzfeuchte mit isolierten Einschlagelektroden

lungen und Klebstoffe können die Messwerte extrem stark beeinflussen; üblicherweise werden dadurch zu hohe Holzfeuchten angezeigt.

Bei Geräten mit isolierten Elektroden kann die Holzfeuchte in verschiedenen Tiefen bestimmt werden (Bild 5.44). Ohne isolierte Elektroden wird stets die höchste zwischen den Elektroden vorkommende Feuchte angezeigt.

Bei der Angabe von Messwerten sollten keine Nachkommastellen angegeben werden, da sie eine nicht vorhandene Genauigkeit suggerieren. Alle Messwerte über 30 % sollten in der Regel als >30 % angegeben werden, da die Ungenauigkeit der Messwerte über 30 % Holzfeuchte bei üblichen Messgeräten deutlich zunimmt.

5.7.2 Darrproben

Genaue Holzfeuchten können mittels Darrprobe (DIN EN 13183-1) [29] bestimmt werden. Die Masse des Holzes wird mit einer Genauigkeit von mindestens 0,1 % der Probenmasse gewogen. Anschließend wird das Holz für (je nach Probengröße und Holzart) einige Stunden bei ca. 103 °C gelagert und dann im ›darrtrockenen‹ Zustand erneut gewogen.

$$\text{Holzfeuchte } \% = \frac{\text{Masse feucht} - \text{Masse darr}}{\text{Masse darr}} \cdot 100\,\%$$

Durch Darren erhält man die mittlere Holzfeuchte einer Probe. In vielen Fällen ist aber auch von Interesse, ob die Feuchte gleichmäßig in dem Holz verteilt ist oder einen Gradienten zeigt. In diesen Fällen wird die

Bild 5.45 Spalten eines Fensterabschnitts zur Bestimmung des Feuchtegradienten

Probe zunächst in geeignete Stücke gespalten (Bild 5.45). Die Feuchte der einzelnen Stücke wird bestimmt und zeigt dann die Feuchteverteilung innerhalb der ursprünglichen Probe.

Anhaftende Beschichtung, Klebstoff oder größere Mengen an niedrigsiedenden Harzen (z. B. bei Kiefer) können die Feuchtigkeitsbestimmung beim Darren beeinflussen. Zusätzlich sind Einflüsse durch die Probenahme und den Transport zu berücksichtigen. Auch bei Darrproben sollte daher die Genauigkeit der Ergebnisse nicht überstrapaziert werden. Die Annahme einer maximalen Genauigkeit von ±0,5 % ist besonders bei kleineren Proben zu empfehlen.

5.7.3 Geometrische Feuchteabschätzung

Die Quell- und Schwindmaße eines Holzstücks verändern sich im Laufe der Zeit nicht. Daher kann die Feuchte des Holzes während der letzten Bearbeitung oft anhand seiner Abmessungen abgeschätzt werden. Dies setzt jedoch voraus, dass folgende Bedingungen erfüllt sind:

- Keine Zwängungen, also ungehindertes Quellen und Schwinden
- Kein Holzabbau durch Pilze, Insekten oder Bakterien
- Keine Auswaschung von Inhaltsstoffen
- Kein Eintrag von Substanzen
- Keine langfristige Erwärmung über ca. 100 °C.

Bei verklebten Fußböden, an gut verklebten und gezapften Eckverbindungen sowie z. B. in den einzelnen Schichten von Sperrhölzern und Dreischichtplatten ist die Voraussetzung des zwängungsfreien Quellens und Schwindens nicht gegeben. Hier ist die plastische Verformung des Holzes zu berücksichtigen. Bei Hölzern, die direkt aneinanderstoßen ist damit zu rechnen, dass ab einer Holzfeuchtezunahme von 3 % der ent-

Bild 5.46 Dort, wo ein Blumenkübel das Bambusparkett über längere Zeit aufgefeuchtet hatte, zeigen sich nach dem Abtrocknen deutliche Fugen. Beim Quellen wurde das Holz gequetscht. Nach dem Trocknen sind die Parkettstäbe daher schmaler.

stehende Quelldruck zu einer dauerhaften Verformung (Quetschung) führt [95]. Trocknet das Holz wieder auf seine ursprüngliche Holzfeuchte, ist es schmaler als vor der Quellung. Diesen Effekt zeigt anschaulich Bild 5.46. Obwohl das Parkett zum Zeitpunkt der Aufnahme eine gleichmäßige Holzfeuchte aufweist, klaffen Fugen dort, wo früher ein Blumenkübel zu einer Auffeuchtung geführt hatte.

Sind von einem zwängungsfrei gelagerten Holz die Maße nach der letzten Bearbeitung genau bekannt, kann die zum Zeitpunkt der letzten Bearbeitung vorhandene Feuchte abgeschätzt werden. Die aus der Literatur bekannten Quell- und Schwindmaße z. B. [106] werden in diesem Fall zur Berechnung der Feuchte herangezogen. Im Zweifelsfall können die Quell- und Schwindmaße des konkreten Holzes auch im Labor nachbestimmt werden.

Die Information über das genaue Produktionsmaß kann jedoch in der Regel nur beim Hersteller erfragt werden, was in Streitfällen dazu führt, dass diese Angaben nicht oder nur unter Vorbehalt verwendet werden können. Die Holzfeuchte während der Produktion kann auch rekonstruiert werden, wenn nur das relative Maß nach der letzten Bearbeitung bekannt ist. Das relative Maß bedeutet üblicherweise, dass aufgrund der Kenntnis der Produktionsbedingungen als sicher angenommen werden kann, dass ein bestimmtes Holz nach dem letzten Produktionsschritt die gleiche Länge, Breite oder Dicke aufwies wie das angrenzende Material.

Eckverbindungen von Fensterflügeln oder Massivholzmöbeln werden in den meisten Fällen nach dem Verkleben umfälzt oder verschliffen – unmittelbar nach diesem Bearbeitungsschritt sind Längsholz und Querholz daher bündig. Ändert sich anschließend die Feuchte der Hölzer, führen die extrem unterschiedlichen Quell- und Schwindmaße von Quer- und Längsholz zu einem Versatz zwischen den Bauteilen. Nur in dem Fall, dass der Klebstoff dieser Belastung standhält, würde sich zwar kein unmittelbarer Versatz ausbilden, jedoch wäre eine Verformung im Bereich der Verbindung feststellbar. Das Vorhandensein oder Fehlen eines solchen Versatzes kann ein äußerst hilfreiches Merkmal zur Bestimmung der Feuchte unmittelbar nach der Produktion des Bauteils sein (Bild 5.47). Es ist jedoch unbedingt zu prüfen, ob das Bauteil nach dem Verkleben tatsächlich bündig war. Bei Fensterflügeln, deren Einzelteile vor dem Verkleben imprägniert werden, entfällt das Umfälzen nach dem Verkleben. In diesem Fall ist ein Versatz zwischen Längs- und Querholz kein Indikator für die ursprüngliche Holzfeuchte. In manchen Fällen können bestimmte Verformungen des Holzes oder z. B. Risse in der Beschichtung dennoch Hinweise auf die bei der Produktion herrschende Holzfeuchte geben (Bild 5.48).

Während bei Eckverbindungen das Verhältnis der Quell- und Schwindmaße der angrenzenden Bauteile 1:10 (axial: radial) bis 1:20 (axial: tangential) beträgt und daher relativ einfach nachweisbar ist, unterscheiden sich bei parallel verlaufenden Lamellen von z. B. Leimholz die Quell- und Schwindmaße maximal um den Faktor 2 (radial: tangential). Dennoch sind auch hier, in Kombination mit der Darrmethode (Kapitel 5.7.2) oder aber durch eine längere Lagerung in definierten Klimaten wichtige Aussagen zur Feuchte unmittelbar nach der letzten Egalisierung der Oberfläche möglich. Die Dicke der einzelnen Hölzer sowie deren gleichzeitig exakt bestimmte Holzfeuchte werden dazu in ein Diagramm gezeichnet. Durch diese Punkte werden Geraden mit dem für die Holzart und die Jahrringlage zutreffenden differentiellen Quellmaß (% pro % Holzfeuchteänderung) aufgetragen. Laufen diese Geraden in einem Schnittpunkt zusammen, kann davon ausgegangen werden, dass bei der letzten Egalisierung der Oberfläche in allen Hölzern diese Holzfeuchte vorlag. Wenn sich die Geraden nicht in einem Punkt schneiden, ist von unterschiedlichen Holzfeuchten der einzelnen Hölzer bei der letzten Egalisierung der Oberfläche auszugehen (Bild 5.49).

Bild 5.47 Beim Öffnen eines Überseecontainers waren Kleinmöbel stark verschimmelt. Es war zu prüfen, ob der Schimmel durch ungeeignete Transportbedingungen verursacht worden war. An den Ecken des Tischs sind Quer- und Längsholz bündig. Die Holzfeuchte lag über 30 %. Spuren an dem hier mit Lugolscher Lösung sichtbar gemachten PVAc-Klebstoff sowohl am Längsholz als auch am Querholz belegen, dass die Ecken nach dem Verkleben bündig geschliffen wurden. Beim Verkleben der Eckverbindung hatte das Holz daher ebenfalls eine Feuchte über der Fasersättigungsfeuchte von ca. 30 %. Das Schimmelpilzwachstum ist daher nicht auf ungeeignete Transportbedingungen zurückzuführen, sondern auf eine deutlich zu hohe Feuchte des Holzes bei der Produktion.

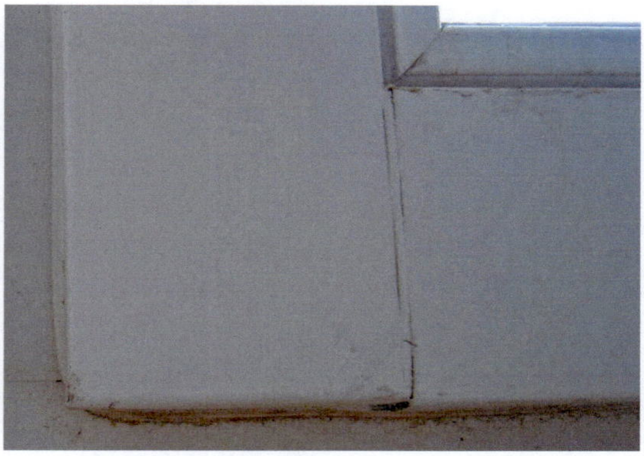

Bild 5.48 Versätze zwischen Längs- und Querholz an Fensterflügeln. Während an dem linken Beispiel zunächst geklärt werden müsste, ob hier tatsächlich von einer nach der Produktion bündigen Eckverbindung ausgegangen werden kann, zeigt das rechte Bild anhand der Verformungen des Holzes und der Beschichtung eindeutig die Quellung des Rahmens.

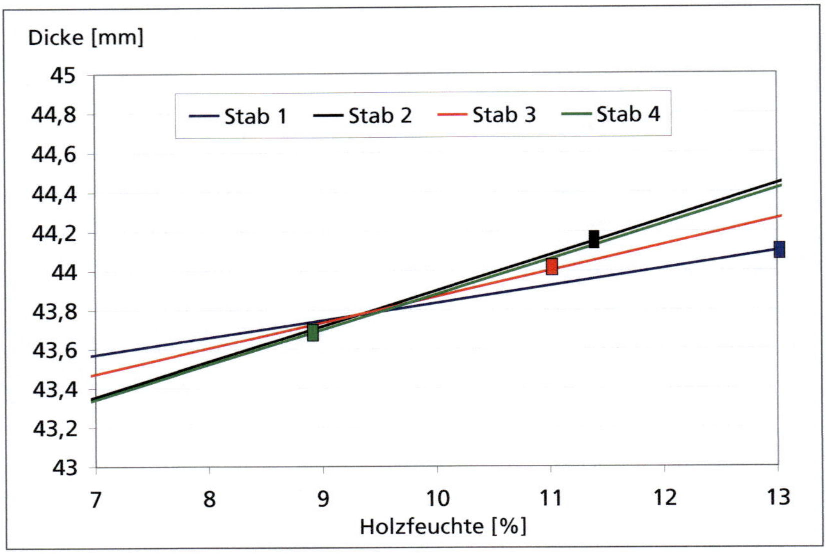

Bild 5.49 Die Dicke und die Holzfeuchte von vier Stäben aus Leimholz wurde in der Grafik eingezeichnet. Der Quellungskoeffizient jeder Leiste wurde je nach Jahrringorientierung (radial, tangential, halbrift/45°) als Steigung eingezeichnet. Die Linien schneiden sich bei ca. 9,5 % Holzfeuchte. Demnach hatten alle Leisten eine Holzfeuchte zwischen 9 % und 10 %, als die Platte geschliffen oder gehobelt wurde.

Bild 5.50 zeigt exemplarisch ein Fenster aus einer Winterbaustelle. Annähernd alle Fensterflügel wiesen Versätze an den Eckverbindungen der Innenseiten auf. Die stärksten Versätze und die höchsten gemessenen Holzfeuchten traten jeweils an den Unterkanten der Flügel auf. Demnach war Tauwasser an den Scheiben herabgelaufen und in die Eckverbindungen eingedrungen. Trotz des eindeutigen Befundes war zu prüfen, ob die Hölzer bei der Herstellung der Fenster evtl. zu trocken gewesen waren. Gefordert war eine Holzfeuchte von mindestens 11 %.

An einer entnommenen Glasleiste wurden die vor Ort vorgenommenen elektrischen Holzfeuchtemessungen kalibriert: Nach dem Widerstandsprinzip wurde die Feuchte der Leiste mit 15,4 % bestimmt (Mittelwert aus 4 Messungen). Der mit der Darrmethode ermittelte Wert betrug 16,7 %. Die vor Ort gemessenen Holzfeuchten wurden daraufhin um jeweils 1,3 % Holzfeuchte nach oben korrigiert. Bild 5.51 zeigt den Zusammenhang zwischen den gemessenen (korrigierten) Holzfeuchtewerten und den Versätzen zwischen Längs- und Querholz. Es zeigt sich, dass die Holzfeuchte zum Zeitpunkt des Verklebens der Flügel als Mitursache für die beobachteten Quellungen nicht belegbar ist. Elektronische Holzfeuchtemessungen sind trotz ›Kalibrierung‹ mittels Darrprobe immer mit angemessener Vorsicht zu betrachten. Das Ergebnis ist daher nicht, dass die Holzfeuchte der Fenster zum Zeitpunkt des Verklebens der Flügel über 11 % lag, sondern, dass eine Unterschreitung des Sollwertes nicht nachgewiesen werden kann, bzw. weniger wahrscheinlich ist als ein Wert über 11 % Holzfeuchte.

Bild 5.50 Die Eckverbindungen von Fensterflügeln wurden während der Winterbauphase durch von den Scheiben herablaufendem Wasser durchfeuchtet. Das Detailbild (rechts) zeigt die durch Quellung entstandenen Versätze an den Eckverbindungen und die Messpunkte der Holzfeuchtemessungen. In der Übersicht (links) sind die Mittelwerte der Versätze von zahlreichen Fernstern des Objekts dargestellt. Eine Auswertung der Einzelwerte zeigt Bild 5.51.

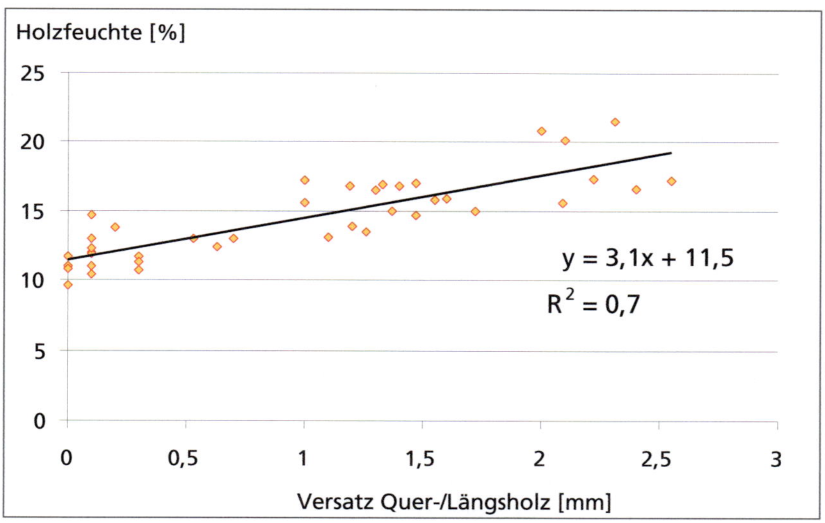

Bild 5.51 Zusammenhang der Holzfeuchtemessungen mit dem Versatz von Längs- und Querholz an den Eckverbindungen. Die Regressionsgrade zeigt, dass bei einer Holzfeuchte von 11,5 % der Versatz von Längs- und Querholz 0 mm beträgt.

Ein Sonderfall der mechanischen Bearbeitung von Oberflächen sind Abnutzungsspuren. Auch durch Abnutzung/Abrieb können die zu diesem Zeitpunkt vorhandenen Höhehendifferenzen von angrenzenden Materialien dokumentiert werden. Ein Beispiel zeigt Bild 5.52.

Bild 5.52 An der Unterkante eines Fensterflügels erkennt man Abriebspuren. Die Verteilung der Schäden zeigt, dass das Holz gequollen war als der Lack und das Holz abgerieben wurden. Da die sonstigen Übergänge von Längsholz zu Querholz nach längerer Lagerung im Labor bündig sind, kann als sicher angenommen werden, dass die Übergänge nach der Produktion ebenfalls bündig waren. Dennoch wurde nur Längsholz bzw. der Lack über dem Längsholz durch die Nutung abgerieben – dies kann nur im gequollenen Zustand erfolgt sein – das Fenster war demnach während der Nutzung zumindest kurzfristig stärker durchfeuchtet.

5.7.4 Sonstige Hinweise auf Feuchtebelastungen

Wasser kann Metalle korrodieren und Holzinhaltsstoffe und Schmutz transportieren. Aus derartigen Spuren kann indirekt auf eine ehemals vorhandene Wasserbelastung geschlossen werden. Bild 5.53 zeigt einen Querschnitt durch einen Fensterflügel. Die von einem Wellennagel ausgehenden Korrosionsspuren belegen eine starke Durchfeuchtung nach dem Zusammenbau des Fensters.

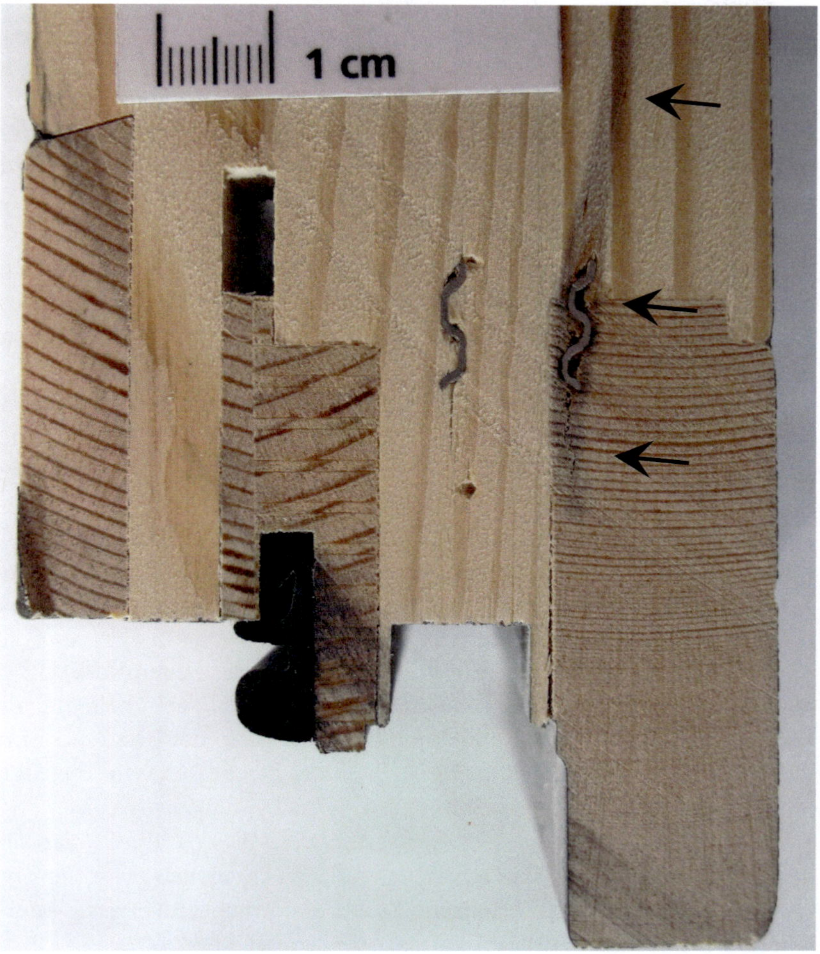

Bild 5.53 Von einem Wellennagel in einer Fenster-Eckverbindung gehen Verfärbungen aus. In erster Näherung kann davon ausgegangen werden, dass ein derartiger Transport von Eisensalzen mehrere Tage bis Wochen bei Holzfeuchten von über 30 % voraussetzt [74].

5.8 Physikalische Verfahren

Übliche Normprüfungen sind nicht Gegenstand dieses Buches. Im Rahmen von Schadensanalysen werden allerdings häufig orientierende Prüfungen angewandt, die sich an Normprüfungen anlehnen. Zumindest am Anfang einer Untersuchung kommt es nicht darauf an, ob ein vorgegebener Sollwert einer Norm genau erreicht wird. Eine schnelle Aussage zur prinzipiellen Eignung reicht meist aus, um zu entscheiden, welche sonstigen Untersuchungen zur Klärung eines Schadensfalls notwendig sind. Zudem sind vollständige Normprüfungen aufgrund der vorgeschriebenen Klimatisierung zeitaufwändig und es wird oft mehr Material benötigt als zur Verfügung steht.

5.8.1 Prüfung von Verklebungen

Für die meisten Holzwerkstoffe und für tragende Bauteile gibt es eindeutige Anforderungen an die Qualität der Verklebung. Für viele andere Anwendungen ist die Qualität der Verklebung dagegen weitgehend ungeregelt und es greift lediglich die Forderung, dass die Verklebung den Belastungen bei üblichem bestimmungsgemäßem Gebrauch standhalten muss. Mit welcher Prüfung dann die Verklebung der Schichten eines Dreischichtparketts oder der Fugen eines Gartenmöbels, eines Wohnzimmertisches oder eines dekorativen Furniers zu bewerten ist, bleibt letztlich dem Sachverständigen überlassen.

Bei der Prüfung von Verklebungen an Bauteilen, die bereits genutzt wurden, ist immer zu berücksichtigen, dass die Verklebung durch die Nutzungsbedingungen überlastet und damit geschädigt sein kann. Auch muss beachtet werden, dass Fehlverklebungen oft nur lokal vorkommen und daher alle klassischen Prüfungen an ungeschädigten Stellen eine gute Verklebung zeigen, weil alle fehlverklebten Stellen bereits Schäden gezeigt haben und daher für klassische Verklebungsprüfungen nicht mehr zur Verfügung stehen.

Orientierende Methoden zur Prüfung von Verklebungen sind:

- Übliche Klebstoffe weisen eine höhere Querzugfestigkeit auf als das Holz. Eine intakte Verklebung bricht daher in der Regel nicht im Klebstoff sondern im Holz. Mit z. B. einem Stecheisen wird die Fuge in Faserrichtung aufgestochen und der Bruchverlauf beurteilt.
- Die Verklebungsqualität von Sperrholz lässt sich durch den in DIN 53255 (1964) [21] beschriebenen Aufstechversuch zwar nur orientierend, aber durch erfahrene Prüfer doch recht zuverlässig beurteilen.

Bild 5.54 Sperrholz, das nach 6stündigem Kochen auseinanderfällt, bedarf keiner weiteren Prüfungen, um eine normgemäße Wasserbeständigkeit auszuschließen.

- Die Verklebungsqualität von Holzwerkstoffen lässt sich anhand der sehr einfach zu bestimmenden Quellmaße eingrenzen. Ob es sich um einen wasserfest verklebten Holzwerkstoff handelt, zeigt orientierend eine sechsstündige Kochprüfung. Wenn der Holzwerkstoff dabei auseinanderfällt oder eine extreme Dickenquellung zeigt, kann von einer nicht wasserbeständigen Verklebung ausgegangen werden (Bild 5.54).

> Sperrholz und Klebstoffe für den Innenbereich werden vor normgerechten Verklebungsprüfung für 24 Stunden in kaltem Wasser gelagert, obwohl dieses Material nicht für den Kontakt mit Wasser zugelassen ist. Der häufig geäußerte Einwand, dass eine 24stündige Wasserlagerung nicht zu der geplanten Beanspruchung von Verklebungen im Innenbereich zählt, trifft den Kern der Sache nicht. Die Wasserlagerung ist tatsächlich nicht dazu gedacht, die Wasserfestigkeit der Verklebung zu prüfen; vielmehr soll mit dieser Prüfung in kurzer Zeit die Summe aller klimatischen und mechanischen Einwirkungen simuliert werden, die in der erwarteten Lebensdauer von mindestens 30 Jahren auf das Material einwirken. Gleiches gilt für Verklebungen im Außenbereich. Obwohl sie im bestimmungsgemäßen Gebrauch nie mit kochendem Wasser in Kontakt kommen werden, beinhaltet die Prüfung eine längere Lagerung in kochendem Wasser. »*In Wirklichkeit ist es die hohe Beständigkeit gegen zyklische kalt-warm und trocken-feucht-Behandlungen, die einigen Kunstharzen zu eigen ist, insbesondere den Phenolplasten, nicht aber ihre Beständigkeit gegen kochendes Wasser. Man darf nicht Wetterfestigkeit mit Kochfestigkeit gleichsetzen, denn es gibt wetterfeste Kunstharze, die nicht kochbeständig und kochfeste Kunstharze, die nicht wetterbeständig sind.*« ([81] S. 254).

5.8.2 Mechanische Beschichtungsprüfungen

Gerade bei Oberflächeneigenschaften ist immer zu berücksichtigen, dass sich die Anforderungen (falls es sie im konkreten Falle überhaupt gibt) stets auf den Zeitpunkt der Auslieferung beziehen. Bemängelt werden unzureichende Oberflächeneigenschaften jedoch oft nach Gebrauch. Ob dennoch zumindest an wenig beanspruchten Flächen die gleichen Eigenschaften, z. B. Kratzbeständigkeit, wie bei der Anlieferung erwartet werden können, muss im Einzelfall abgewogen werden.

Nasshaftung

Die Haftung auf nassen Untergründen ist eine der entscheidenden Eigenschaften von Beschichtungen im Außenbereich. Die Methoden zur Feststellung der Nasshaftung und vor allem die Bewertung der Prüfergebnisse sind jedoch nicht unproblematisch. Die in der DIN EN ISO 2409 [34] beschriebene Gitterschnittmethode (Bild 5.55) ist zwar sehr einfach durchzuführen. Diese Methode beschreibt jedoch nur die Prüfung der Trockenhaftung. Um die Nasshaftung zu beurteilen, werden die Schnitte für z. B. zwei Stunden mit einem nassen Tuch befeuchtet, bevor das Klebeband aufgeklebt und abgezogen wird. Die Gitterschnittmethode setzt große Erfahrung voraus und die Ergebnisse weichen auch bei erfahrenen Prüfern relativ stark voneinander ab. Die Methode sollte daher in der Regel nur im Vergleich mit mehreren anderen Beschichtungen angewandt werden. Eine Aussage, ob die eigentlich interessierende Beschichtung besser oder schlechter haftet als die Vergleichsbeschichtungen ist damit möglich.

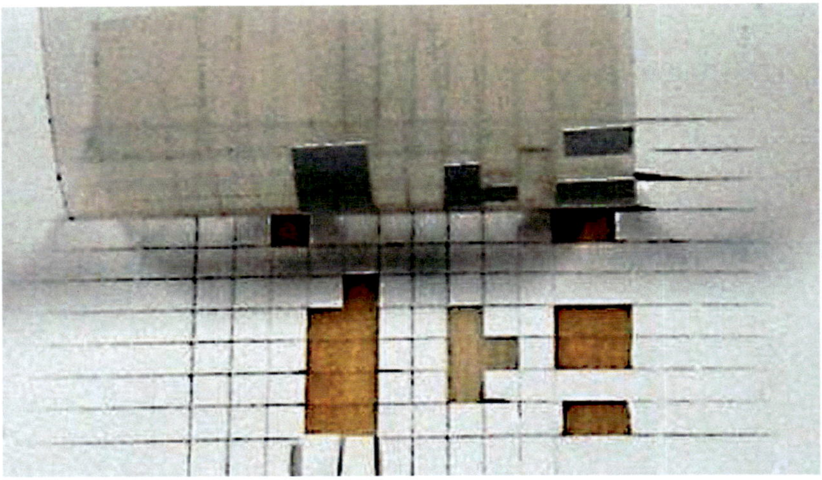

Bild 5.55 Gitterschnittprüfung: Die Lackschicht wird mit einem scharfen Messer eingeschnitten. Ein definiertes Klebeband wird aufgeklebt und abgezogen. Die dabei abgelöste Lackfläche wird bewertet. Zur Prüfung der Nasshaftung wird die Oberfläche nach dem Einschneiden für z. B. zwei Stunden befeuchtet, bevor das Klebeband aufgeklebt und abgezogen wird.

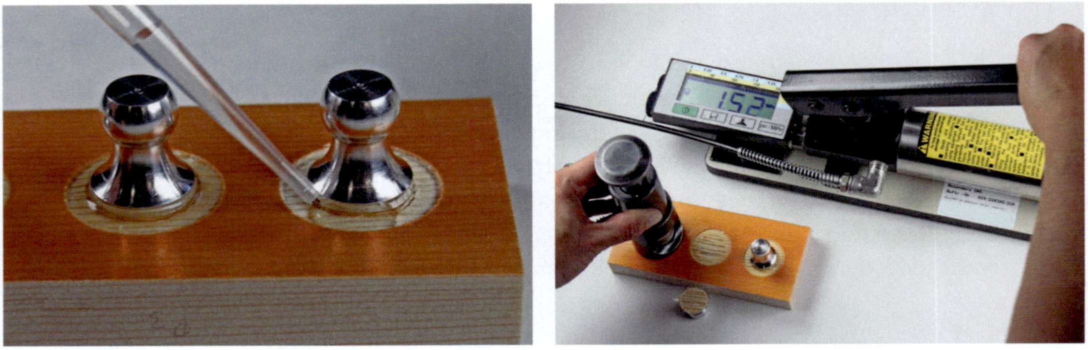

Bild 5.56 Prüfung der Nasshaftung durch Bestimmung der Abreißfestigkeit; um aufgeklebte Stempel sind Nuten eingefräst. In die Nuten wird Wasser geträufelt. Nach einer definierten Einwirkzeit werden die Stempel hydraulisch abgezogen und die dazu notwendige Kraft wird bestimmt.

Die Prüfung der Nasshaftung durch das Abreißen von aufgeklebten Stempeln liefert genaue Zahlenwerte (Bild 5.56). Die Bewertung der Ergebnisse bleibt jedoch derzeit weitgehend der Interpretation des Sachverständigen überlassen. Anforderungen gibt es nur für im Labor unter speziellen Bedingungen beschichtete Hölzer [105]. Zur Beurteilung von Schadensfällen können diese Anforderungen nur eingeschränkt verwendet werden.

Eine orientierende Einschätzung der Haftung von Beschichtungen bekommt man auch beim Herstellen von Dünnschnitten mit einem Mikrotom. Falls die durchfeuchtete Beschichtung beim Schneiden am Holz haften bleibt, ist zu vermuten, dass die Nasshaftung nicht besonders schlecht sein kann (Bild 5.89).

Elastizität/Sprödigkeit/Duktilität

Eine erste sehr einfache Einschätzung der Sprödigkeit von Lacken erlaubt der sogenannte Münztest (Coin-Test). Eine Münze wird mit festem Druck über die Lackoberfläche gezogen (Bild 5.57). Bei schlechter (Zwischen-)Haftung oder spröder Lackschicht entsteht ein typischer Weißbruch (Kapitel 4.4.4). Da der Test von der Form der Münze, dem Anpressdruck und Anpresswinkel beeinflusst wird, ist eine gewisse Erfahrung mit der Methode notwendig, um eine Lackschicht beurteilen zu können. Auch für Ungeübte sind jedoch vergleichende Untersuchungen von Lacken möglich.

Eine orientierende Einschätzung der Elastizität von Beschichtungen ergibt sich beim Herstellen von Dünnschnitten. Bleibt die Beschichtung beim Schneiden intakt und zerfällt nicht in einzelne Stücke, ist davon auszugehen, dass die Elastizität nicht besonders schlecht sein kann (Bild 5.89).

Bild 5.57 Eine Münze wird mit festem Druck über die Lackoberfläche gezogen. Die weiße Färbung der Druckspur (Weißbruch) zeigt, dass es sich um einen sehr spröden Lack handelt.

Die Sprödigkeit von Beschichtungen kann auch durch vergleichende Prüfungen in Anlehnung an DIN EN 438-2 [28], Abschnitt 20 (Beständigkeit gegenüber Stoßbeanspruchung mit einer kleinen Kugel) bestimmt werden.

Für tiefergehende Analysen kann mit speziellen Geräten die Härte von Beschichtungen, also der Widerstand gegen das Eindringen eines Körpers bestimmt werden (Mikrohärte).

5.8.3 Wasseraufnahme/Benetzbarkeit/Kapillarität

Die Wasseraufnahme, Kapillareffekte und die Benetzbarkeit von Oberflächen sind oft durch relativ unaufwändige Untersuchungen bestimmbar. In Bild 5.58 ist die vergleichende Prüfung von zwei Grundierpapieren durch auf die Oberfläche getropftes Wasser dargestellt. Gegebenenfalls könnte hier auch der Kontaktwinkel zwischen der Platte und der Kontaktfläche des Tropfens nach definierten Zeiten bestimmt werden (Bild 5.59).

Anhand der Verfärbung des Holzes nach Auflegen eines nassen Tuchs lässt sich die Wasseraufnahme und damit die Renovierungsbedürftigkeit von Dünnschichtlasuren bestimmen ([5] S. 115).

Die Wasseraufnahme kann durch Wiegen der Proben nach definierten Zeiten bestimmt werden. Um die Eindringtiefe zu bestimmen, können der Tränklösung Farbstoffe zugesetzt werden (Bild 5.60).

Durch Farbstoffe kann demonstriert werden, welchen Weg das Wasser in einem Schadensfall nehmen konnte. Auch hier hat sich Baumwollblau zur Färbung des Wassers bewährt. Aber auch Fluoreszenzfarbstoffe sind möglich.

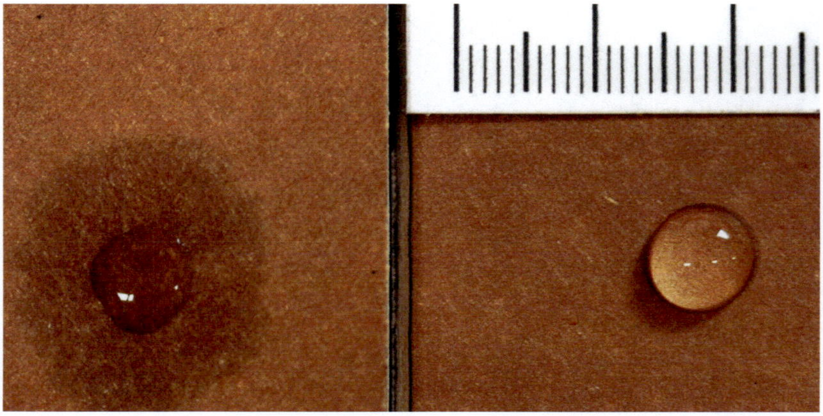

Bild 5.58 Auf zwei mit imprägniertem Papier beschichtete Sperrhölzer wurde gleichzeitig ein Wassertropfen gleicher Größe aufgetragen. Die unterschiedliche Benetzbarkeit und Wasseraufnahme der Papiere wird deutlich.

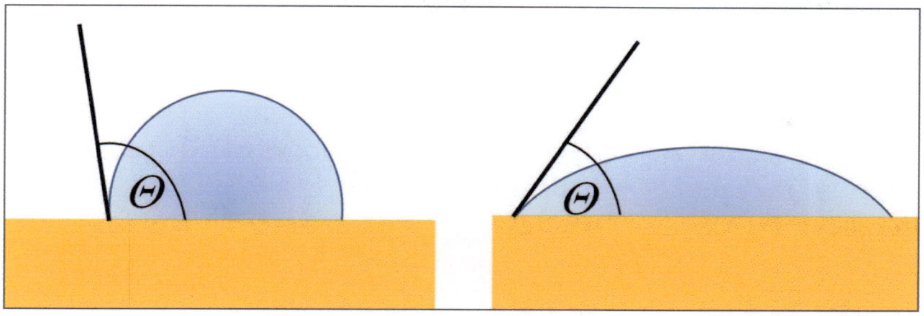

Bild 5.59 Der Kontaktwinkel zwischen einem Flüssigkeitstropfen und der Oberfläche gibt wichtige Informationen zu den Oberflächeneigenschaften. Da der Winkel sich im Laufe der Zeit verändert, besonders stark auf saugenden Untergründen wie Holz, ist er nach einem definierten Zeitintervall zu messen. Der Winkel kann bestimmt werden, indem der Tropfen von der Seite fotografiert wird. Mit einem geeigneten Bildauswertungsprogramm kann der Winkel abgeschätzt werden.

Bild 5.60 Um die Eindringtiefe von zwei farblosen Imprägnierungen zu dokumentieren, wurde der Farbstoff Baumwollblau (Methylblau) zugemischt. Nach einstündiger Lagerung in den gefärbten Lösungen wurden die Proben längs aufgetrennt. Der Einfluss der natürlichen Variabilität des Holzes wurde reduziert, indem die Proben aus derselben Leiste geschnitten wurden.

Bild 5.61 Zur Dokumentation der Wasserdurchlässigkeit einer Beschichtung wurde mit Fluoreszein gefärbtes Wasser für mehrere Stunden auf den Oberflächen gelagert. Im Querschliff zeigt sich bei fluoreszenzmikroskopischer Betrachtung die Eindringung des Farbstoffs.

Bild 5.62 zeigt, wie durch einen Tropfen gefärbtes Wasser der Kapillareffekt an Küchenarbeitsplatten demonstriert wurde. Die Arbeitsplatten zeigten Quellungen jeweils unter den Abschlusskappen der Abschlussleiste. Die Abschlusskappen waren bündig mit den Enden der Arbeitsplatten montiert. In der Kapillare zwischen Abschlusskappe und der darunterliegenden Klebstofffuge konnte Wasser für lange Zeit stehenbleiben und letztlich Quellungen verursachen.

Bild 5.63 zeigt, wie mit zwei Objektträgern für die Mikroskopie und gefärbtem Wasser der Effekt von Kapillaren demonstriert werden kann.

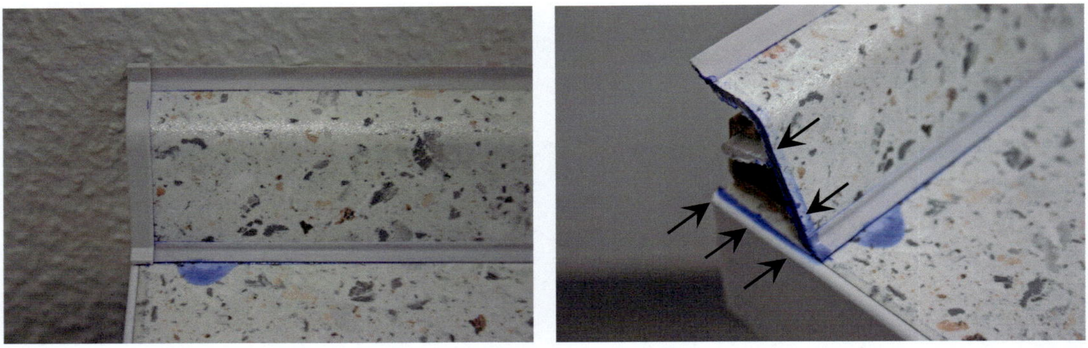

Bild 5.62 Auf die Fuge zwischen Platte und Abschlussleiste wurde ein Tropfen blau gefärbtes Wasser getropft. Nach dem Abnehmen der Endkappe der Leiste zeigt sich, dass das Wasser kapillar genau auf die Klebstofffuge des Anleimers gesaugt wird. Das Wasser wird auch zwischen der Abschlusskappe und der Abschlussleiste kapillar hochgesaugt.

Bild 5.63 Um den Einfluss der Kapillarität zu demonstrieren, wurden zwei Objektträger in einem spitzen Winkel zueinander in gefärbtes Wasser gestellt. Das mit verringernder Spaltbreite hyperbelförmig höher aufsteigende Wasser zeigt, dass gerade sehr dünne Kapillaren Wasser in beeindruckende Höhen saugen können [45].

5.8.4 Dichte

Dichte ist die Masse pro Volumeneinheit eines Körpers in kg/m³ oder g/cm³. Da die Dichte mit vielen Materialeigenschaften sehr eng korreliert (Festigkeiten, Härte siehe Kapitel 4.7.4) kann sie eine wichtige Größe bei Schadensanalysen sein.

Mit einer Waage und einer Schieblehre kann die Dichte bestimmt werden. Die Proben werden je nach Zustand mit einem scharfen Messer, einer Säge oder einem Hobel möglichst kantenparallel zugerichtet und genau vermessen. Die Methode ist bei Materialien mit beliebigem Wassergehalt möglich. Die exakte Zurichtung der Proben sowie die Vermessung können bei stark abgebauten Proben oder Proben mit Rissen oder starken Faserabweichungen schwierig sein.

Mit der Treffermethode (Kapitel 5.2.7) kann die Dichte von Holz auch am Mikroskop abgeschätzt werden, da die Dichte der Zellwände von Holz unabhängig von der Holzart ca. 1,5 g/cm² beträgt. Aus dem Verhältnis von Zellwand zu Porenraum kann somit die Dichte eines Holzes abgeschätzt werden.

Archimedisches Prinzip

Eine an einer dünnen Nadel befestigte Probe mit beliebigen Abmessungen wird in ein mit Wasser gefülltes Gefäß untergetaucht (Bild 5.64). Dabei nimmt die Masse des Gefäßes um das Gewicht des verdrängten Wassers zu. Trockene Proben können von der Prüfung lackiert werden, um die Wasseraufnahme zu minimieren.

Bild 5.64 Volumenbestimmung nach dem archimedischen Prinzip. Eine an einer Nadel aufgespießte Probe verdrängt eine ihrem Volumen entsprechende Menge Wasser. Das Volumen der Probe beträgt also ca. 13,77 cm³.

Dichteprofile von Holzwerkstoffen

Das Dichteprofil von Holzwerkstoffen kann durch Gammadurchstrahlung bestimmt werden (Kapitel 5.8.4). Aus den Dichteprofilen kann auf die Herstellungsbedingungen und die Eigenschaften der Platten geschlossen werden [15], [14]:

- Nicht symmetrische Dichteprofile zeigen werkseitige verfahrenstechnische Probleme oder ein einseitiges Abschleifen der fertigen Platten. Asymmetrische Platten können sich verformen und sind generell ein Indiz für Fehler beim Fertigungsprozess.
- Ein besonders starker Abfall der Rohdichte in der Mittellage führt tendenziell zu Platten mit geringer Querzugfestigkeit. Eine zu geringe Querzugfestigkeit kann zu Spaltern und Rissen in den Schmalflächen führen.
- Wenn das Dichteprofil am Rand der Deckschichten abfällt, wurde die Presshaut meist nicht ausreichend abgeschliffen (Bild 5.66). Die Presshaut entsteht zwangsläufig, weil durch den direkten Kontakt mit den heißen Pressblechen der Klebstoff teilweise aushärtet, bevor die Presse geschlossen ist. Je schneller die Presse geschlossen wird, desto dünner ist diese Presshaut. Die Oberfläche der Presshaut ist wasserabweisend (hydrophob) und kann daher nicht zufriedenstellend beschichtet oder verklebt werden. Zudem ist die Presshaut auch eine Lockerzone. Wenn sie nicht ausreichend abgeschliffen wird, kann die Festigkeit der Plattenoberfläche für Beschichtungen und Verklebungen zu gering sein.

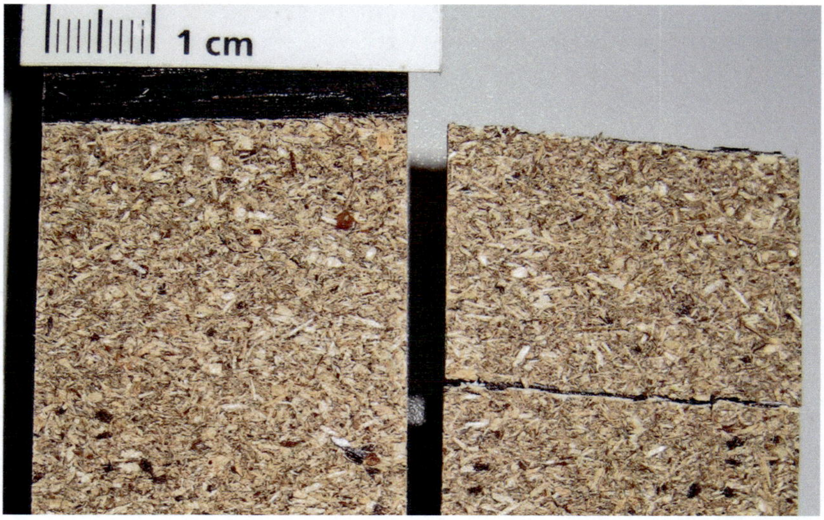

Bild 5.65 Das Furnier einer Spanplatte hat sich gelöst. Auf der Unterseite des abgelösten Furniers haftet die Oberfläche der Spanplatte (rechts). Wenn Beschichtungen sich vom Holzwerkstoff lösen und der Bruch im Holzwerkstoff erfolgt, ist eine Bestimmung des Dichteprofils sinnvoll.

Grundsätzlich ist bei der Interpretation von Rohdichteprofilen viel Erfahrung notwendig. Außer bei bestimmten Tieffräsqualitäten von MDF ist das Dichteprofil kein Maßstab einer Produktqualität. Ein besonders auffälliges Dichteprofil kann zwar eine Erklärung für ein bestimmtes Verhalten der Platten liefern (Bilder 5.65 und 5.66), andererseits können auffällige Rohdichteprofile aber auch in der Praxis völlig folgenlos bleiben und bei Platten vorkommen, die alle normativen Vorgaben erfüllen (Bilder 5.67 und 5.68).

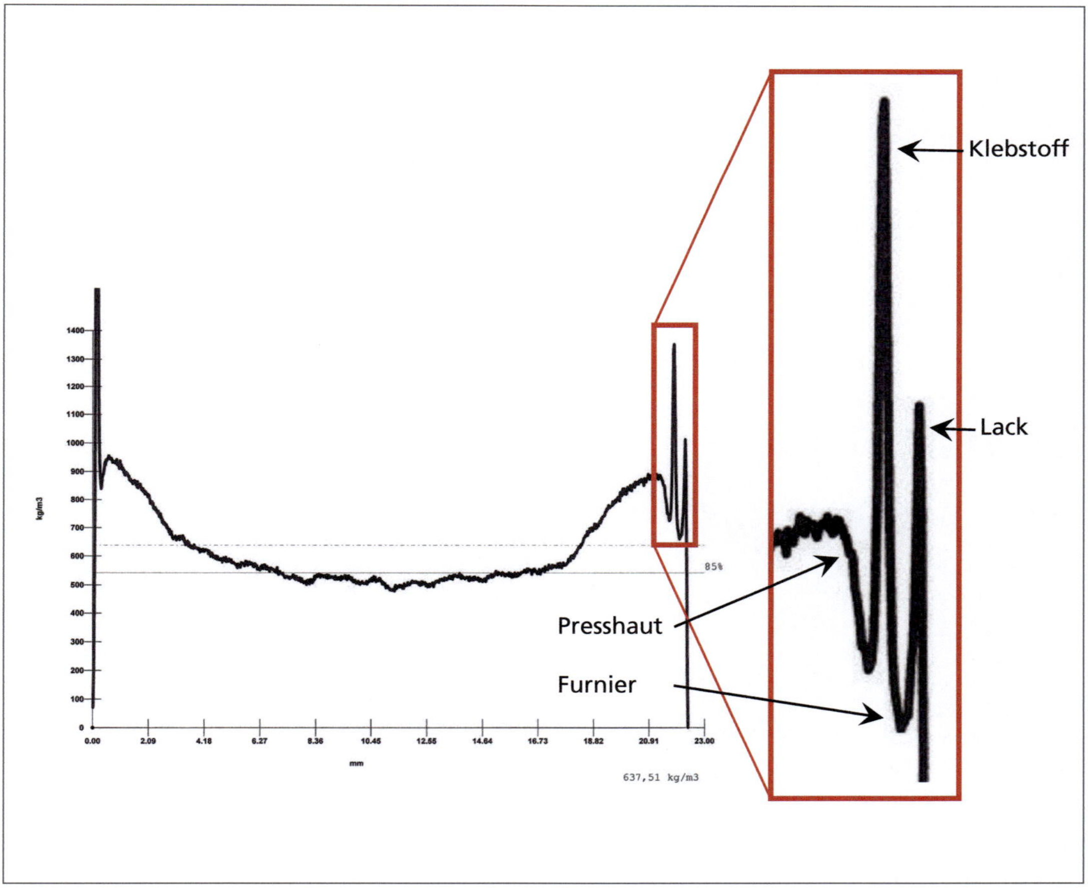

Bild 5.66 Das Dichteprofil der furnierten Spanplatte aus Bild 5.65 zeigt den Abfall der Dichte an der Oberfläche der Spanplattendeckschicht. Offensichtlich wurde die Presshaut der Spanplatte nicht vollständig abgeschliffen.

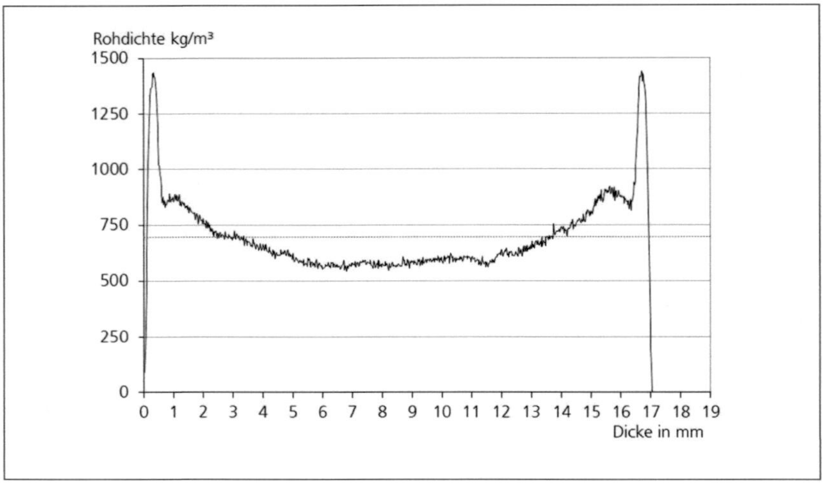

Bild 5.67 Dichteprofil einer mit Dekorpapier beschichten Spanplatte. Trotz der offensichtlich nicht vollständig abgeschliffenen Presshaut und der nicht symmetrischen Dichte an den Plattenoberflächen war die Abhebefestigkeit der Platten deutlich oberhalb der normativen Anforderungen.

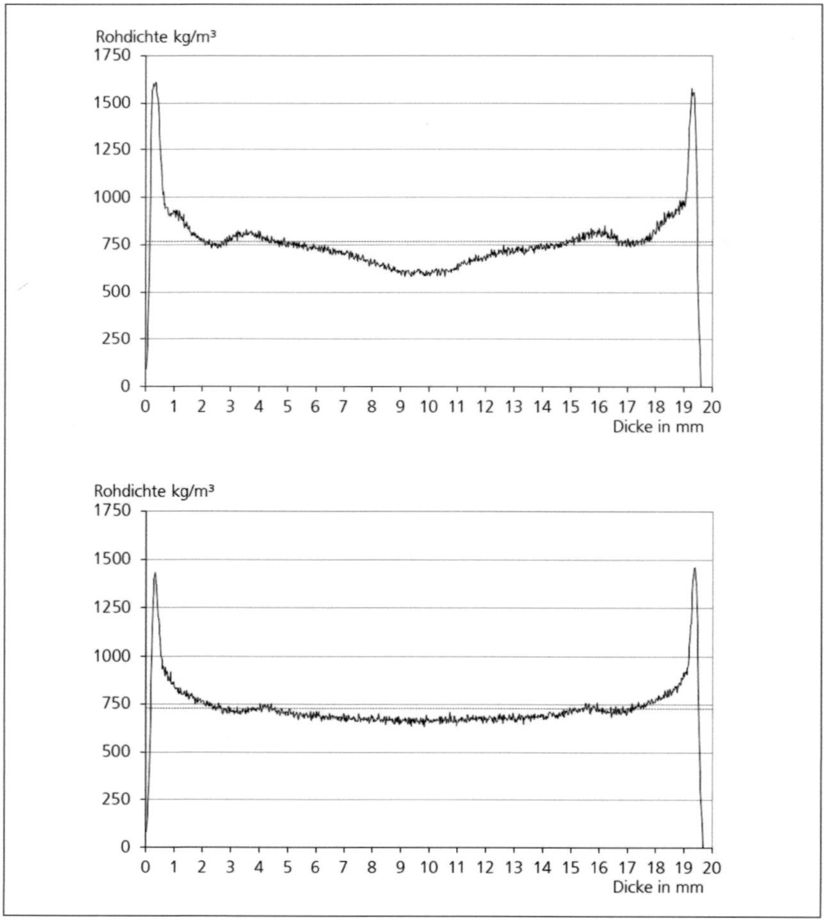

Bild 5.68 Dichteprofil von zwei lackierten MDF aus einem Schadensfall. Trotz des starken Dichteabfalls in der Mitte der oberen Probe entsprach die Querzugfestigkeit den Normanforderungen, während die Probe unten ein zwar sehr gleichmäßiges Dichteprofil zeigt, die Querzugfestigkeiten jedoch deutlich unter den Normvorgaben lagen.

5.8.5 Wärmefluss-Thermographie

Viele Strukturen in Holz und Holzwerkstoffen, die zur Schadensaufklärung beitragen können, zeichnen sich durch einen gegenüber der Umgebung veränderten Wärmefluss aus. Der Wärmefluss wird vor allem durch die Dämmwirkung/Wärmeleitfähigkeit und die Wärmekapazität des Materials beeinflusst. Die daraus resultierenden Temperaturdifferenzen von Oberflächen können mit Wärmebildkameras sichtbar gemacht werden.

Eine besonders hohe Dämmwirkung hat Luft. Daher kontrastiert der Wärmefluss im Bereich von Lufteinschlüssen besonders stark mit der Umgebung ohne Luftschichten. Wenn Schichten sich voneinander trennen, ist der thermische Kontakt zwischen den Schichten aufgehoben oder verringert und es bildet sich oft eine minimale Luftschicht. Dieses unterschiedliche thermische Verhalten kann mittels spezieller thermographischer Techniken zerstörungsfrei erkannt werden. Nachweisbar sind auch Zonen besonders hoher Wärmeleitfähigkeit (Äste, durchfeuchtete Zonen etc.).

Auf das zu untersuchende Bauteil wird ein kurzer Wärmeimpuls mit einem Heizstrahler oder Blitzlampen aufgebracht und das Abkühlverhalten der Oberfläche wird in einem Film festgehalten. Der Wärmeimpuls erzeugt eine Wärmefront, die in das Objekt eindringt, während die Oberfläche sich abkühlt. Wird die Ableitung der Wärme ins Objektinnere durch Fehlstellen mit hoher Wärmedämmung behindert, bleibt die Oberfläche über der Fehlstelle länger warm (Bild 5.69). Die Luftschicht unter einem fehlerhaft verklebten Furnier verhindert, dass die aufgebrachte Wärme schnell in den Untergrund abfließen kann. Die Fehlstelle wird daher sofort durch eine um wenige hundertstel Grad erhöhte Oberflächentemperatur sichtbar. Ein tieferliegender Defekt wird sich erst nach einiger Zeit thermographisch bemerkbar machen. In Abhängigkeit von der Wärmeleitfähigkeit und der Wärmekapazität der Materialien und deren Unterschiede können größere Defekte noch in Tiefen von mehreren Zentimetern unter der Oberfläche erkannt werden [1].

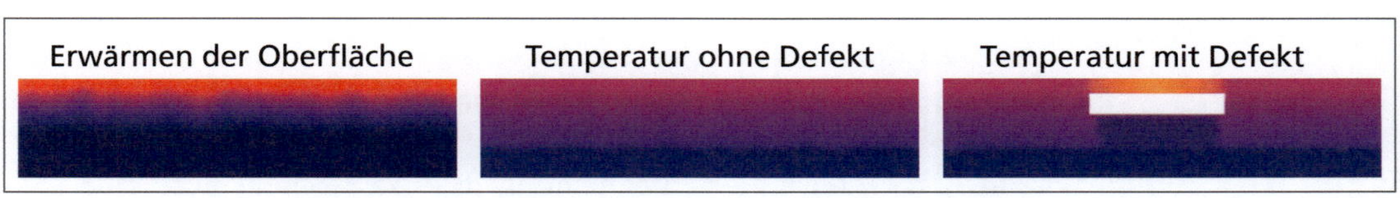

Bild 5.69 Temperaturverteilung in einem Querschnitt während der Wärmeflussthermographie: Die Oberfläche des Untersuchungsobjekts wird kurz erwärmt. Die Wärmefront dringt in das Objekt ein und die Oberfläche kühlt ab. Dort wo eine Fehlstelle das Eindringen der Wärme in die Tiefe behindert, bleibt die Oberfläche wärmer.

Bild 5.70 Thermografische Abbildung einer Wandfläche aus furnierten Stäben. Auf mehreren hundert Quadratmetern Wand- und Deckenflächen hatte sich an manchen Stellen das Furnier von den Stäben gelöst. Vor Ort wurden Wände mit einem vorbeigeführten Heizstrahler kurz erwärmt. In der thermographischen Aufnahme zeigen helle Flächen Zonen ohne Haftung zum Untergrund. Derartige Zonen kamen auch an vielen Stellen vor, die bei visueller Betrachtung nicht erkannt worden waren. Das thermographische Detailbild rechts zeigt die Schadensursache: Unverpresste Klebstoffraupen in der Mitte des Stabes.

Mit üblichen relativ preiswerten Kameras für die Bauthermographie können die sehr geringen Temperaturunterschiede kaum gemessen werden. Das Verfahren bleibt daher derzeit noch Spezialisten vorbehalten. Das Einsatzgebiet der Wärmeflussthermographie sind einerseits wertvolle Objekte, die bei der Untersuchung nicht zerstört werden dürfen. Das Verfahren hat sich auch bewährt, um zu Beginn einer Untersuchung diejenigen Stellen zu identifizieren, bei denen eine weitergehende Untersuchung besonders erfolgreich sein wird. Außerdem bietet sich das Verfahren dort an, wo sehr große Flächen untersucht werden sollen. Bild 5.70 zeigt ein Beispiel einer thermographischen Untersuchung an größeren Wandflächen. Es war zu entscheiden, ob eine lokale Nachbesserung der visuell erkennbaren Fehlstellen ausreicht, oder ob eine vollflächige Sanierung notwendig ist.

In Bild 5.71 ist die Untersuchung der Tragflächenspitze eines Segelflugzeugs dokumentiert. Die Qualität der Verklebung zwischen der Beplankung aus Flugzeugsperrholz und der Unterkonstruktion ist mit dieser Methode gut erkennbar.

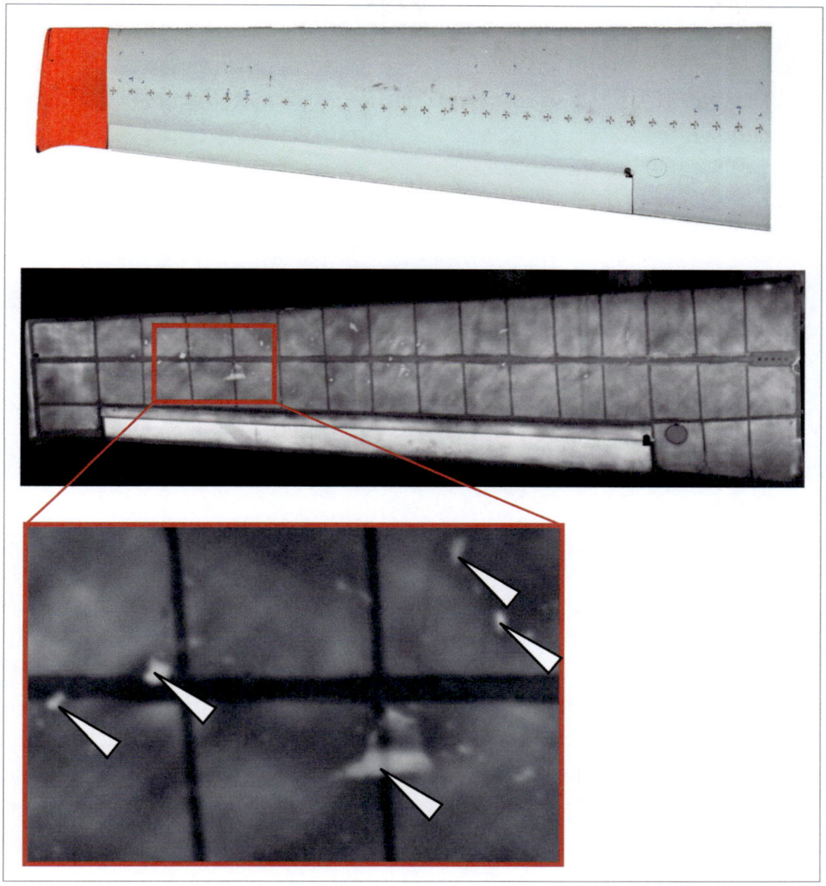

Bild 5.71 Wärmeflussthermographie an der 3,7 m langen Tragfläche eines Segelflugzeugs; kleinere Zonen mit fehlendem Klebstoff in der Sperrholzbeplankung erscheinen hell. Der Verlauf der Rippen des Flügels und deren gute Verklebung mit der Sperrholzbeplankung sind an der dunkleren Farbe erkennbar.

5.8.6 Abschätzen von Spannungen

Es ist ein Grundprinzip vieler Holzwerkstoffe, dass Schichten sich gegenseitig absperren. Druckspannungen einer Schicht können so lange auf die angrenzende Schicht übertragen werden, bis die Grenzfläche oder eine der Schichten versagt. Solange das Material intakt ist, stehen Druck- und Zugspannungen im Gleichgewicht und sind damit unsichtbar. Sie werden allerdings durch Formänderung sichtbar, wenn die Grenzflächen zwischen den Schichten künstlich zerstört (freigeschnitten) werden.

Spannungen in Hölzern und Holzwerkstoffen resultieren häufig aus Feuchteunterschieden. Wenn die Proben nach dem Freischneiden gleichmäßig klimatisiert werden, kann sowohl die Spannung im Ursprungszustand – bei möglicherweise nicht homogener Feuchteverteilung – bestimmt werden und anschließend die Spannungen, die unabhängig von Feuchtedifferenzen in dem Material vorhanden sind.

Umgekehrt kann aufgrund des häufig gegebenen klaren Zusammenhanges von Feuchte und Spannung durch das Freischneiden auch die Feuchte während des Produktionsprozesses abgeschätzt werden. Und zwar die Feuchte von genau dem Moment, in dem der Klebstoff so weit ausgehärtet war, dass er die Schichten gegeneinander fixieren konnte (also üblicherweise am Ende des Verpressens).

Obwohl damit theoretisch die Holzfeuchte während der Produktion quasi ›eingefroren‹ und für spätere Beurteilungen immer zugänglich ist, gilt die wichtige Einschränkung, dass Spannungen als plastische Verformung abgebaut werden können. Daher ist davon auszugehen, dass die beobachteten Spannungen stets geringer sind als die ursprünglich vorhandenen Spannungen. Denn ein Teil der Spannungen hat sich bereits durch plastische Verformungen abgebaut [9].

Harzgetränkte Papiere schrumpfen beim Direktverkleben. Die daraus resultierenden Zugspannungen zur Trägerplatte können durch Freischneiden abgeschätzt werden (Bild 5.72). Bei Zugspannungen in der Beschichtung wölbt sich die freigeschnittene Schicht von der Platte weg. Eine große Verformung (im Vergleich zu Erfahrungswerten oder durch den Vergleich mit ähnlichen Materialien) zeigt hohe Spannungen zwischen Beschichtung und der Deckschicht der Trägerplatte. Die Verformung gibt jedoch keine sicheren Informationen über das Schrumpfen der Beschichtung, da auch die Feuchte der Trägerplatte beim Aufkleben der Beschichtung einen Einfluss hat. Ob es sich daher um ein Schrumpfen der Beschichtung oder ein Quellen der Trägerplatte handelt, ist zunächst nicht zweifelsfrei feststellbar.

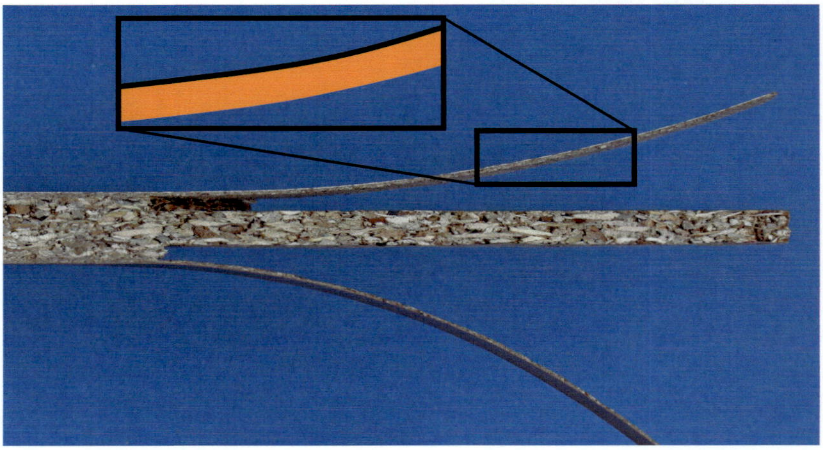

Bild 5.72 Spannungen zwischen der Beschichtung und der Deckschicht der Trägerplatte zeigen sich durch Verformungen der 1,7 mm dicken freigeschnittenen Randstreifen.

5.9 Mikroskopie

Mikroskopische Untersuchungen sind für die Klärung und die Dokumentation von vielen Schadensursachen unentbehrlich. Manche Fragestellungen sind dabei bereits mit sehr einfachen Mikroskopen ohne teure Spezialausrüstung lösbar. Mit vier Blättern Schleifpapier ausgerüstet (P 220, P 500, P 1 000 und P 3 000) sowie einem USB-Mikroskop für zum Teil weniger als 100 Euro bei sehr einfachen Modellen, kann ein engagierter Sachverständiger bereits Untersuchungen durchführen, für die traditionell nur spezialisierte Labore infrage kamen.

Spezialisierte Mikroskopiertechniken haben ihre Bedeutung allerdings nicht verloren. Besonders mit polarisations- und fluoreszenzmikroskopischen Untersuchungen sowie mit geeigneten Färbemethoden lassen sich manche Fragen erst beantworten. Darüberhinausgehende Methoden wie Phasenkontrast oder DIC sind selten wirklich notwendig, so dass sie hier nicht weiter beschrieben werden. In dem Buch von [113] Wülfert (1999) sind viele auch für holzkundliche Schadensanalysen verwendbare sehr einfache, aber auch sehr spezielle Methoden aufgeführt.

In seltenen Fällen kann auch die Untersuchung mit einem Rasterelektronenmikroskop (REM) zur Aufklärung von Schadensursachen an Holz und Holzwerkstoffen beitragen. Trotz der gegenüber dem Lichtmikroskop um bis zu 100fach höheren möglichen Vergrößerung wird das REM jedoch üblicherweise nur benutzt, um die an einer bestimmten Stelle vorhandenen chemischen Elemente mittels EDX (Kapitel 5.10.2) zu untersuchen. Nachteile des REM gegenüber Lichtmikroskopen sind:

- Die Bilder sind nicht farbig. Manche Schichten oder Partikel, die im Lichtmikroskop aufgrund ihrer Farbe sofort eindeutig erkennbar sind, bleiben im REM unsichtbar.
- Übliche Rasterelektronenmikroskope benötigen ein sehr starkes Vakuum. Dabei wird den Proben alle Feuchtigkeit entzogen. Aufgrund der Empfindlichkeit von Holz- und Holzwerkstoffen kann daher nie ausgeschlossen werden, dass bestimmte Risse oder andere Phänomene erst durch die Trockung entstanden sind.

Auf elektronenmikroskopische Methoden wird daher im Weiteren nicht eingegangen.

Bei den hier vorgestellten lichtmikroskopischen Verfahren sind grundsätzlich die Auflicht- und die durchlichtmikroskopische Untersuchung zu unterscheiden (Bild 5.73). Zur durchlichtmikroskopischen Untersuchung müssen aus den Proben Dünnschnitte hergestellt werden. Dies kann mit einem speziellen Schneidgerät, einem Mikrotom erfolgen, oder aber von geübten Anwendern von Hand mit einer Rasierklinge. Die Beleuchtung erfolgt von unten – also durch die Probe

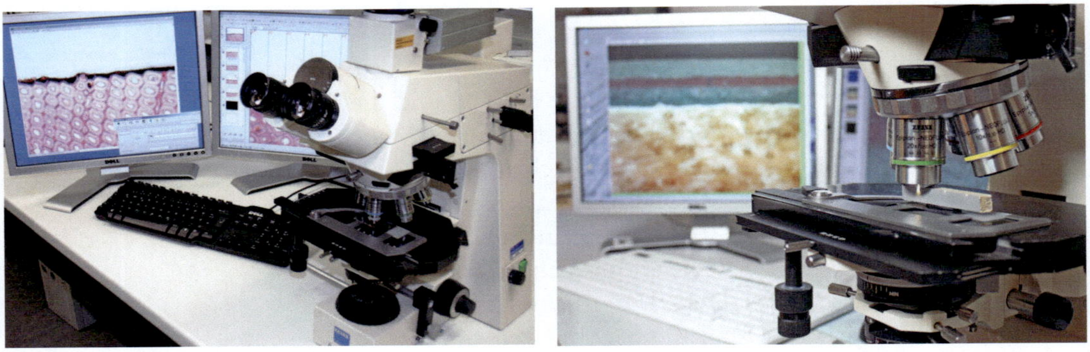

Bild 5.73 Universalmikroskop für Durchlicht- und Auflichtmikroskopie

hindurch. Dagegen können mit auflichtkmikroskopischen Verfahren auch Oberflächen ohne Präparation untersucht werden. Querschnitte werden jedoch üblicherweise durch sehr feines Schleifen oder durch Schneiden mit einem Mikrotommesser geglättet. Die Beleuchtung erfolgt von oben, bzw. seitlich.

Für alle mikroskopischen Untersuchungen gilt, dass die Probenahme und die Repräsentativität des gewählten Bildausschnitts von großer Bedeutung sind. Je höher die Vergrößerung, desto kleiner ist der Bildausschnitt und desto größere Erfahrung ist bei der Beurteilung der Befunde erforderlich. Keine Verklebung und keine Beschichtung ist frei von Fehlstellen, die bei hoher Vergrößerung eine Problematik vorgaukeln können, die für die Praxis gar nicht gegeben ist.

5.9.1 USB-Mikroskope

Zu erstaunlich günstigen Preisen werden USB-Mikroskope mit Vergrößerungen bis 200× angeboten. Diese Mikroskope haben eingebaute Leuchtdioden, so dass die Probe stets gut ausgeleuchtet ist. Es gibt auch (allerdings teurere) Modelle mit Normallicht und UV-Beleuchtung zur Fluoreszenzanregung oder Polfiltern zur Reduzierung von Reflektionen. Auch mit einfachen USB-Mikroskopen lassen sich bereits beeindruckende Analysen durchführen und z. B. die Dicke von Schichten auf ca. ±10 µm genau abschätzen. Diese Mikroskope bewähren sich auch für die Untersuchung und Dokumentation beim Ortstermin (Bild 5.74). Die Mikroskope können in gewissem Umfang auch Endoskope ersetzen, da sie auch normale, unvergrößerte Bilder aufnehmen können und aufgrund ihrer kompakten Bauweise auch an ansonsten unzugänglichen Stellen verwendbar sind (Bild 5.79). Während manche der Kameras über

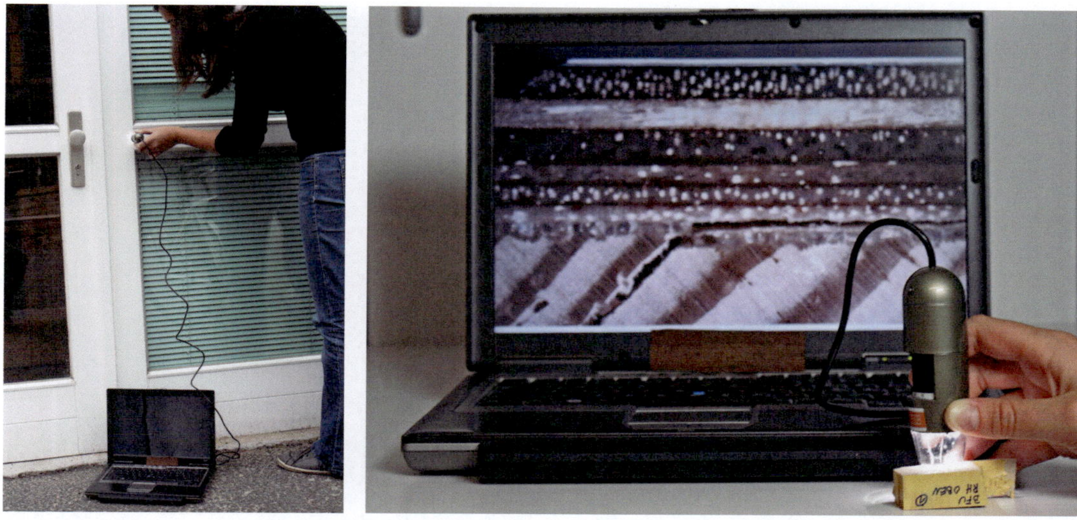

Bild 5.74 Einsatz eines USB-Mikroskops beim Ortstermin und im Labor

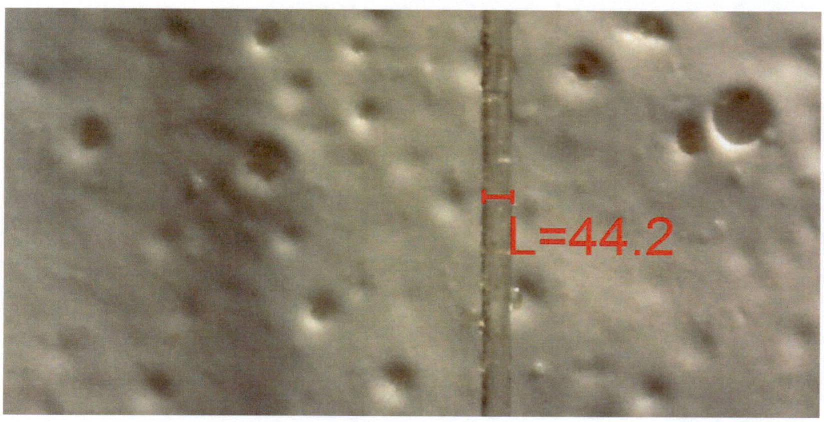

Bild 5.75 Ein Haar von ca. 45 µm als Maßstab auf einer Lackoberfläche; menschliche Haare haben einen Durchmesser von 40 bis 120 µm. Die störende Nachkommastelle ist dem Programm der USB Kamera nicht auszutreiben, obwohl sie eine Genauigkeit vortäuscht, die nicht vorhanden ist.

Maßstäbe direkt kalibrierbar sind, muss man sich bei Kameras ohne diese Möglichkeit mittels Dreisatzrechnung den tatsächlichen Maßen nähern.

Zur Abschätzung von Größen können auch folgende Hilfestellungen angewendet werden:

- Nadelholzzellen sind in tangentialer Richtung ca. 30 µm breit (Bild 5.76).
- Die Kopfhaare eines Menschen sind zwar von Mensch zu Mensch verschieden, jedoch auf einem Kopf relativ gleichmäßig. Haare vom eigenen Kopf können daher als orientierender Maßstab verwendet werden (Bild 5.75).

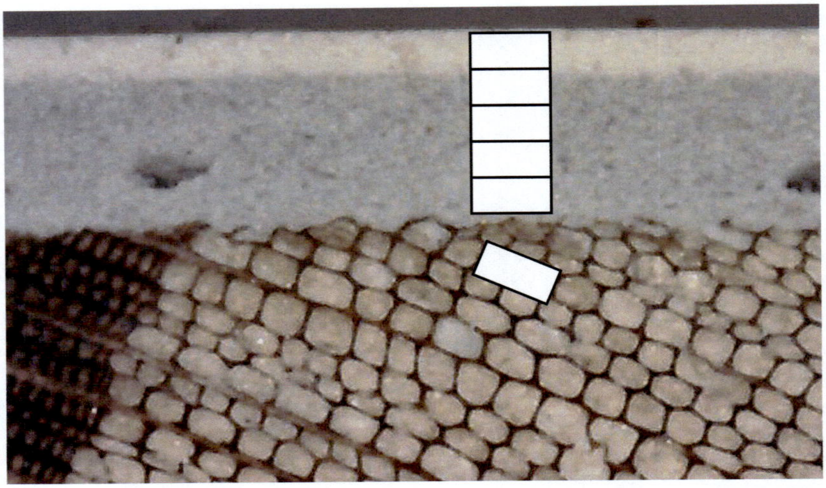

Bild 5.76 Mit einem 1,3 Megapixel USB-Mikroskop aufgenommene Beschichtung auf einem bis Körnung 3 000 geschliffenem Nadelholzquerschnitt. Nadelholzzellen können als orientierender Maßstab mit einer tangentialen Breite von ca. 30 µm verwendet werden. Demnach kann abgeschätzt werden, dass die graue Grundierung ca. 100 µm dick ist und die weiße Deckschicht ca. 40 µm.

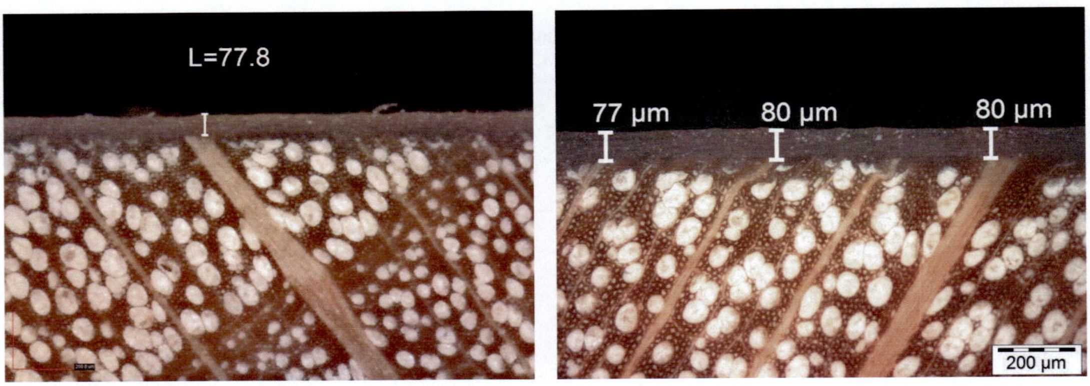

Bild 5.77 Querschliff eines lackierten Buchenparketts. Links aufgenommen mit einem 1,3 Megapixel USB-Mikroskop, rechts dieselbe Probe mit einem Auflichtmikroskop dokumentiert

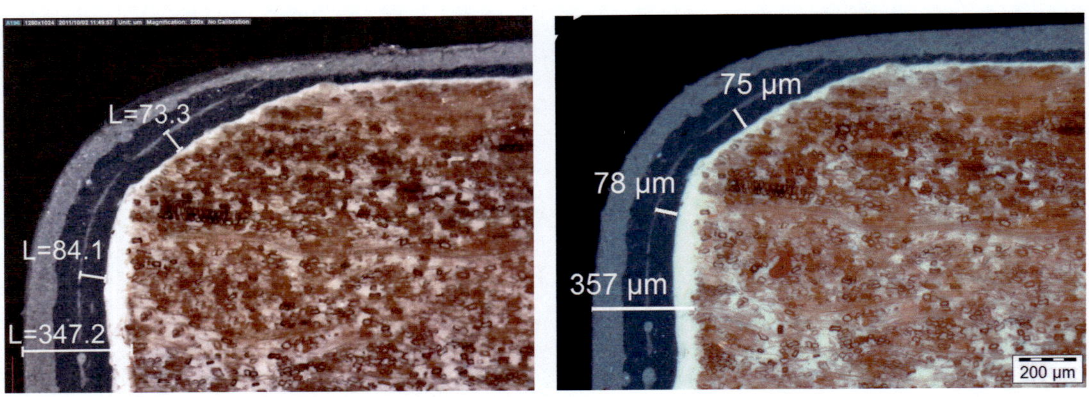

Bild 5.78 Querschliff einer beschichteten MDF-Leiste. Links aufgenommen mit einem 1,3 Megapixel USB-Mikroskop, rechts derselbe Ausschnitt mit einem Auflichtmikroskop dokumentiert.

Bild 5.79 Einsatz von USB-Mikroskopen als Endoskop

In den Bildern 5.77 und 5.78 wird demonstriert, dass mit USB-Mikroskopen in manchen Fällen mikroskopische Aufnahmen möglich sind, die der Qualität von klassischen auflichtmikroskopischen Aufnahmen nur wenig nachstehen.

5.9.2 Probenpräparation

In der klassischen Holzmikroskopie wird fast ausschließlich mit Dünnschnitten gearbeitet und stückige Proben werden allenfalls am Elektronenmikroskop untersucht. So sinnvoll dies für tiefgehende wissenschaftliche Untersuchungen ohne ökonomischen und zeitlichen Druck sein mag, so ungeeignet ist dieses Vorgehen oft zur Analyse von Schäden, bei denen es auf den Überblick, die Verteilung von Merkmalen und ein angemessenes Verhältnis von Ergebnis und Aufwand ankommt. Zudem lassen sich von vielen Verbundmaterialien und Holzwerkstoffe

(z. B. HPL auf Spanplatte) keine Dünnschnitte herstellen. Fast alle Materialien können jedoch an Anschliffen gut und schnell mikroskopisch untersucht werden.

Anschliffe

Wenn größere Querschnitte in einem Stück untersucht werden oder wenn sehr harte Beschichtungen oder problematische Untergründe untersucht werden sollen, bieten sich Anschliffe und Dünnschliffe an. Vorteilhaft ist, dass die Proben trocken bleiben und beim Schleifen meist weniger mechanisch beansprucht werden als beim Schneiden. Die Proben können wesentlich größer sein als typische Dünnschnitte. Ein Anschliff des vollständigen Querschnitts einer Fensterkantel bis Körnung P 3 000 dauert ca. 3 min. Die Schichtdicke und der Schichtaufbau des gesamten Querschnitts der Kantel kann somit im Verbund untersucht werden. Ein typisches Fensterprofil hat einen Umfang von fast 20 cm (vgl. Bild 5.9). Geht man von maximal 10 mm breiten Mikrotomschnitten aus, müssten für die gleiche Fläche ca. 20 Schnitte angefertigt werden. Nachteilig ist die limitierte Vergrößerung bei der Auflichtmikroskopie. Vergrößerungen über 500 × sind damit in der Regel nicht möglich, während durchlichtmikroskopische Untersuchungen bis ca. 1 200 × sinnvoll sind. Manche Färbemethoden, echte Polarisationsmikroskopie und weitere mikroskopische Verfahren sind zudem nur bei Dünnschnitten möglich.

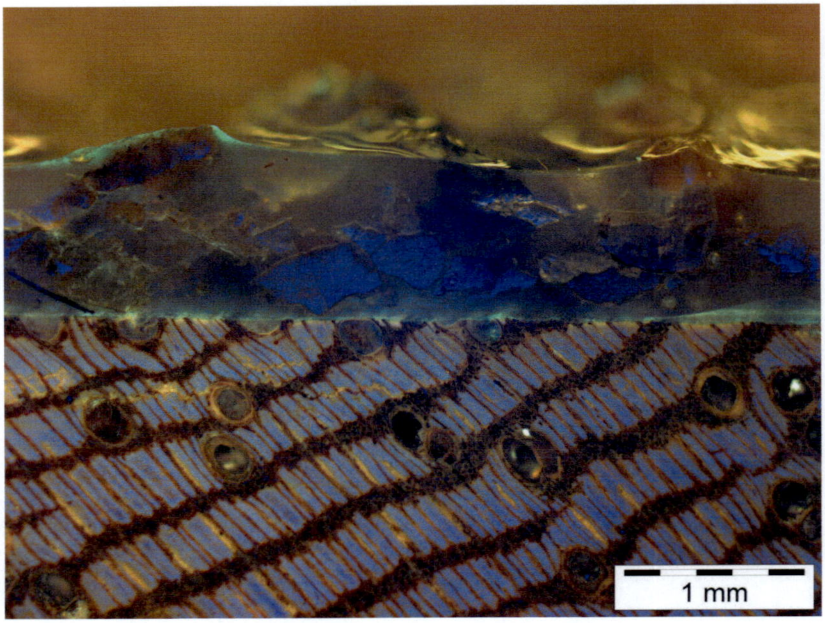

Bild 5.80 Querschliff einer Brückenbohle aus Bongossi (UV-Fluoreszenz). Die Beschichtung besteht aus Epoxidharz mit Sandeinstreu. Mit einem Mikrotommesser sind derartige Materialien nicht schneidbar.

Bei üblicher Beleuchtung sind durchlichtmikroskopische Bilder in der Regel wesentlich brillianter. Speziell bei Fluoreszenzbetrachtung sind auch geschliffene Auflichtpräparate von vergleichbarer Farbintensität und Schärfe. Als unaufwändiges Standardverfahren bietet sich die Auflichtmikroskopie für die meisten Routineanwendungen an (Bild 5.80).

Die Proben mit einem Format von z. B. 6 mm bis 20 mm Breite, 20 mm bis 80 mm Länge und ca. 15 mm Höhe werden z. B. mit Körnung P 220, P 500, P 1 000 und P 3 000 für jeweils ca. 30 Sekunden geschliffen (Bild 5.81). Vor der nächsten Körnung wird der Schleifstaub gegebenenfalls abgeblasen. Es ist wichtig die Probe nicht zu verkanten. Mit etwas Übung gelingt dies bei nicht zu kleinen Proben. Sehr schmale und/oder kurze Proben erfordern einige Erfahrung. Viele Schleifpapiere

Bild 5.81 Schleifen von Hand; verwendet werden z. B. Papiere der Körnungen P 220, P 500, P 1 000 und P 3 000. Geschliffen wird bevorzugt in Längsrichtung der Probe, weil damit die Gefahr des Verkantens am geringsten ist. Um die Schleifspuren der vorangegangenen Körnung zu beseitigen kann aber auch quer oder kreisförmig geschliffen werden. Auf die Probe wird nur ein geringer Druck ausgeübt. Die Unterlage muss absolut plan sein – Übung macht den Meister.

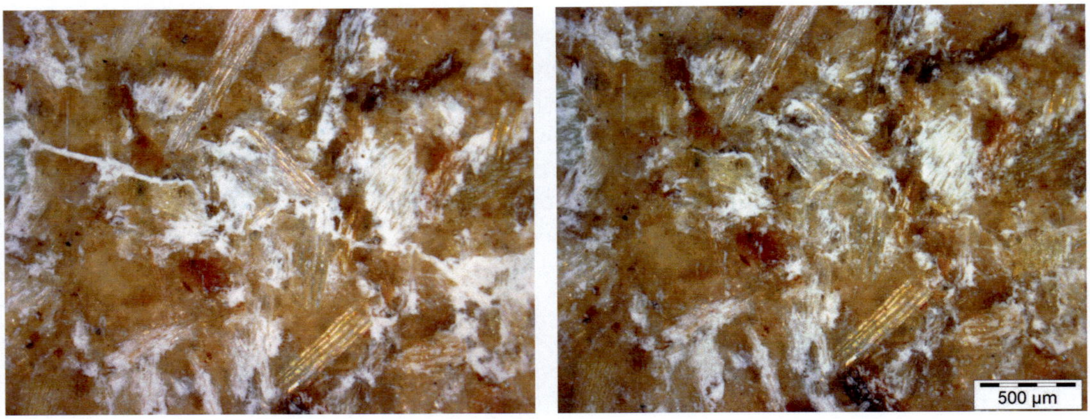

Bild 5.82 Geschliffene Oberfläche einer Spanplatte. Vor dem Abblasen mit Druckluft (links) ist der Riss in der Oberfläche der Platte gut zu erkennen, ohne die kontrastierende Wirkung des Schleifstaubs (rechts) ist der Riss fast nicht sichtbar.

hinterlassen auf der Probe Schleifkörner, die auf Mikrofotos unschön sind und Befunde verdecken können. Um Schleifkörner weitgehend zu vermeiden, müssen erfahrungsgemäß Schleifpapiere unterschiedlicher Hersteller verwendet werden, da kein Hersteller geeignete Papiere in allen Körnungen liefert.

Der weiße Schleifstaub setzt sich bei dieser Methode in allen Hohlräumen fest und ist dort allenfalls durch intensives Abblasen mit Druckluft entfernbar. Kleinste Hohlräume und Enthaftungen sind daher auf geschliffenen Flächen anhand des weißen Schleifstaubs sehr gut erkennbar, auch wenn das Präparat dadurch an Natürlichkeit verliert (Bild 5.82). Soll der Schliff frei von Schleifstaub sein, kann die Oberfläche zunächst mit einem geeigneten Harz, z. B. Cyanacrylat, Epoxid oder Polyester gefüllt werden.

Sehr kleine Proben können zunächst in Kunstharz eingegossen werden. Hinweise für Anschliffe und Dünnschliffe finden sich in [113]. Kleine oder dünne Proben können auch mit z. B. Cyanacrylat (Sekundenkleber) auf einen Träger geklebt und so als handliche Probe geschliffen werden (Bilder 5.83 und 5.84). Aufgrund der geringen Tiefenschärfe von Mikroskopen ist es entscheidend, dass die zu untersuchende Oberfläche plan in der Bildebene liegt. Dazu können die Proben mit einer Schliffpresse in eine geeignete weiche Masse gepresst werden (Bild 5.85).

Sind mehrere dünne Proben zu schleifen, können sie zu einem Paket zusammengeklebt werden. Vorteilhaft ist, dass man so mehrere Proben auf einmal mikroskopisch betrachten kann und Unterschiede zwischen den Proben gut erkennbar sind. Zudem ist mit dieser Methode sicherge-

Bild 5.83 Um den Querschnitt dieses Schichtstoffes zu schleifen, wurde er beidseitig auf eine Holzleiste 10 mm × 10 mm geklebt.

Bild 5.84 Sehr kleine Proben werden zum Schleifen mit Sekundenkleber auf ein Holzstück geklebt.

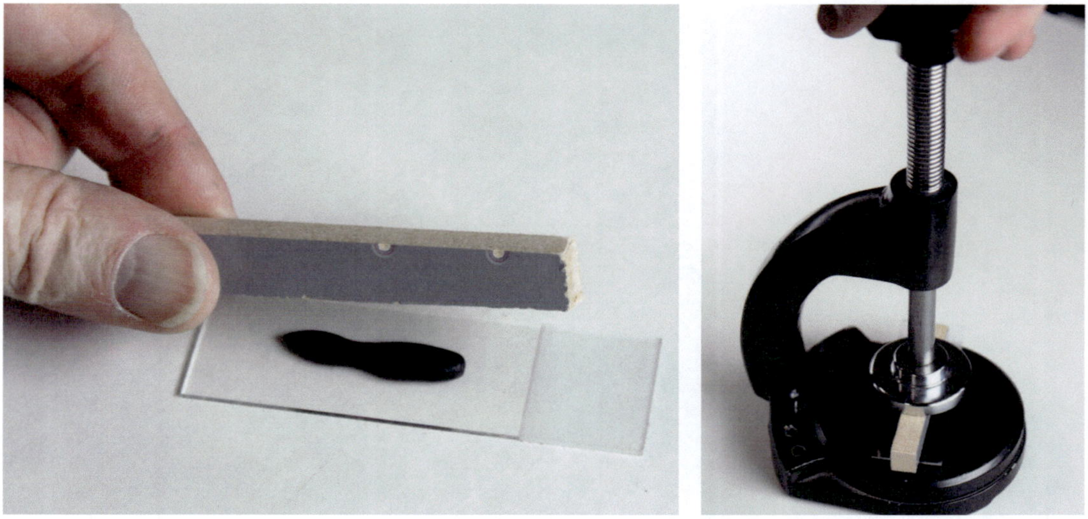

Bild 5.85 Querschliffe werden auf einer geeigneten Masse auf einem Objektträger fixiert. Mit einer Schliffpresse wird die geschliffene Fläche exakt parallel zu dem Objektträger ausgerichtet.

Bild 5.86 Mehrere Furniere werden zu einem Block verklebt und können so geschliffen werden.

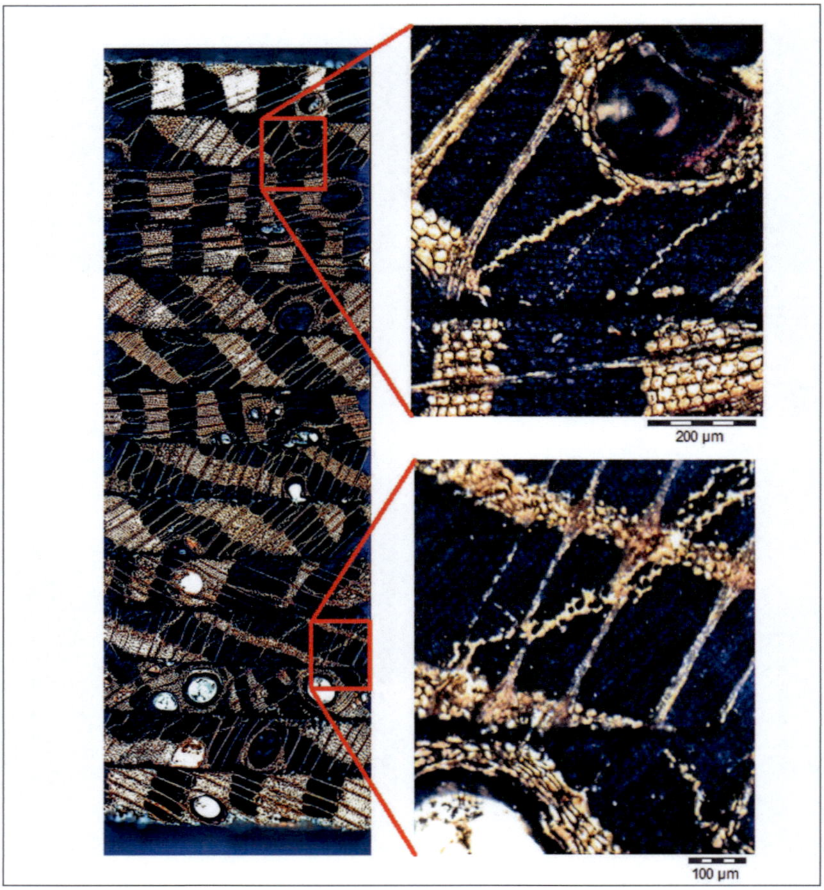

Bild 5.87 Um die Rissbildung in verschiedenen Wengefurnieren zu vergleichen, wurden die aufeinander geklebten Furniere als Block geschliffen und auflichtmikroskopisch untersucht. Durch Bildbearbeitung wurden die Kontraste verstärkt.

stellt, dass die mechanische Belastung der Präparation bei allen Proben gleich ist und Fehlinterpretationen durch z. B. Zelldeformationen beim Herstellen von Dünnschnitten vermieden werden (Bilder 5.86 und 5.87).

Dünnschliffe

Von ansonsten nicht schneidbaren Proben können auch Dünnschliffe hergestellt werden (Bild 5.88). Es gibt Firmen, die die Herstellung von Dünnschliffen anbieten. Da diese Firmen jedoch üblicherweise Dünnschliffe von Mineralien herstellen und die Einbett- und Schleifmethoden dementsprechend für derartige Materialien optimiert sind, sind die Resultate bei Holzproben nicht bei allen Anbietern zufriedenstellend. Üblicherweise sind derartige Schliffe ca. 20 µm dick. Es können jedoch auch dünnere Schliffe hergestellt werden. In manchen Fällen ist es sinnvoll, ein gefärbtes Einbettharz zu verwenden, um dieses sicher von dem Ausgangsmaterial unterscheiden zu können.

Mit etwas Übung können Dünnschliffe auch von Hand hergestellt werden. Dass die Schliffe in dem Fall nie vollständig parallel, sondern stets keilförmig sind, kann in vielen Fällen als Vorteil gewertet werden, da die Schliffdicke bis annähernd Null ausläuft und viele Details besonders gut zu erkennen sind.

Die zu untersuchende Fläche wird bis Körnung P 3 000 geschliffen und mit der geschliffenen Seite z. B. mit Epoxidharz auf einen Objekt-

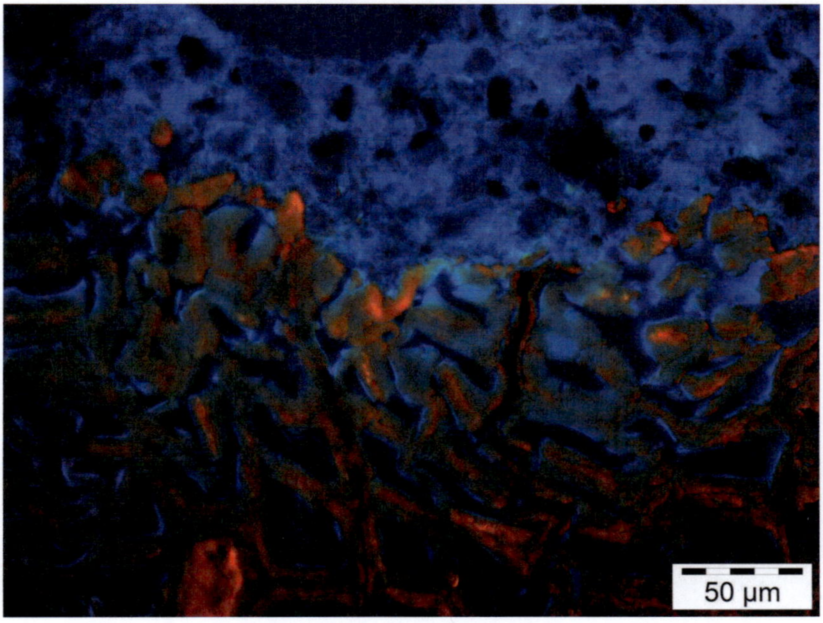

Bild 5.88 Der Dünnschliff einer Zementschicht auf Holz wurde mit Acridinorange gefärbt und bei UV-Fluoreszenzanregung untersucht.

träger geklebt. Anschließend (oder vorher) wird die Probe ca. 1 mm über dem Objektträger abgeschnitten. Nun wird vorsichtig mit kontinuierlich feiner werdender Körnung so abgeschliffen, dass bei der feinsten Körnung nur noch eine hauchdünne Schicht des Schnitts stehen bleibt. In [113] finden sich viele praktische Hinweise zur Herstellung von Dünnschliffen und Anschliffen.

Dünnschnitte

Die Herstellung der Mikrotomschnitte ergibt wertvolle Hinweise über die Beschaffenheit einer Lackschicht. Lassen sich vollständige Schnitte herstellen, ohne dass der Lack beim Schneiden splittert, dann kann er nicht zu spröde sein. Bleibt die gesamte Lackschicht in Verbindung mit dem Deckfurnier, so ist auch die Haftung in Ordnung (Bild 5.89). Eine solche Beurteilung setzt Erfahrung und stets sorgfältig geschliffene Mikrotommesser voraus.

> *»Das Verhalten des Objektes beim Schneiden ergibt die ersten Hinweise auf wichtige Eigenschaften; zu spröde oder stark pigmenthaltige Lacke platzen in kleinen Stücken ab oder zeigen muschelige Schnittflächen. Bei schlechter Verankerung des Lackes im Untergrund löst sich eine elastische Lackschicht wie ein feines Haar vom Furnier ab, unzureichende Verleimungen verhindern die Herstellung zusammenhängender Schnitte, stark rissige Furniere ergeben zerfetzte Schnittbilder«. [85] (Plath, L. 1956)*

Zur mikroskopischen Bestimmung von Holzarten, zur Beurteilung von pilzlichem oder bakteriellem Angriff sowie z. B. zur Detailuntersuchung von Lackschichten sind Dünnschnitte unverzichtbar (Bilder 5.90 und 5.91).

Einbetten in PEG/Klebefilmmethode

Empfindliche Proben oder Proben, die zum Einspannen in den Halter des Mikrotoms zu klein sind, können zunächst in Polyethylenglycol (PEG) eingebettet werden [93]. PEG wird in unterschiedlichen Molekülmassen angeboten. Mit zunehmender Molekülmasse steigen der Schmelzpunkt und die Härte. Gute Erfahrungen wurden mit PEG 2000 gesammelt. Je nach Probenbeschaffenheit wird die Probe entweder in geschmolzenes PEG 2000 (Schmelzpunkt 46 °C) eingebettet und für einige Zeit bei bis zu 103 °C gelagert oder aber in Mischungen aus PEG und Wasser 50/50. Mischungen aus Wasser und PEG werden erhitzt (z. B. bei 103 °C) bis das Wasser vollständig verdampft ist. Die abgekühlten Blöcke können dann z. B. mit einem Mikrotom geschnitten werden (Bild 5.93).

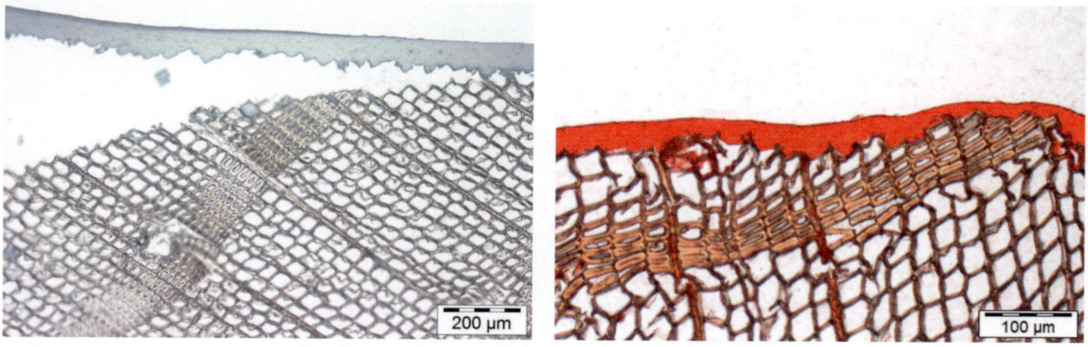

Bild 5.89 Links: Die Lackschicht hat sich beim Schneiden teilweise vom Untergrund gelöst. Der Lackfilm ist dabei nicht gesplittert. In erster Näherung kann daher von einem nicht spröden Lack mit schlechter bis allenfalls befriedigender Nasshaftung ausgegangen werden. Rechts: Nicht spröder Lack mit offensichtlich guter Nasshaftung.

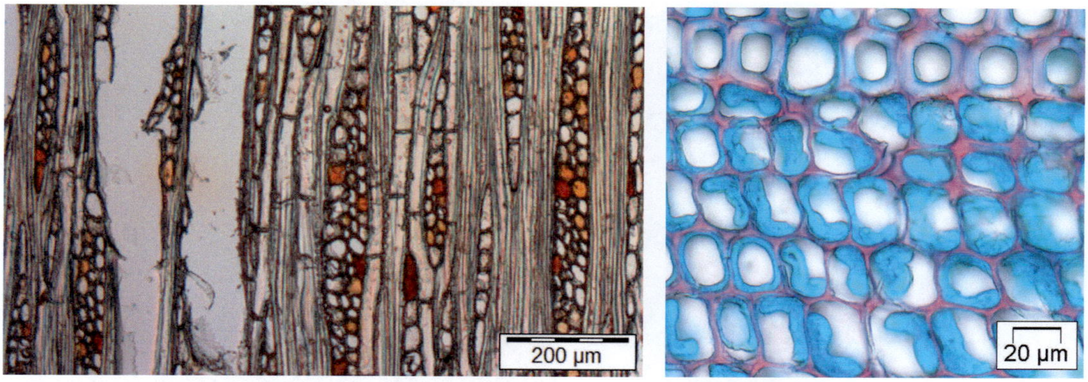

Bild 5.90 Dünnschnitte. Links: Zur Holzartenbestimmung (Abura). Rechts: Bakterieller Befall in Kiefernholz (Färbung Safranin/Astrablau)

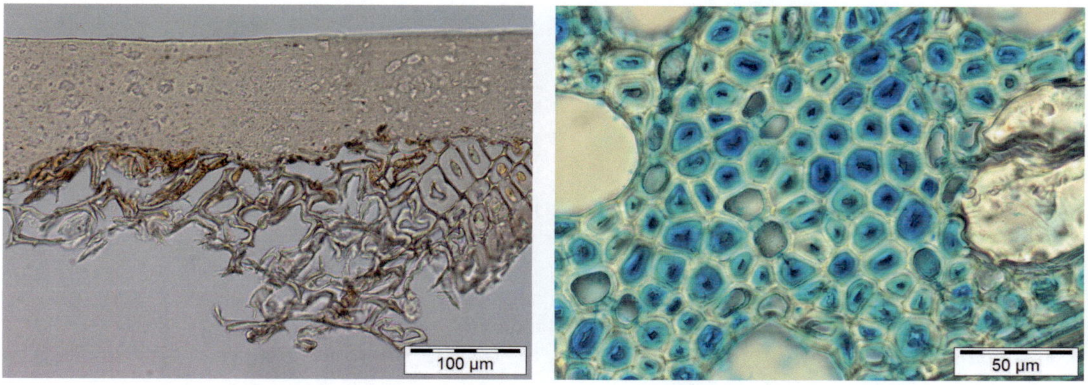

Bild 5.91 Dünnschnitte. Links: Zur detaillierten Untersuchung von Beschichtungen. Rechts: Identifikation von Zugholz in Buche durch Färbung mit Astrablau.

Um die Handhabung der Blöcke zu erleichtern, können Halter aus Kunststoff oder Metall verwendet werden. Eine rationelle Methode ist z. B. das Einbetten in Aluminiumhaltern mit Eiswürfelbehältern (Bild 5.92).

Für in PEG eingebettete Proben bietet sich die Klebefilmmethode an. Auf den bereits angeschnittenen PEG Block wird das Ende eines ca. 5 cm langen Klebefilmstreifen geklebt und leicht angerieben. Mit dem

Bild 5.92 Einbetten von Proben in PEG; Eiswürfelbehälter aus Polyethylen lassen sich bis 110 °C erhitzen

Bild 5.93 Schneiden einer in PEG eingebetteten Probe mit der Klebefilmmethode

Mikrotommesser wird dann der Schnitt unter dem PEG abgetrennt. Der Schnitt haftet an dem Klebefilm und kann weiter verarbeitet werden.

Zunächst muss das PEG aus dem Schnitt entfernt werden. Möglich ist z. B. eine kurze Lagerung in Ethanol und anschließend in Wasser. Das Präparat kann nun gefärbt werden. Dabei bleibt das Klebeband noch in der ursprünglichen Länge. Mit dem überstehenden Ende kann das Präparat jederzeit zwischengelagert werden: Man klebt es einfach an eine geeignete Stelle im Labor, z. B. an die Vorderkante von einem Fachboden. Zuletzt wird das Klebeband so zugeschnitten, dass es nur noch knapp über das Präparat ragt. Das Klebeband wird auf einen kleinen Tropfen Glycerin auf einem Objektträger platziert und eingedeckt. Das Verfahren ist ausgesprochen einfach und angenehm, weil selbst hochempfindliche Präparate auf dem Klebefilm intakt bleiben und die Herstellung der Schnitte sehr einfach ist. Äußerst vorteilhaft ist auch die Aufbewahrung überschüssiger Schnitte. Sie werden ohne das PEG zu entfernen einfach auf eine Klarsichthülle geklebt und im Aktenordner verwahrt. Derartige Schnitte können ohne Probleme noch Jahre später aufgearbeitet werden.

Auch ohne Einbettung in PEG können mit der Klebefilmmethode Schnitte von ansonsten nicht schneidbaren Präparaten gewonnen werden. Mit Klebefilm kann z. B. MDF und WPC (mit sehr scharfem Mikrotommesser) geschnitten werden, ohne die Struktur nennenswert zu beeinflussen. Zu beachten ist, dass die Schnitte auf dem Klebefilm nicht

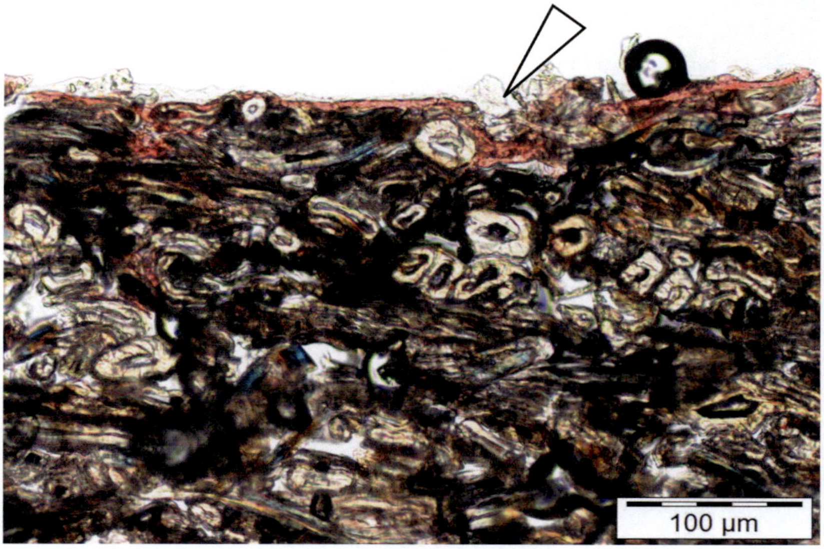

Bild 5.94 Dünnschnitt von massegefärbter geölter MDF mit der Klebefilmmethode. Der Ölfilm wurde vor dem Schneiden mit Sudan IV gefärbt. Der Pfeil zeigt eine Fehlstelle in der Plattenoberfläche. Derartige Fehlstellen führten zu lokalen Farbunterschieden und waren offensichtlich vor der Oberflächenbehandlung entstanden.

mehr mit allen Methoden gefärbt werden können. Alle Methoden, die auch den Klebefilm färben, sind von vornherein ungeeignet. So z.B. Bedampfen mit Iod und Färben mit Sudan IV. Andere Methoden führen auf dem Klebefilm zu teilweise unbefriedigenden Ergebnissen, z.B. Safranin/Astrablau. Um diese Schwierigkeiten zu umgehen, kann die stückige Probe vor dem Schneiden gefärbt werden. Dieses Verfahren war z.B. bei der Färbung mit Sudan IV erfolgreich (Bild 5.94).

5.9.3 Beleuchtungsmethoden

Durch geeignete Beleuchtungsmethoden kann der Kontrast der interessierenden Strukturen intensiviert werden. Und manche Strukturen werden erst bei speziellen Beleuchtungsmethoden wie z.B. Polarisierung oder Fluoreszenzmikroskopie sichtbar. Welche Methode für den jeweiligen Fall optimal geeignet ist, kann meist nur durch ausprobieren herausgefunden werden. In manchen Fällen sind auch zunächst unsinnig erscheinende Kombinationen von Beleuchtungen hilfreich, um bestimmte Strukturen optimal zu erkennen [62]. Zudem können eigentlich unerwünschte Erscheinungen wie Unschärfe, Farbschlieren, Reflektionen oder Luftblasen in bestimmten Fällen zur Bildinformation beitragen. Manche Methoden benötigen aufwändige Spezialeinrichtungen – aber viele Methoden können auch mit relativ geringem Aufwand umgesetzt werden.

Von der Vielzahl möglicher Beleuchtungsmethoden haben sich Folgende für Schadensanalysen an Holz und Holzwerkstoffen besonders bewährt:

- Normallicht (Hellfeld – Dunkelfeld)
- Polarisation
- Fluoreszenz

Die Funktion dieser Beleuchtungsarten kann in der Literatur, z.B. [113], in beliebiger Ausführlichkeit recherchiert werden. Kaum bekannt ist dagegen eine oft sehr hilfreiche Beleuchtungsart, die mangels Fachbegriff im Folgenden als ›Glanzbild‹ bezeichnet wird. Mikroskopische Glanzbilder entstehen, wenn die Probe genau von oben beleuchtet wird. Dies ist vor allem dann der Fall, wenn das Licht eines Auflichtmikroskops durch das Objektiv auf die Probe gelangt. Die resultierenden Reflektionen zeigen feinste Oberflächendetails der Probe, die ansonsten nur z.B.

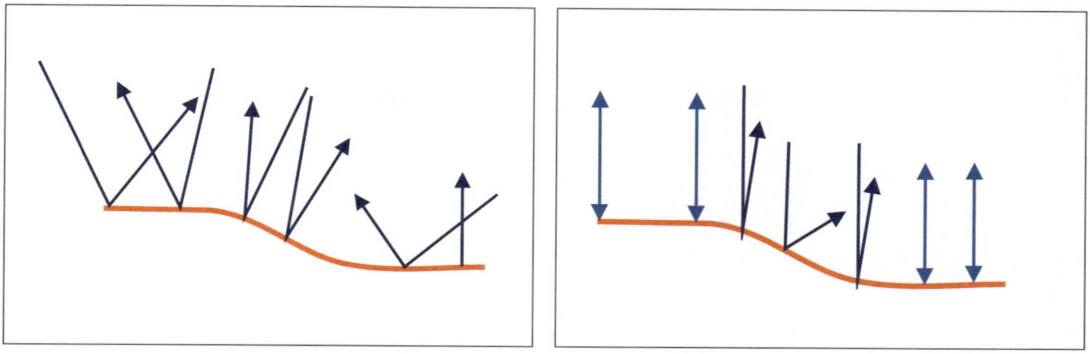

Bild 5.95 Bei normaler diffuser Beleuchtung (links) ist die resultierende Helligkeit weitgehend unabhängig von der Oberflächenstruktur. Bei gerichteter Beleuchtung (rechts) führen geringste Winkelabweichungen durch Höhendifferenzen zu starken Helligkeitsunterschieden und kontrastieren so die Oberflächenstruktur.

mit dem Elektronenmikroskop dokumentierbar wären. Allerdings geht bei dieser Beleuchtungsart die Farbinformation verloren. Der Kontrast entsteht durch starke Helligkeitsunterschiede, die bereits durch geringste Winkelabweichungen der Oberfläche erzeugt werden (Bild 5.95).

Licht, das durch Transparentlacke hindurchgeht und erst an der Holzoberfläche reflektiert, wird im Glanzbild vollkommen überstrahlt, weil der Anteil des direkt an der Oberfläche reflektierten Lichts so hoch ist. Besonders bei der Auflichtmikroskopie von transparenten Schichten liefern die beiden Beleuchtungsarten Glanzbild und Normalbild daher oft sich hervorragend ergänzende Bilder von vollkommen unterschiedlicher Art. Während im Glanzbild die Oberflächentopografie der Beschichtung in Grau oder Blautönen im Detail sichtbar wird, zeigt das Normalbild das farbige Abbild der Holzoberfläche (Bild 5.96).

Da das Glanzbild bei gekreuzten Polarisatoren unterdrückt wird, kann bei geeigneten Auflichtmikroskopen alleine durch Drehen des Polarisators das Glanzbild ›an- und ausgeschaltet‹ werden.

Bei üblichen Stereolupen/Makroskopen wird seitlich beleuchtet. Daher kann kein Glanzbild beobachtet werden. Mit einer kleinen LED, die vor der Linse positioniert wird, kann jedoch eine Beleuchtung geschaffen werden, die Glanzbilder erzeugt. Bild 5.97 zeigt die mit üblicher Beleuchtung erzielbaren Oberflächenbilder von transparenten Lacken sowie das mit einer LED erzeugte Glanzbild.

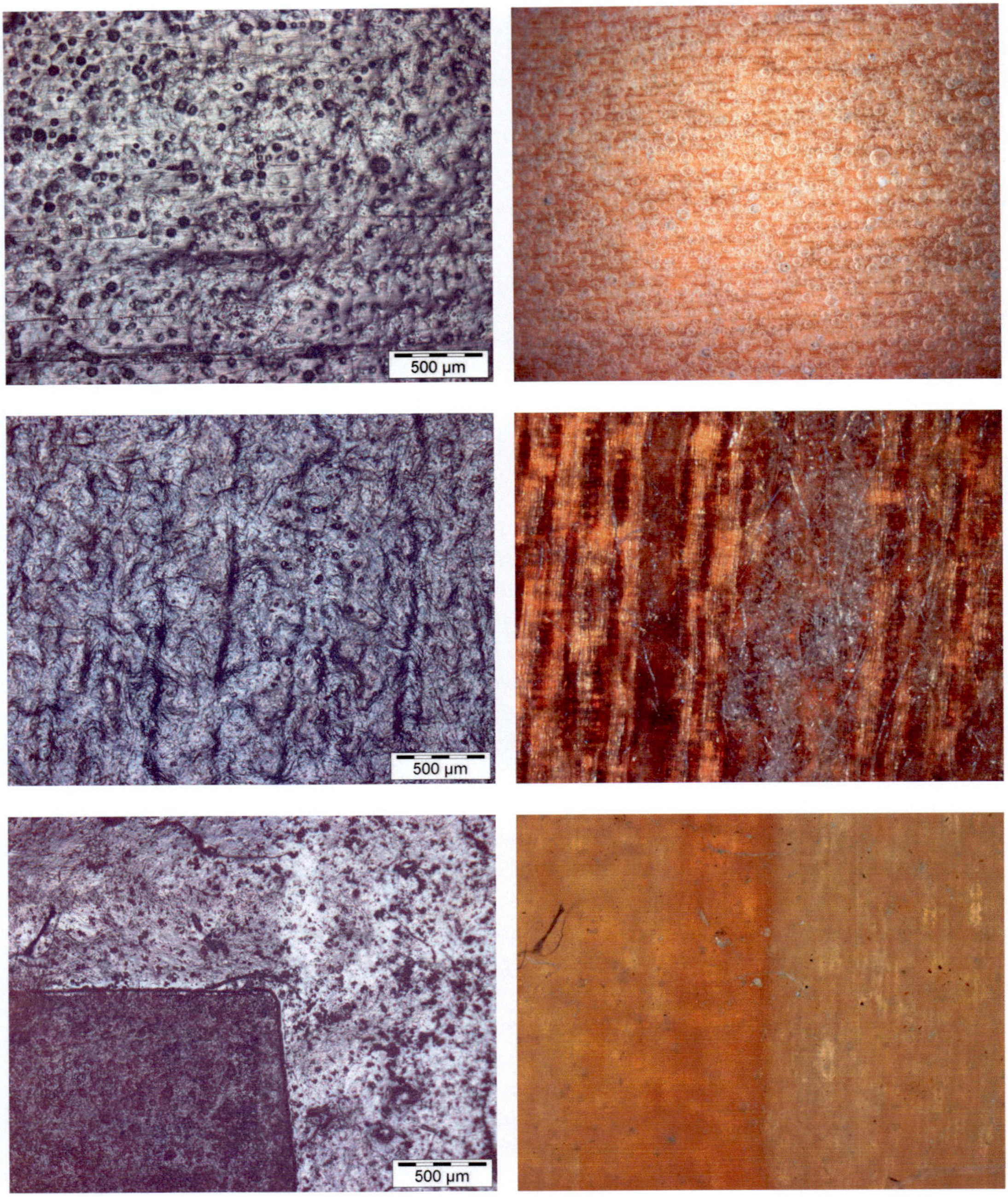

Bild 5.96 Auf der linken Seite jeweils eine transparente Lackschicht als Glanzbild; rechts jeweils genau derselbe Ausschnitt im Normalbild. Die Aufnahmen demonstrieren wie unterschiedlich die dabei gewonnenen Bilder und Informationen sein können.

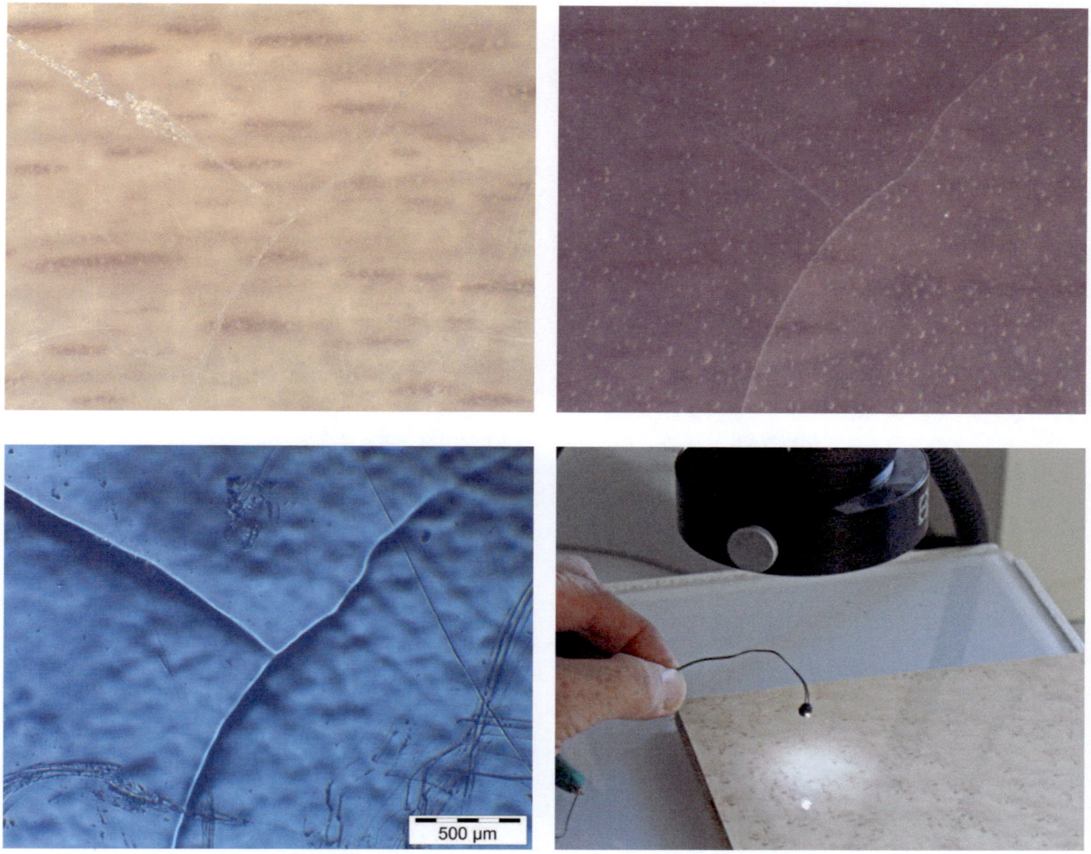

Bild 5.97 Oberfläche einer transparenten Lackschicht bei Betrachtung mit einer Stereolupe. Oben links: Ringlichtbeleuchtung. Oben rechts: Beleuchtung mit extremen Schräglicht. Unten links: Glanzbild erzeugt durch Beleuchtung mit LED (unten rechts).

Kombination Auflicht-Durchlicht

Manche Beschichtungen sind auch im Dünnschnitt lichtundurchlässig und erscheinen daher unter dem Durchlichtmikroskop schwarz. Um solche Dünnschnitte dennoch mit der natürlichen Farbe der Beschichtung dokumentieren zu können, kann gleichzeitig von oben und von unten beleuchtet werden. Das lichtdurchlässige Holz wird so im Durchlicht abgebildet und die lichtundurchlässige Beschichtung im Auflicht (Bild 5.98).

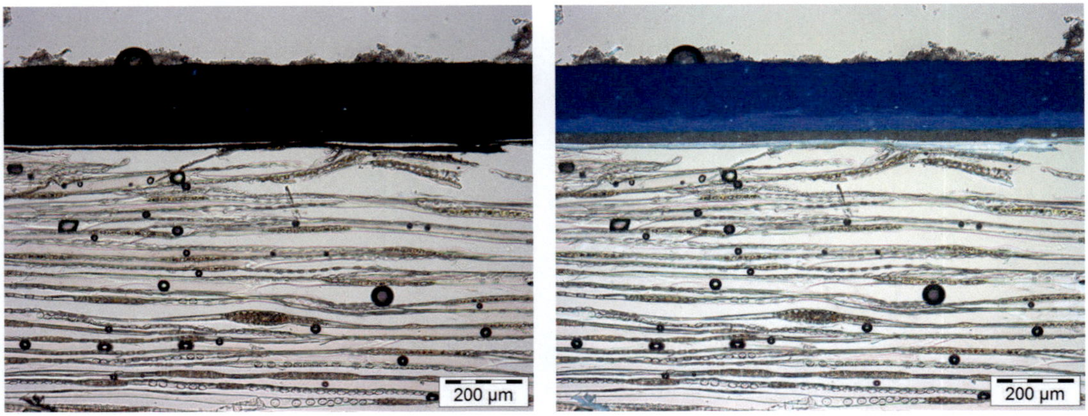

Bild 5.98 Links: Dünnschnitt eines beschichteten Holzes im Durchlicht. Rechts: Bei der Kombination aus Durchlicht und Auflicht sind sowohl die Details des Holzes als auch der Beschichtungsaufbau erkennbar (die runden Strukturen sind bei der Präparation eingeschlossene Luftblasen).

Fluoreszenzmikroskopie

Fluoreszierende Stoffe absorbieren Photonen bestimmter Wellenlängen und emittieren anschließend in einer größeren Wellenlänge mit geringerer Energie. In der Fluoreszenzmikroskopie verhindern spezielle Filter, dass die ursprünglich eingestrahlte Wellenlänge in das Auge des Betrachters gelangt. Sichtbar wird daher nur das von dem Objekt emittierte, langwelligere Licht.

Materialien, die bei normaler Beleuchtung gleich erscheinen, können in vielen Fällen durch ihre unterschiedlichen Fluoreszenzeigenschaften voneinander differenziert werden. In der Praxis wird die Fluoreszenz genutzt, um Stoffe zu kontrastieren und zu unterscheiden. Als direkte Diagnose ist Fluoreszenz dagegen kaum geeignet, da es nicht vorhersagbar ist, welcher Stoff in handelsüblichen Materialien bei welcher Anregungswellenlänge Fluoreszenz zeigen wird. Sehr geringe Spuren fluoreszierender Stoffe können zu einer intensiven Fluoreszenz eines Materials führen. Gleichzeitig kann ein eigentlich fluoreszierender Stoff bei Anwesenheit von bestimmten Substanzen seine Fluoreszenz verlieren. Auch verändert sich die Fluoreszenz in manchen Fällen mit der Zeit. Bei den üblichen ›schmutzigen‹ Proben aus der Praxis steht daher die ›zufällige‹ Kontrastierung im Vordergrund (Bild 5.99).

Naturbelassenes Holz zeigt immer eine gewisse Fluoreszenz. Sehr zuverlässig ist auch die Fluoreszenz von Algen – das in Algen vorhandene Chlorophyll führt zu einer sehr typischen intensiven roten Fluoreszenz (Bild 5.100).

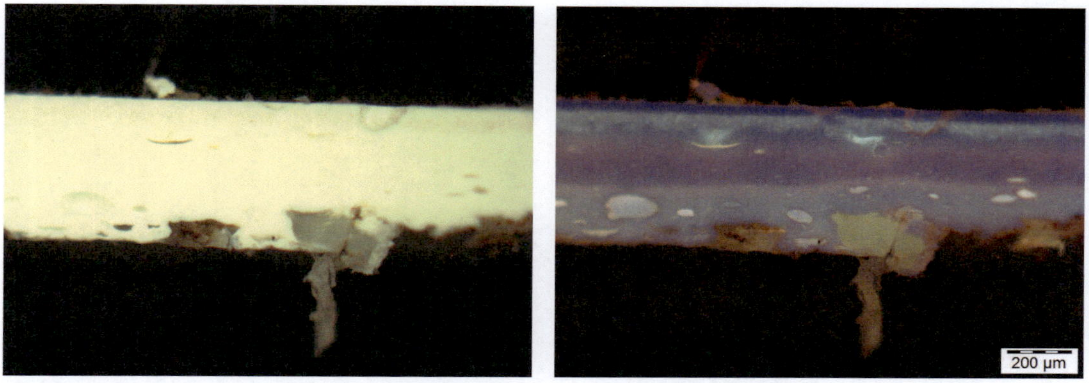

Bild 5.99 Bei normaler Beleuchtung scheint das Beschichtungsfragment aus einer Schicht zu bestehen. Bei Fluoreszenzanregung 450 bis 490 nm und Sperrfilter 520 nm wird deutlich, dass es sich um mindestens fünf Schichten handelt.

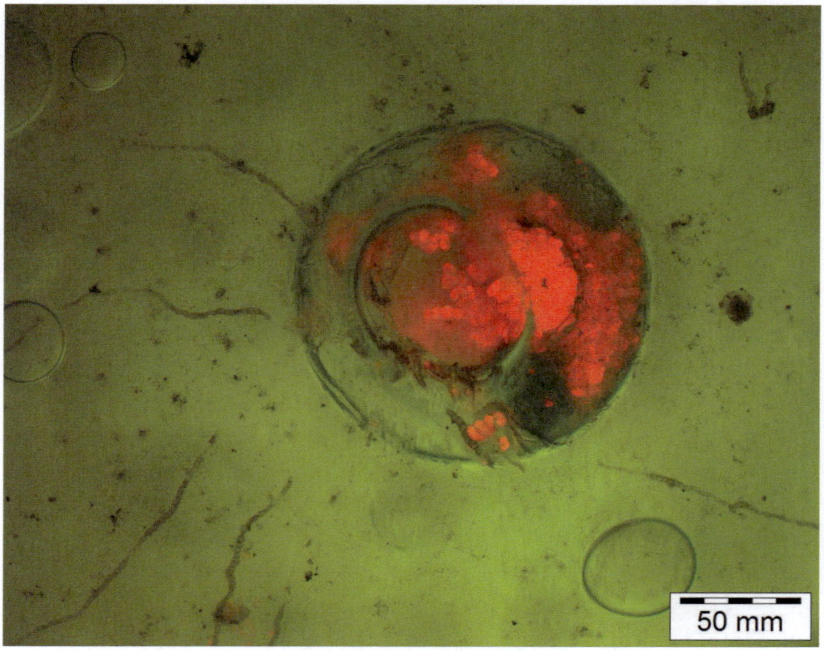

Bild 5.100 Algen und Pilze finden in nach oben geöffneten Blasen von Beschichtungen geschützte Lebensbedingungen. Bei Anregung mit 450 bis 490 nm und Sperrfilter bei 520 nm leuchtet das Chlorophyll der Algen intensiv rot.

Materialien, die eigentlich nicht fluoreszieren, können mit Fluoreszenzfarbstoffen gefärbt werden. Bild 5.101 zeigt, wie ein mit einem Fluoreszenzfarbstoff gefärbter Klebstoff die Verteilung des Klebstoffs auf MDF-Fasern deutlich macht. In diesem Fall wurde der Farbstoff bereits vor dem Auftrag auf die Fasern dem Klebstoff beigemischt.

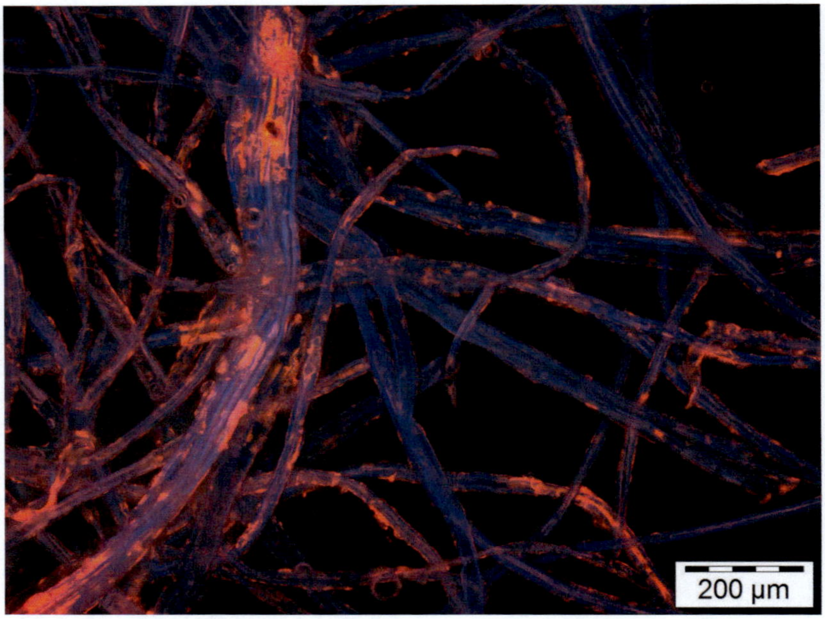

Bild 5.101 Der Klebstoff auf diesen MDF-Fasern wurde mit dem Farbstoff Rhodamin B gefärbt. Bei UV-Fluoreszenzanregung (365 nm, Sperrfilter 397 nm) erkennt man die Klebstoffverteilung an der rötlichen Fluoreszenz des Farbstoffs.

Polarisationsmikroskopie

Manche Stoffe verändern die Schwingungsrichtung von eingestrahltem Licht. Wenn man zur Beleuchtung Licht mit nur einer Schwingungsrichtung verwendet (polarisiertes Licht) kann man mit nachgeschalteten Analysatoren, die nur Licht einer bestimmten Schwingungsrichtung passieren lassen, bestimmte Strukturen sichtbar machen oder unterdrücken. Wenn die vom Polarisator eingestrahlte Schwingungsrichtung senkrecht zur vom Analysator durchlässigen Schwingungsrichtung ist (gekreuzte Polarisatoren), bleiben nur solche zwischen Polarisator und Analysator liegenden Stoffe sichtbar, welche die Schwingungsrichtung verändern.

Zellulose ist aufgrund ihrer teilweise kristallinen Struktur ein ausgeprägter Polarisator. Bei gekreuzten Polarisatoren sind die Zellwände von Holz daher gut erkennbar. Besonders auffällig sind Hoftüpfel. Intakte Hoftüpfel zeigen ein charakteristisches Kreuz aufgrund der zirkularen Zelluloseanordnung. Ist die Zellulose abgebaut, verschwindet die Polarisierbarkeit und Zellen oder Hoftüpfel erscheinen schwarz bei gekreuzten Polarisatoren (Bild 5.102). Das Verschwinden der Polarisation von Hoftüpfeln ist ein gutes Indiz für Befall durch Braunfäulepilze bereits im Anfangsstadium.

Bild 5.102 Mit Safranin/Astrablau gefärbtes Kiefernholz aus einer Pfahlgründung ohne (links) und mit gekreuzten Polarisatoren (rechts). Die Zellen in der Mitte des Bildes wurden von Bakterien stark abgebaut und erscheinen schwarz bei gekreuzten Polarisatoren. Selbst in den unmittelbar angrenzenden Holzzellen zeigen die Hoftüpfel ihre charakteristischen Kreuze. Ein Befall durch Braunfäulepilze kann demnach ausgeschlossen werden.

Mittels Polarisationsmikroskopie lassen sich Stärkekörner und viele mineralische Partikel, Kristalle in Holz und Stauchlinien gut identifizieren. Darüberhinaus können tiefgehende Informationen zur Art und Struktur von Materialien gewonnen werden. Detaillierte Anleitungen beschreibt [113].

5.9.4 Mikroskopische Ausprägung Querschnitt

Am Beispiel eines lackierten Laubholzfurniers (Schälfurnier) auf einem Holzwerkstoff sind einige typische mikroskopische Befunde von Querschnitten idealisiert dargestellt.

a) 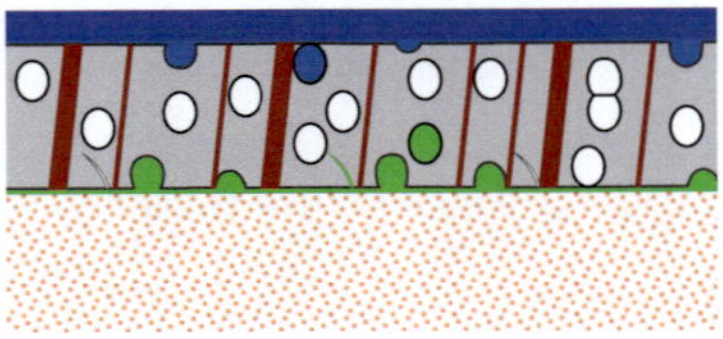

Optimal
Die Klebstoffschicht ist dünn und gleichmäßig, die Grundierung hat die Poren gefüllt. Kleine Schälrisse sind mit Klebstoff oder Lack gefüllt. Vorschriften über die Lage der Schälrisse gibt es nicht. Bei gestürzter Furnieranordnung sind die Risse immer abwechselnd nach oben und unten orientiert.

b) 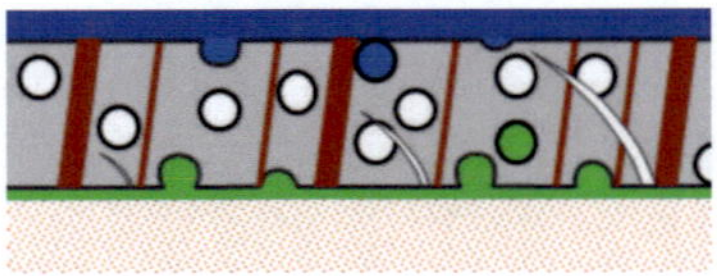

Schälrisse
Bis zu einer Tiefe von ca. 1/3 der Furnierdicke sind Schälrisse unvermeidlich und daher zu tolerieren. Als Faustregel kann angenommen werden, dass bei Furnieren für Möbeloberflächen eine Risstiefe von 50 % der Furnierdicke nicht überschritten werden sollte, während bei Baufurniersperrholz derartige Risse im Prinzip unbeschränkt vorkommen dürfen.

c) 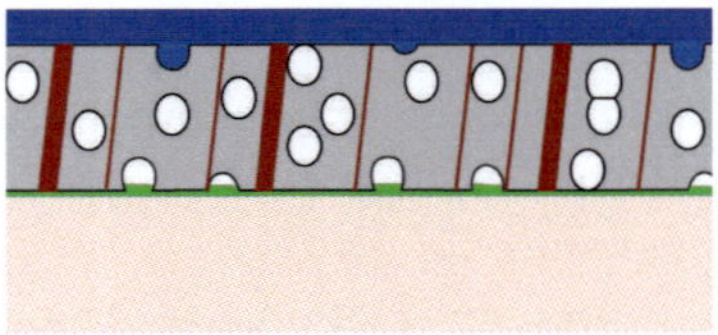

Gefäße nicht mit Klebstoff gefüllt
Der Klebstoff ist nicht in die großen Gefäße des Furniers eingedrungen. Der Pressdruck war zu gering oder der Klebstoff zu zähflüssig (hohe Viskosität).

d) 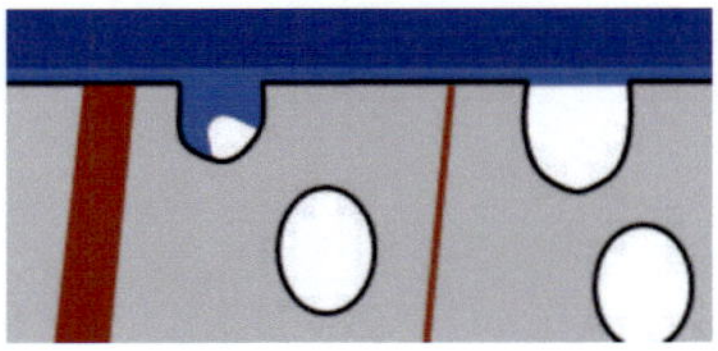

Gefäße nicht mit Grundierung gefüllt
Die Grundierung hat die Gefäße des Furniers nicht ausgefüllt. Die Grundierung war zu zähflüssig oder Gefäßinhaltsstoffe haben Benetzungsstörungen verursacht.

e)

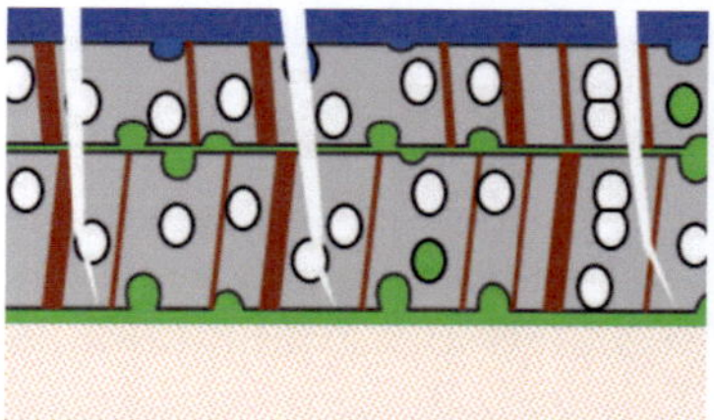

Faserverlauf der Furniere parallel
Der Faserverlauf des Deckfurniers ist parallel zu der darunterliegenden Furnierlage. Ausgehend von der unteren dickeren Furnierlage reißen die Schälrisse durch die Verklebung und das dünnere Messerfurnier.

f)

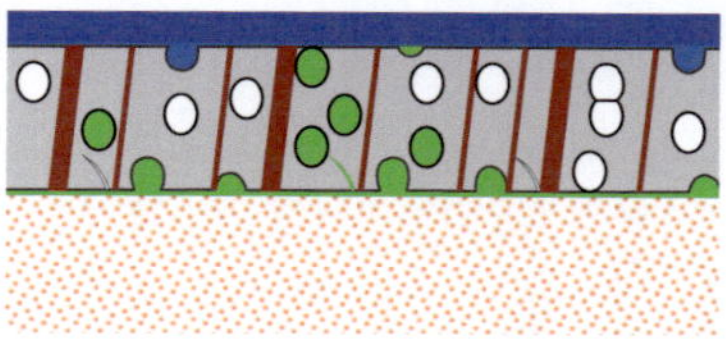

Klebstoffdurchschlag
Dünnflüssiger Klebstoff ist bis an die Oberseite des Furniers durchgeschlagen.
Klebstoffdurchschläge können auch nach mehreren Jahren noch zu Verfärbungen führen.

g)

Dicke Klebstoffschicht
Sehr dicke Klebstoffschichten können problematisch sein und zu Ablösungen, Verfärbungen und Furnierrissen führen. Harnstoff- und Melaminharze werden in dicken Schichten spröde und bekommen Schrumpfrisse.

h)

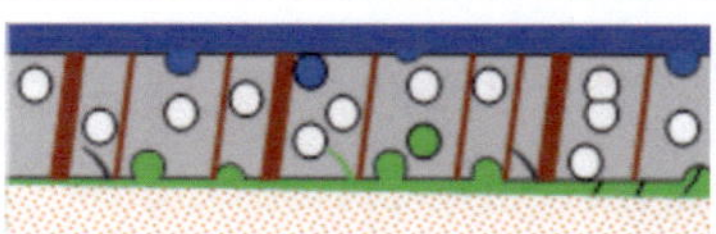

Klebstoffschicht ungleichmäßig
Ungleiche Dicken der Klebstoffschicht sind Hinweise auf verfahrenstechnische Unregelmäßigkeiten.

i)

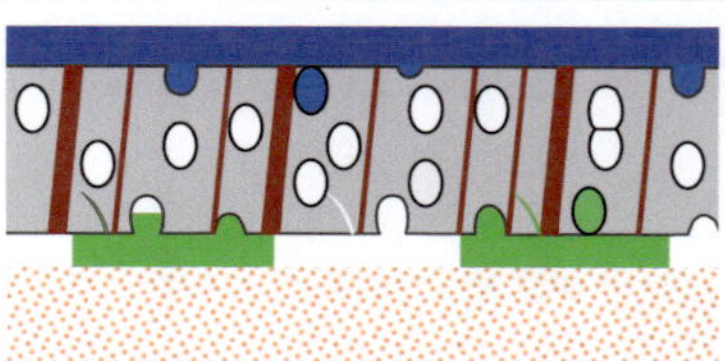

Unverpresste Klebstoffraupen
Wenn die Klebstoffraupen nicht verpresst werden, können Ablösungen, Blasen, Verfärbungen und Furnierrisse auftreten.

j)

Furnier gequetscht
Quetschungen des Furniers zeigen sich oft durch verformte Holzstrahlen. Quetschungen können durch deutlich zu hohe Drücke entstehen, vor allem bei erhöhter Feuchte und erhöhter Temperatur.

k)

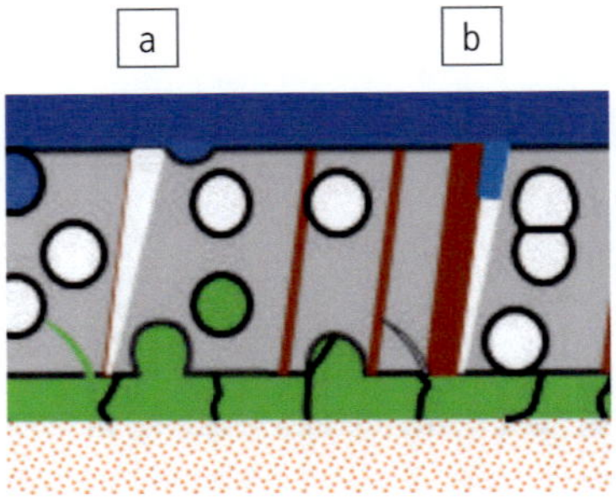

Schrumpfrisse

Schrumpfrisse des Furniers verlaufen meist senkrecht oder neben großen Holzstrahlen. Sie entstehen wenn die Deckfurniere im Augenblick ihrer Fixierung stark durchfeuchtet und damit auch stark gequollen waren (hier aufgrund zu hoher Klebstoffmenge). Bei der anschließenden Trocknung sind die Furniere der resultierenden Querzugbeanspruchung nicht mehr gewachsen und reißen ein. Oder die Risse entstehen durch extreme Trocknung im Gebrauch.

a) Riss nach dem Lackieren entstanden
b) Riss vor dem Lackieren entstanden

l)

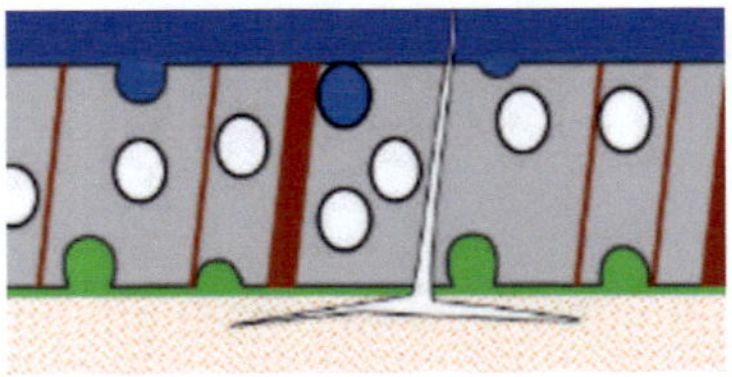

Risse bis in Trägerplatte

Bei Rissen, die in die Trägerplatte hineinreichen, ist ohne weitere Hinweise nicht eindeutig zu entscheiden, ob eine Schwächung der Trägerplatte die eigentliche Ursache ist oder sehr starke Kräfte aus dem Schrumpfen des Furniers.

m)

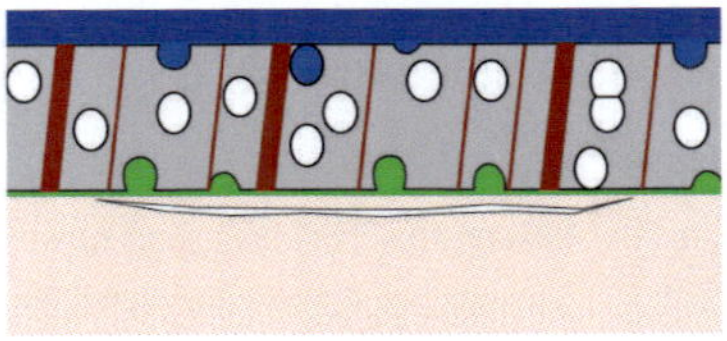

Ablösung in Trägerplatte

Bei einer Ablösung in der Trägerplatte ist ein Einfluss des Furniers unwahrscheinlich, wenn keine Risse im Furnier vorhanden sind.

n)

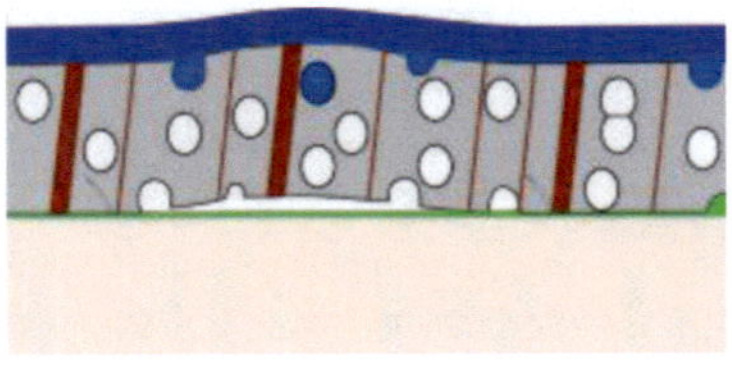

Aufwölbung Furnier

Wenn Furniere sich aufwölben ist das Furnier stärker gequollen als zum Zeitpunkt des Verpressens oder die Trägerplatte ist geschwunden. Enthaftungen (Kürschner) sind oft aufgewölbt weil das Furnier beim Verkleben keinen Kontakt mit dem Klebstoff hatte und daher beim Verpressen nicht durch den Klebstoff durchfeuchtet wurde

o)

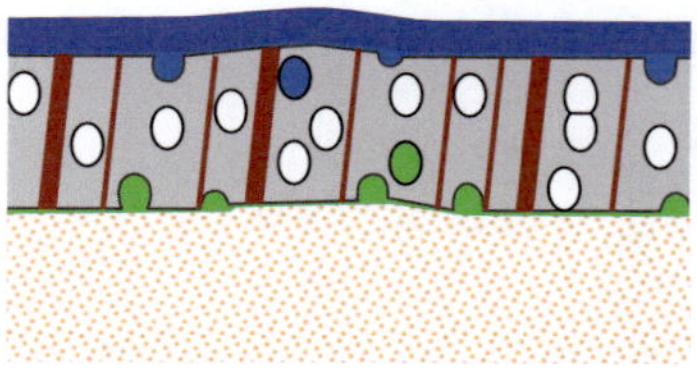

Aufwölbung Trägerplatte
Durch lokal verminderte Abhebefestigkeit der Trägerplatte, durch eingepresste große Späne in der Deckschicht von Spanplatten oder lokaler Quellung kann sich die Trägerplatte lokal aufwölben.

p)

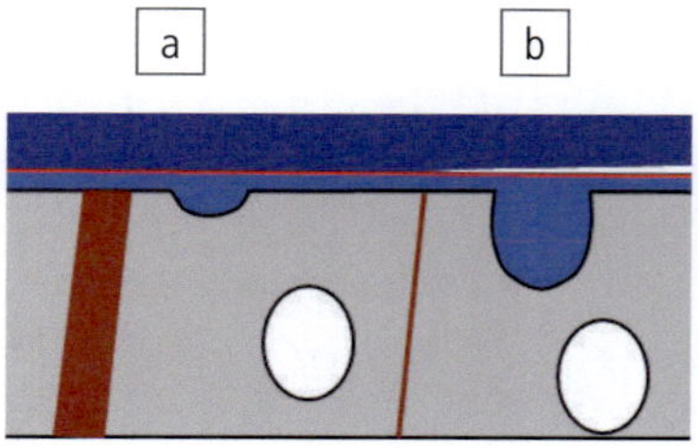

Zwischenschichtenthaftung
Zwischenschichtenthaftung können verursacht sein durch Wachse, die beim Aushärten zum Teil an die Oberfläche des Lacks aufschwimmen. Sie müssen abgeschliffen werden, bevor die nächste Schicht aufgetragen wird. Je nach Sprödigkeit/Festigkeit des Lackes entstehen Enthaftung oder Risse.
a) Riss mit lokaler Enthaftung (Plattenmitte)
b) Enthaftung (Plattenrand)

q)

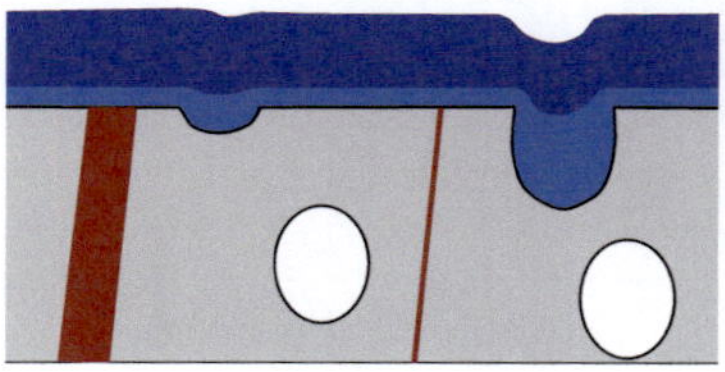

Poreneinfall
Die Schrumpfung von Flüssigbeschichtungen führt zu kleinen Vertiefungen über Gefäßen (Poreneinfall). Besonders bei Hochglanzlacken kann dies optisch erkennbar und störend sein. Abhilfe entsteht durch längere Wartezeiten zwischen den Beschichtungsvorgängen, mehrere dünne Schichten und Grundierung mit höherem Feststoffanteil.

r)

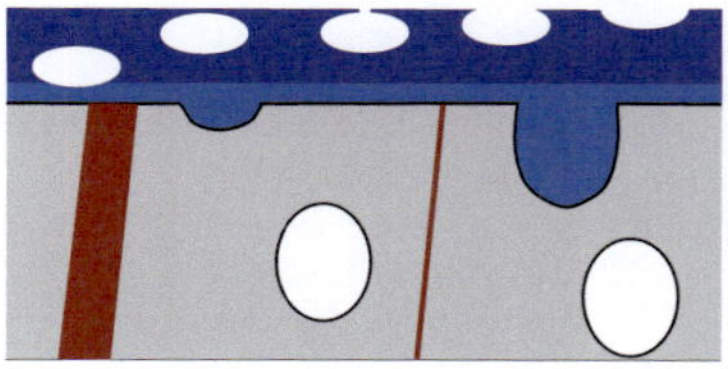

Mikroschaum
In geringem Umfang sind im Lack eingeschlossene Luftblasen (Mikroschaum) unvermeidbar. Große Mengen an Mikroschaum lassen transparente Lacke leicht milchig erscheinen. Je nach Lage in der Lackschicht und Größe der Blasen sind sie unterschiedlich zu bewerten.

s)

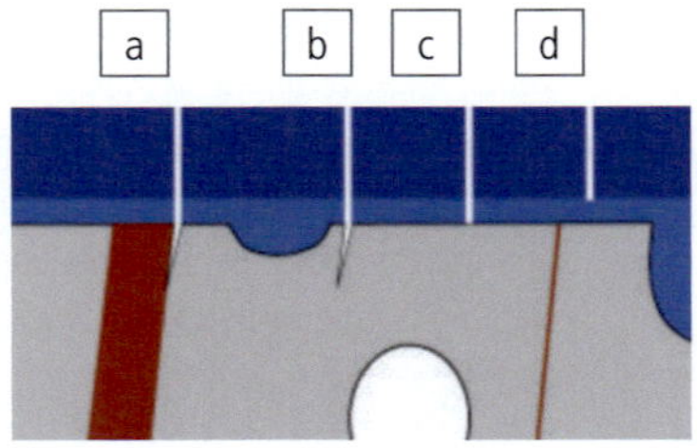

Lackrisse

Reine Lackrisse verlaufen immer genau senkrecht. Aber die mikroskopische Aufklärung ist schwierig, wenn sich die Risse in die Furniere hinein fortsetzen. Es ist dann nicht immer eindeutig, was die eigentliche Ursache für die Schäden ist.

a) (Mit)Ursache im Holz möglich, da Riss an Schwächezone des Holzes (Holzstrahl)

b) (Mit)Ursache im Holz weniger naheliegend, da Riss nicht in Holzstrahlnähe.

c) Wahrscheinlich kein Einfluss des Holzes

d) Kein Einfluss des Holzes

t)

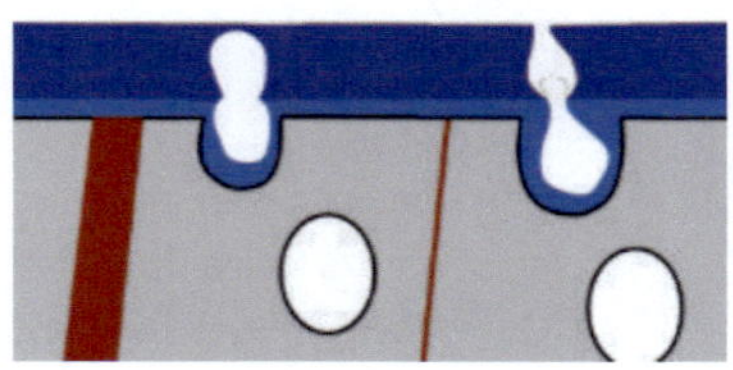

Luftblasen über Gefäßen

Blasen über Gefäßen entstehen durch eingeschlossene Luftblasen. Sie kommen vor mit und ohne Ausblasöffnung (dann Nadelstich genannt)

u)

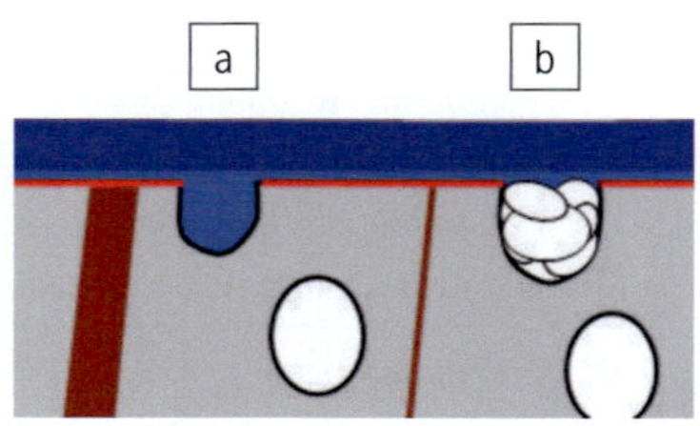

Gefäße nicht gebeizt

Wenn Beize die Gefäße nicht vollständig benetzt (vor allem bei dunklen Beizen) bleiben die hellen Gefäße störend sichtbar. Unverträglichkeit der Beize mit Gefäßinhalten.

a) Gefäß offen

b) Gefäß mit Thyllen (eingewachsene Zellwände) ausgefüllt

v)

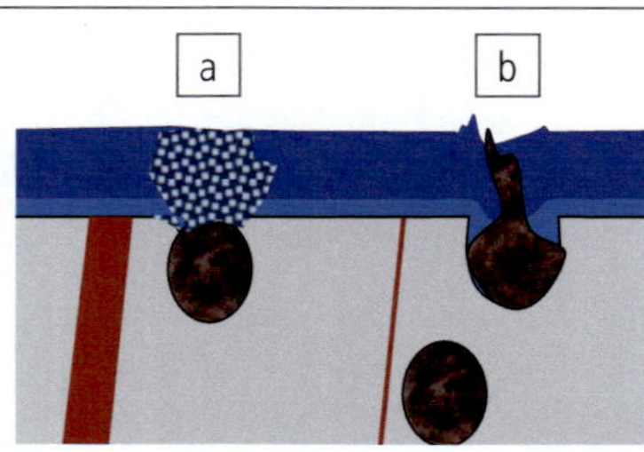

Gefäßinhaltsstoffe

Gefäßinhaltsstoffe können die Filmbildung oder den Verlauf der Beschichtung stören und Farbabweichungen oder Trübungen verursachen.

a) Verfärbung

b) Störung des Lackfilms

5.9.5 Schichtdicken, Beschichtungsaufbau

Um Schichten von über ca. 20 µm Dicke auf geschliffenen oder gehobelten Hölzern zu bestimmen, sind mehrere unkomplizierte Verfahren möglich. An dieser Stelle werden auch die nicht mikroskopischen Verfahren Ultraschall und Keilbohrung beschrieben.

Keilbohrung

Mit speziellen Bohrgeräten können Beschichtungen in einem exakten sehr flachen Winkel angeschnitten werden. Die Schichten lassen sich dann mit einer relativ geringen Vergrößerung vermessen und auf die tatsächliche Schichtdicke umrechnen (Bilder 5.103 und 5.104).

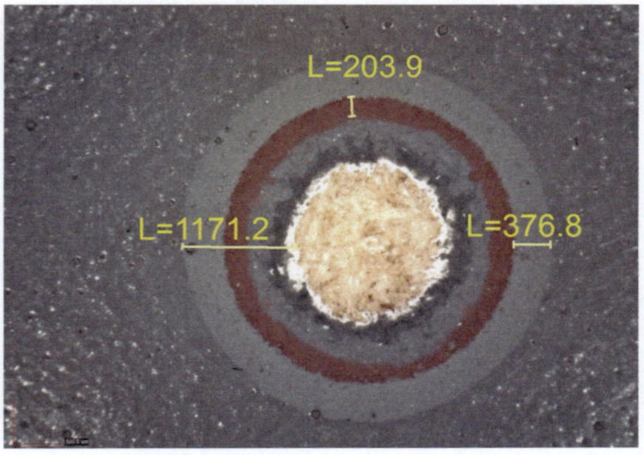

Bild 5.103 Schichtdickenbestimmung durch Keilbohrung. Mit einer eingebauten Lupe werden die Abstände zwischen Holz und der Kante an der Oberfläche der Beschichtung mit einer eingebauten Skala vermessen. Alternativ können die Bohrungen auch mit einem USB-Mikroskop dokumentiert und vermessen werden. Die Maße werden dann zu den Schichtdicken umgerechnet.

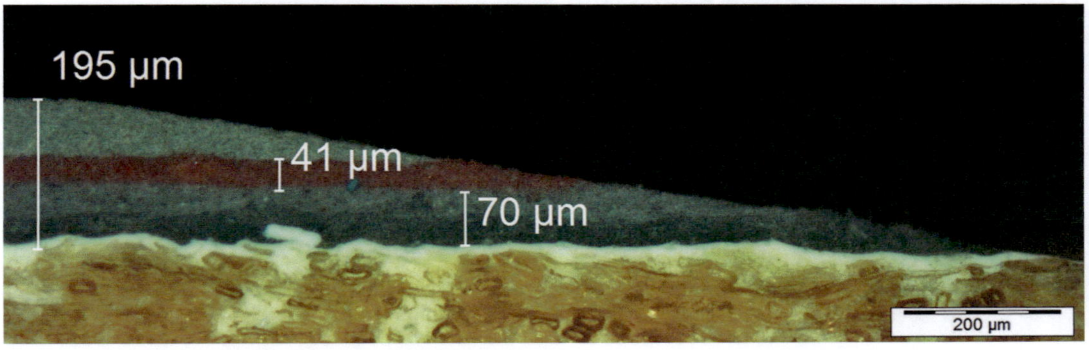

Bild 5.104 Querschliff durch die Flanke einer Keilbohrung

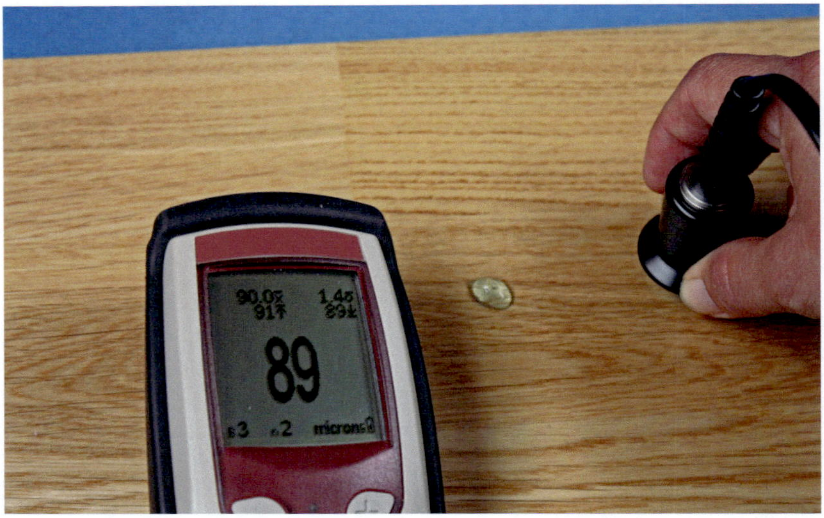

Bild 5.105 Messung der Schichtdicke mit Ultraschall. Zunächst wird ein Gel aufgetragen, auf das dann der Messkopf gedrückt wird.

Ultraschall

Mit Ultraschall-Messgeräten kann die Gesamtschichtdicke und, in manchen Fällen, auch die Dicke der einzelnen Schichten bestimmt werden. Messungen sind üblicherweise ab einer Schichtdicke von ca. 15 µm möglich. Die von den Herstellern angegebenen Genauigkeiten sind vor allem bei Hölzern mit großen Poren mit Vorsicht zu betrachten. Auch Beschichtungen, die ebenfalls in das Holz eindringen, vor allem also Beschichtungen mit organischen Lösemitteln, können zu größeren Abweichungen der Messergebnisse führen. Besonders für die Messung beim Ortstermin haben sich die Geräte jedoch bewährt, solange man die bei allen Messgeräten notwendige kritische Distanz zu den Messwerten nicht vergisst (Bild 5.105).

Messung sehr dünner Schichten

Je geringer die Schichtdicken, desto größer wird der Einfluss der natürlichen Rauigkeit der Holzoberfläche. Spätestens bei Schichten unter 20 µm ist daher zu klären, wo und wie zu messen ist. Bei Schichten von weniger als 6 µm Dicke weist auch das übliche auflichtmikroskopische Verfahren zur Bestimmung der Schichtdicke oft keine ausreichende Genauigkeit mehr auf. Es müssen Durchlichtpräparate hergestellt werden und bei der Messung muss der Einfluss der Holzoberfläche so gut es geht ausgeschlossen werden.

Mit einer Digitalkamera werden pro Probe sechs zufällig ausgewählte Stellen fotografiert. Dabei werden jedoch lediglich die Spätholzzonen

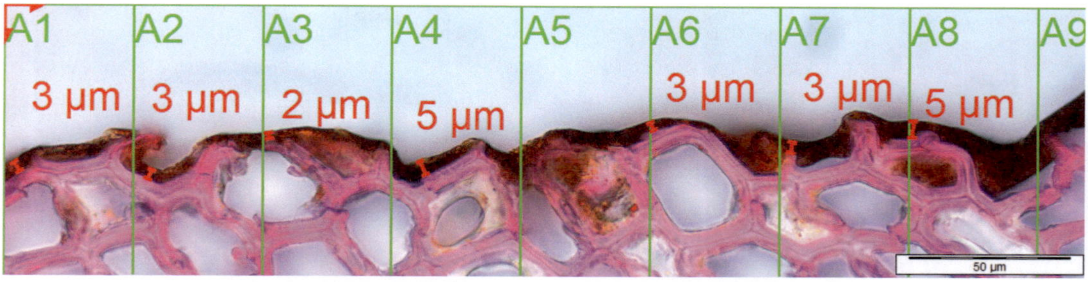

Bild 5.106 Sehr dünne Schichten werden bevorzugt an Dünnschnitten vermessen. Gemessen wird immer rechts neben dem Messraster an Stellen, die relativ unbeeinflusst von holzanatomischen Besonderheiten sind.

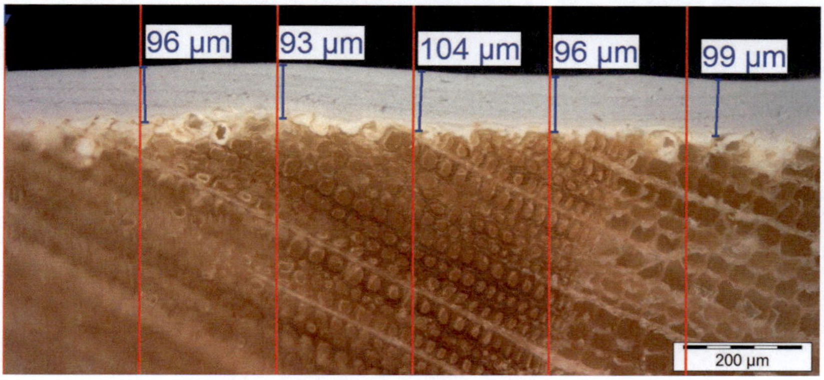

Bild 5.107 Dickere Schichten können an Anschnitten oder Anschliffen vermessen werden. Auch hier ist die Verwendung eines Messrasters zu empfehlen.

berücksichtigt, da die Messung im Frühholzbereich durch ein mögliches tieferes Eindringen der Beschichtung das Ergebnis verfälschen würde. Zunächst wird auf die Bilder ein Messraster mit 40 µm Rasterabstand gelegt. Rechts von jedem Rasterpunkt, der eine auswertbare Schichtdicke aufweist, wird eine Messung vorgenommen. Sollte das Bild an dieser Stelle für die Messung nicht ausreichend scharf sein oder ist die Schichtdicke an dieser Stelle durch holzanatomische Besonderheiten beeinflusst, wird dieser Punkt nicht berücksichtigt (Bilder 5.106 und 5.107).

An Stellen, die augenscheinlich keine Schicht, oder aber eine nicht messbare Schicht aufweisen, wird keine Messung vorgenommen. Wenn Punkte ohne Schicht mit in die Mittelwertbildung aufgenommen würden, wären die Mittelwerte niedriger. Lokale Schichtdickenerhöhungen durch holzanatomische Besonderheiten werden nicht berücksichtigt.

Anzahl der Schichten

Schichtenfolgen verschiedener Beschichtungen mit gleichem Farbton können meist durch optische oder chemische Färbemethoden deutlich erkannt werden. Bewährt haben sich Fluoreszenzmikroskopie, Bedampfen mit Iod und weitere Färbemethoden.

Außerordentlich problematisch kann es dagegen sein, die Anzahl der von der gleichen Beschichtung aufgetragenen Schichten zu differenzieren. Bei manchen Präparaten zeigen sich die Schichtgrenzen, weil bestimmte Substanzen bevorzugt an der Oberseite oder der Unterseite der

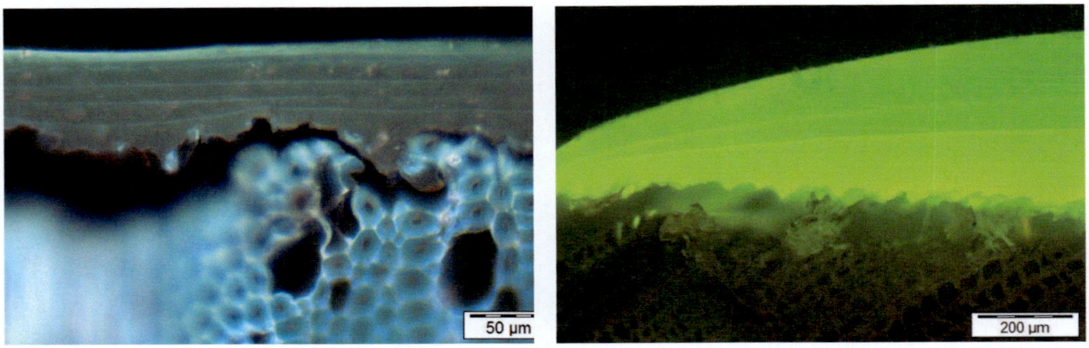

Bild 5.108 Fluoreszenzmikroskopische Aufnahmen von Anschliffen mit jeweils mehreren Schichten der gleichen Beschichtung

Bild 5.109 Acrylatbeschichtung bei durchlichtmikroskopischer Betrachtung. Obwohl nur eine Schicht erkennbar ist, handelt es sich tatsächlich um sieben Schichten, die in immer kürzeren Intervallen aufgetragen wurden. Selbst die unterste Schicht, die nach 24stündiger Trocknung angeschliffen wurde, ist jedoch nicht erkennbar.

Beschichtung vorkommen. Aufschwimmende Wachse können z. B. bei fluoreszenzmikroskopischer Betrachtung deutliche Grenzen zwischen den Schichten sichtbar werden lassen (Bild 5.108). Auch die Blasen von Mikroschaum können ein Indikator für Schichtgrenzen sein, da sie nicht schichtenüberschreitend vorkommen. Die in einigen Fällen vollkommen unkomplizierte Erkennbarkeit der Schichten darf aber nicht zum dem Schluss verleiten, dass es sich bei der Abwesenheit von klar erkennbaren Schichten tatsächlich nur um einen Schichtauftrag handelt. Untersuchungen des WKI an drei Beschichtungstypen (Acrylat, Alkyd, 2K-PU) haben gezeigt, dass ein mehrfacher Auftrag der gleichen Beschichtung fast unabhängig vom Zwischenschliff und der Trocknungszeit zwischen der Beschichtung nicht erkennbar ist. Weder mit Polarisationsmikroskopie, noch mit Fluoreszenzverfahren ließen sich die nach Trocknungszeiten von bis zu 24 Stunden mit und ohne Zwischenschliff aufgetragenen Acrylat-, Alkyd- oder PU-Beschichtungen an Dünnschnitten und Auflichtpräparaten differenzieren (Bild 5.109).

Nachweis von Imprägnierungen

Farblose Holzschutzimprägnierungen haben Bindemittelgehalte von ca. 3 % bis 10 % und sind bei normaler mikroskopischer Betrachtung meist nicht erkennbar. Manche dieser Imprägnierungen können mit speziellen Beleuchtungs- oder Färbemethoden nachgewiesen werden. Folgende mikroskopische Methoden können zum Nachweis von farblosen Imprägnierungen angewendet werden:

- Fluoreszenzmikroskopie
- Färben von Dünnschnitten z. B. mit Sudan IV
- Färbung von trockenen Dünnschnitten mit Ioddampf

In einigen Fällen entziehen sich die Imprägnierungen jedoch allen Bemühungen sie sichtbar zu machen. In solchen Fällen bleiben nur die Möglichkeiten einer chemischen Analyse (Wirkstoffnachweis) oder aber die biologische Bestimmung der Wirksamkeitstiefe.

5.9.6 Analyse von Stärkekörnern

In vielen Splinthölzern sind Stärkekörner mikroskopisch erkennbar, wobei die Menge sowohl vom Fällzeitpunkt als auch von der Baumart abhängen. Mit Lugolscher Lösung (Kapitel 5.10.1) lässt sich Stärke sehr gut anfärben (Bild 5.110).

Stärke wird in Form von Roggen-, oder Weizenmehl auch als Streckmittel für UF und MF Klebstoffe verwendet. Streckmittel sind Zusätze mit eigener Klebewirkung, während Füllstoffe, z. B. Kokosschalenmehl

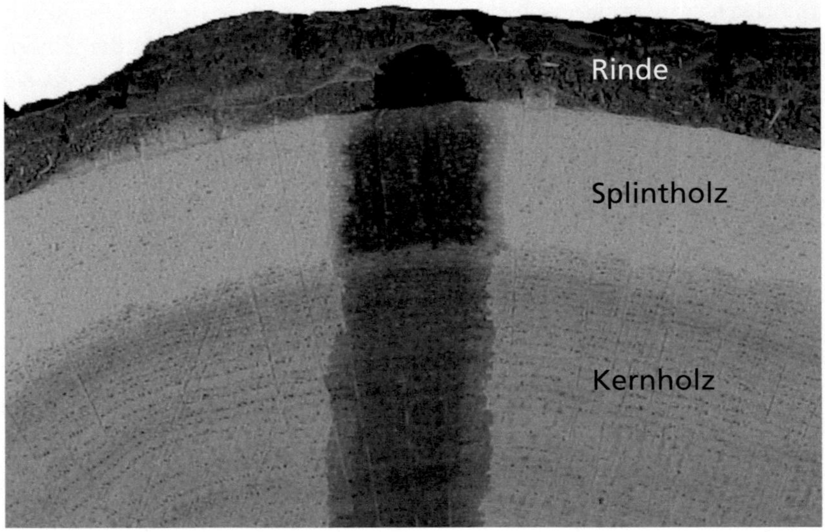

Bild 5.110 Querschnitt durch berindetes Eichenholz. Mit Lugolscher Lösung wird gezeigt, dass Stärke nur im Splintholz vorkommt.

keine eigene Klebewirkung aufweisen. Stärkezusätze machen den Klebstoff zähflüssiger (viscoser), wirken sich günstig auf die Struktur der Klebstoffflotte aus (kurzabreißend statt fadenziehend), verhindern übermäßiges Wegschlagen des Klebstoffs, vermindern die Sprödigkeit und Schrumpfspannungen von UF-Klebern und regulieren den Wasserhaushalt [90].

Da Stärkekörner bei Temperatur- und Feuchteeinwirkung ihre Form verlieren und verkleistern, kann die Struktur der Stärkekörner in Einzelfällen als Indiz für frühere Temperatur- und Feuchteverhältnisse herangezogen werden. Beim Erhitzen mit Wasser quillt die Stärke bei 47–57 °C, die Schichten platzen und bei 55–87 °C entsteht Stärkekleister. Stärke besteht aus Amylose und Amylopektin. Amylose löst sich in siedendem Wasser und heißt daher ›lösliche Stärke‹. Mit Jod färbt sich Amylose blau. Das Amylopektin verkleistert in siedendem Wasser. Mit Jod färbt es sich rotviolett.

Bei wenig gedämpften Hölzern liegen die als Reservestoffe in den Parenchymzellen (Speicherzellen) abgelagerten holzeigenen Stärkekörner in ihrer natürlichen runden Körnerform vor. Sie lassen sich mit Lugolscher Lösung dunkelblau anfärben. Bei gut gedämpften Hölzern verkleistert jedoch die Stärke und zeigt sich im mikroskopischen

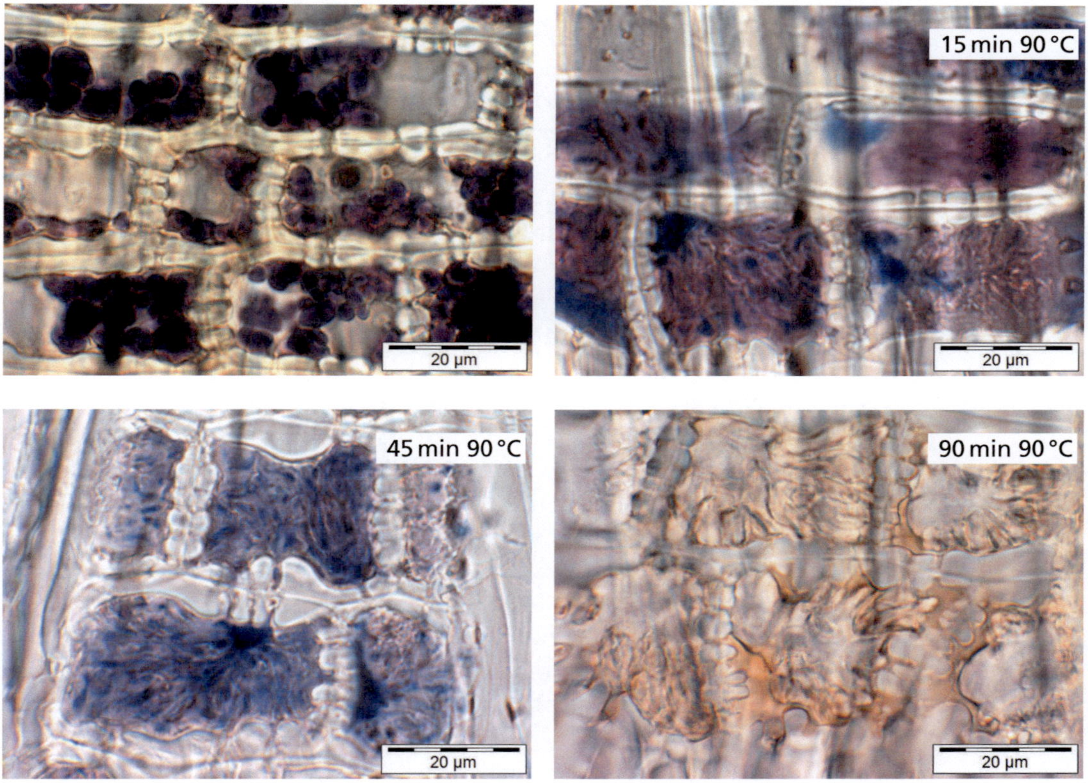

Bild 5.111 Mit Lugolscher Lösung gefärbte Stärkekörner in Buchenholz. Links oben: Ursprungszustand. Mit zunehmender Lagerung in 90 °C heißem Wasser platzen die Körner auf und die blau gefärbte Amylose trennt sich von dem rot gefärbten Amylopektin. Im Laufe des weiteren Kochens verblassen die Farben und braune Dextrine bleiben zurück.

Bild nur noch als homogener verkleisterter Brei ohne jede Struktur. Die verkleisterte Holzstärke färbt sich auch nicht mehr dunkelblau, sondern weinrot an, da sie sich beim Verkleistern in ihre Komponenten aufspaltet. Im weiteren Verlauf tritt dann eine Umwandlung der Stärke in Dextrine ein, wie aus der bräunlichen Verfärbung geschlossen werden kann (Bild 5.111). Man kann also unter dem Mikroskop deutlich unterscheiden, ob ein Holz nicht, bzw. sehr wenig oder gut gedämpft wurde [79]. Hinweise zum Nachweis verschiedener Stärkearten finden sich in [103] und [12].

5.10 Chemische Untersuchungsmethoden

Beim Arbeiten mit Chemikalien sind Vorschriften zur Sicherheit und zur Entsorgung zu beachten!

5.10.1 Färbemethoden

Färbemethoden beruhen auf chemischen Reaktionen oder physikalischen Einlagerungen oder Anlagerungen. Teilweise sind die Färbungen sehr spezifisch für eine spezielle Substanz oder Substanzgruppe. So z. B. Ninhydrin für Eiweiße. Andere Färbemethoden sind unspezifisch und erlauben lediglich die Aussage, dass an bestimmten Stellen irgendetwas ›anders‹ ist als an anderen Stellen. Nicht verfärbte Zonen auf einer Holzoberfläche, die z. B. mit verdünnter Tinte oder dem in Wasser gelösten Farbstoff Baumwollblau ›gebeizt‹ wurde, zeigen nur, dass an dieser Stelle kein Farbstoff aufgenommen wurde (Bild 5.112). Ob dies durch Flecken von Öl, Klebstoff oder einer anderen Substanz verursacht wurde, kann damit nicht beurteilt werden.

Anders als mikroskopische Färbemethoden, die immer nur einen kleinen Ausschnitt sichtbar machen, können mit Färbemethoden auf stückigen Proben auch größerflächige Verteilungen von Substanzen dokumentiert werden. Für die Beurteilung von Schadensursachen ist das

Bild 5.112 Flecken auf gebeiztem Buchensperrholz (links) traten auch auf Rohmaterial auf, das mit einer blauen Farbstofflösung ›gebeizt‹ wurde. Derartige Flecken sind typisch für Verschmutzungen z. B. durch Klebstoff.

äußerst hilfreich Aus der Sicht von Chemikern sind Färbemethoden zwar in der Regel zu unspezifisch und zu störanfällig. Wenn man aber über die Limitierungen der jeweiligen Färbemethoden weiß, wiegt das Wissen über die Verteilung der Substanzen auf dem Objekt diese Einschränkung oft bei weitem auf.

Manche Färbemethoden sind sowohl für stückige Proben und direkte Betrachtung, als auch für mikroskopische Untersuchungen anwendbar. Andere Methoden sind nur für eine der genannten Anwendungen geeignet. Im Folgenden werden nur einfache und zuverlässige Färbemethoden beschrieben, die selber regelmäßig erfolgreich angewendet wurden. Nicht berücksichtigt werden an dieser Stelle Standardmethoden für holzanatomische Fragestellungen an Dünnschnitten (z. B. Safranin Astrablaufärbung) und Nachweisreagenzien für Holzschutzmittel wie sie z. B. bei [78] beschrieben sind. Zahlreiche weitere Färbemethoden zum Nachweis spezieller chemischer Substanzen beschreibt z. B. [75].

Die folgenden Substanzen können auf die zu untersuchenden Zonen aufgetropft oder mit dem Pinsel aufgetragen werden. Für eine kontrastreiche und dekorative fotografische Dokumentation kann es hilfreich sein, die Substanz auf z. B. einen kleinen Rundfilter oder ein zugeschnittenes Papiertuch zu geben und dieses dann auf die Oberfläche zu legen (Bild 5.119). Die Grenzen der Färbung sind dann durch die Form des Papiers definiert. In manchen Fällen kann es sinnvoll sein, das Austrocknen der Substanz mit einem kleinen übergestülpten Glasgefäß zu verhindern. Wenn eine längere sehr intensive Färbung auf Teilflächen einer Probe vorgesehen ist, können die in Wasser gelösten Farbstoffe in Schälchen gefüllt und von unten an die zu färbende Stelle platziert werden. Die Probe mit dem Schälchen wird dann gestürzt. Die Oberflächenspannung des Wassers verhindert das Auslaufen. (Bild 5.61). Die Inhalte von Blasen in Beschichtungen können analysiert werden, indem die Blasen mit einer feinen Nadel angestochen werden und dann mit den entsprechenden Farbstofflösungen behandelt werden [86].

Außer bei sehr zuverlässigen Färbemethoden bzw. Methoden, mit denen größere Erfahrung vorhanden ist, sollten stets sowohl Negativals auch Positivkontrollen durchgeführt werden. Das heißt das Reagenz wird sowohl auf eine Probe getropft, welche die Zielsubstanz sicher enthält. Im Falle eines Nachweises von Harnstoffharz mit Dimethylaminozimtaldehyd (DACA) wäre dies z. B. eine mit Harnstoffharz gebundene Spanplatte. Der Negativnachweis erfolgt, indem das DACA auf ein frisches Stück Massivholz getropft wird. Nur wenn die Farbreaktion auf der Spanplatte stattfindet, nicht aber auf dem Massivholz, kann von einer zuverlässigen Farbreaktion auf einer zu untersuchenden Probe ausgegangen werden.

Zwei Nachweismethoden des Ammoniakgehalts von geräucherter Eiche beschreibt [95] auf den Seiten 273 ff. Im einfachsten Fall wird dazu die Verfärbung eines unbehandelten Eichenstücks beurteilt, das an einen Abschnitt des geräucherten Holzes mit einem Klebeband fixiert und bei 20 °C für 24 Stunden und anschließend bei 60 °C gelagert wird. Wenn auch nach mehreren Stunden Lagerung bei 60 °C keine Verfärbung der ungeräucherten Eiche auftritt kann davon ausgegangen werden, dass keine Beeinträchtigungen bei der Verarbeitung des geräucherten Eichenholzes auftreten werden [95].

Lugolsche Lösung – Stärke/PVAc

Lugolsche Lösung ist ein sehr hilfreiches und einfach anwendbares Nachweisreagenz. Mit Lugolscher Lösung – einer Mischung aus Iod, Kaliumiodit und Wasser – werden Stärke und Polyvinylacetat (PVAc) angefärbt. Stärke wird durch das Reagenz blau, rot oder dunkelbraun bis schwarz, während PVAc dunkelrot bis dunkelrotbraun gefärbt wird (Zur Mikroskopie von Stärkekörnern siehe Kapitel 5.9.6). PVAc ist der wesentliche Bestandteil der meisten ›Weißleime‹. Zudem gibt es bestimmte Außenbeschichtungen sowie z. B. Dispersionsklebstoffe für Parkett etc., die zu großen Teilen aus PVAc bestehen. Die Färbung ist so charakteristisch, dass oft eine eindeutige Identifikation möglich ist. Auf massive Proben wird die Lösung einfach mit einem Pinsel aufgetragen oder aufgetropft. Die Farbreaktion erfolgt innerhalb weniger Sekunden. Bild 5.113 zeigt die geöffnete Eckverbindung eines Fensters mit und ohne Anfärbung durch Lugolsche Lösung. In den Bildern 5.114 und 5.115 sind mikroskopische Anwendungen von Lugolscher Lösung dargestellt.

Bild 5.113 Durch die Färbung einer geöffneten Eckverbindung eines Fensters mit Lugolscher Lösung wird erkennbar, dass überall einseitig PVAc-Klebstoff angegeben wurde. Da die beiden Hölzer nicht passgenau gefertigt waren, haben sich die Fügeflächen allerdings nur stellenweise berührt. In die verbleibende Fuge konnte nach dem Verkleben die weiße Grundierung eindringen.

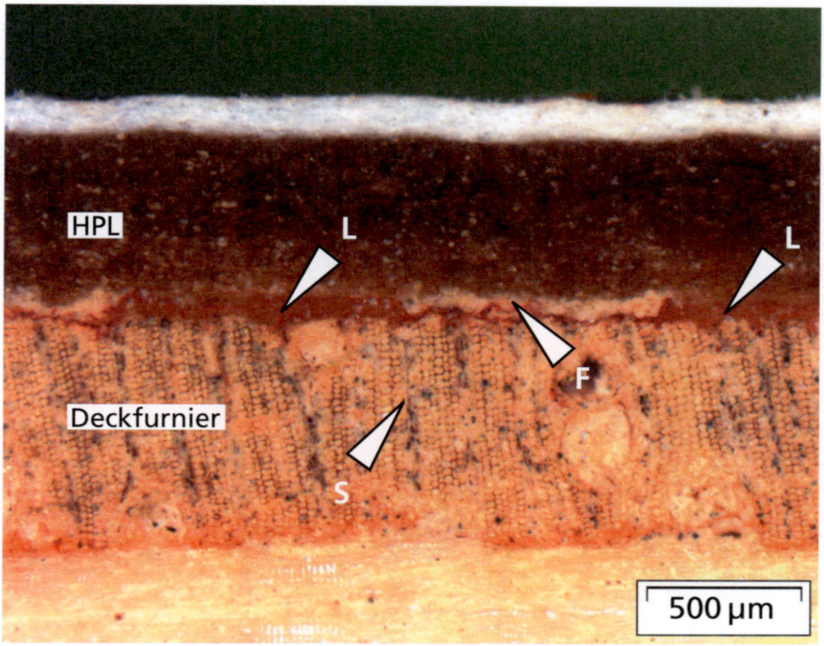

Bild 5.114 Querschliff von HPL auf Sperrholz. Der PVAc-Klebstoff wurde mit Lugolscher Lösung dunkelrot gefärbt. Die Stärke im Deckfurnier färbt sich schwarz (S). Deutlich erkennbar sind die nicht verpressten Klebstoffraupen (L) und der fehlende Klebstoff zwischen den Raupen (F).

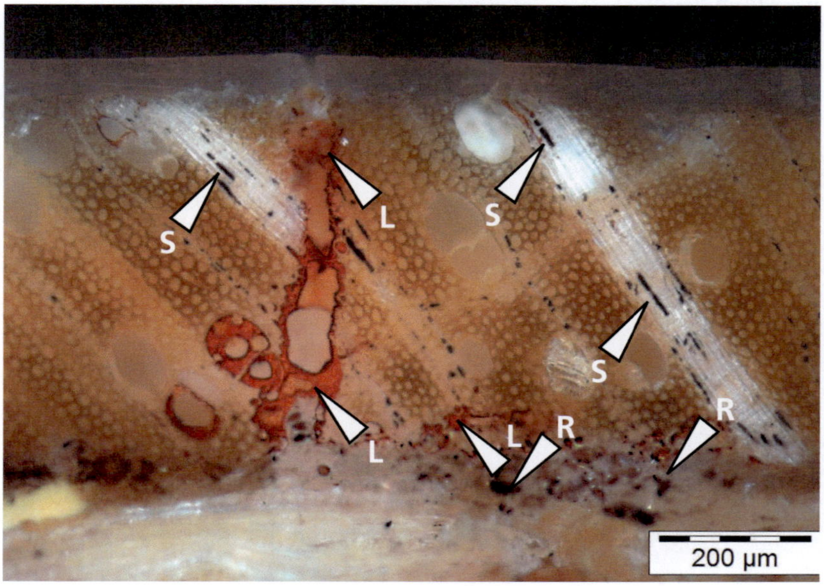

Bild 5.115 Querschnitt durch verklebte Buchenfurniere. Durch Lugolsche Lösung wurde die Stärke (S) in den Holzstrahlen sowie das als Streckmittel in der UF-Flächenverklebung verwendete Roggenmehl (R) bräunlich gefärbt. Der für die Verklebung des Furnierstoßes verwendete PVAc-Klebstoff (L) färbt sich mit der Lugolschen Lösung rot-braun.

Bild 5.116 Bestimmung des pH-Werts mit Indikatorpapier. Auf der Oberfläche des lackierten Eichenfurniers ist der pH-Wert mit pH 5 nur schwach sauer. Dort, wo die Oberfläche angekratzt wurde, wird ein stark saurer pH-Wert von 1 nachgewiesen. Bei bestimmten Brandschutzbeschichtungen können die Inhaltsstoffe zu starken Säuren abgebaut werden.

pH-Indikatoren

Der pH-Wert von Materialien kann sowohl ein Indikator für die eigentliche Schadensursache sein, als auch zur Kontrastierung von z. B. Klebstoffen dienen oder das Kern- und Splintholz von Eukalyptusarten sichtbar machen [115]. Im einfachsten Falle sind handelsübliche pH-Indikatorpapiere ausreichend. Üblicherweise wird auf die zu untersuchende Oberfläche etwas Wasser getropft. Nach kurzer Einwirkzeit wird das Indikatorpapier auf die gerade noch nasse Oberfläche aufgelegt (Bild 5.116).

Genauere Werte liefern Oberflächenelektroden [61]. Werden Substanzen zerkleinert und für definierte Zeit in Wasser gelagert, kann mit pH-Elektroden neben dem pH-Wert auch die Pufferkapazität, also die Änderung des pH-Werts bei Zugabe von Säuren/Laugen bestimmt werden.

Zur Kontrastierung von Klebstofffugen und zur Dokumentation der Verteilung von pH-Werten hat sich die Universalindikator-Lösung bewährt [114]. Die Lösung besteht aus mehreren pH-Indikatoren, die den Klebstoff vom Holz gut unterscheidbar machen, falls das Holz und der Klebstoff unterschiedliche pH-Werte haben (Bilder 5.117 und 5.118).

Der Indikator besteht aus: 0,25 g Methylorange, 0,25 g Bromkresolgrün, 0,01 g Indigokarmin in 50 ml Ethanol gelöst und mit 25 ml destilliertem Wasser aufgefüllt.

Bild 5.117 Färbung eines MUF-Klebstoffs mit Universalindikator. Die rote Färbung des sauren Klebstoffs kontrastiert mit dem grün gefärbten Holz.

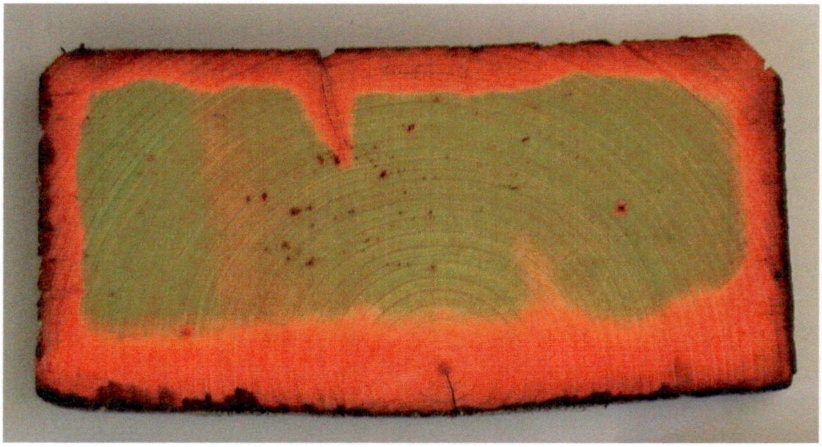

Bild 5.118 Ein mit Universalindikator behandelter Querschnitt eines Trägers aus einer Feuerverzinkerei. Salzsäuredämpfe haben die äußeren Zonen des Holzes angesäuert.

Baumwollblau (Methylblau) – Diverse

Baumwollblau ist ein einfach zu handhabender wasserlöslicher blauer Farbstoff für eine Vielzahl von Anwendungen. Bisherige Versuche zeigen, dass die Farbstofffront annähernd gleich der Wasserfront ist. Der Farbstoff ist daher gut geeignet, um das Eindringen von Wasser in Holz zu dokumentieren (Bild 5.60). Wenn es nicht auf das Eindringverhalten ankommt, kann alternativ auch Füllertinte verwendet werden, z. B. zum Sichtbarmachen des Faserverlaufs (Bild 4.3).

Kaliumthiocyanat – Eisen

Verfärbungen von Hölzern oder Beschichtungen durch Eisen können mit Kaliumthiocyanat (Kaliumrhodanid) nachgewiesen werden. In der Anwesenheit geringster Mengen an dreiwertigen Eisen-Ionen färbt sich in Wasser gelöstes, mit etwas Salzsäure versetztes Kaliumthiocyanat tiefrot (Bild 5.119). Gegebenenfalls ist eine Zugabe von Wasserstoffperoxid notwendig, um das zweiwertige Eisen zu dreiwertigem Eisen zu oxidieren.

Speziell auf rohem Holz kann es sich bei schwarzen Punkten entweder um Eisenpartikel oder um Oberflächenpilze handeln. In diesen Fällen kann entweder ein Eisennachweis durchgeführt werden, oder mit einer Lupe oder unter dem Mikroskop wird geprüft, ob es sich um Pilzhyphen handelt. Die charakteristischen Fäden der Pilze sind ein sicheres Erkennungsmerkmal (Bild 5.120).

Echtblausalz B – Kiefer-Kernholz

Bei manchen Kiefernsortimenten ist das Kernholz vom Splintholz besonders auf frisch bearbeiteten Oberflächen mit bloßem Auge fast nicht zu unterscheiden. Nach dem Aufstreichen oder Aufsprühen einer frischen Lösung von ca. 0,2 % Echtblausalz (Fast Blue B Salz) in Wasser wird das Kernholz von Kiefern nach wenigen Minuten durch eine kräftige rote Färbung erkennbar (Bild 5.121). Laut [115] ist auch Fast Red B Salz geeignet. Für Fichtenkernholz ist dagegen derzeit noch keine befriedigende Nachweismethode etabliert.

Sudan IV – Fette, Wachse, Öle

Wasserabweisende (hydrophobe) Substanzen wie Fette, Öle, Wachse, aber auch z. B. viele Schmelzkleber können mit Sudan IV (andere Sudanfarbstoffe sind wahrscheinlich auch geeignet) gefärbt werden. Nach derzeitigem Kenntnisstand können Sudanfarbstoffe nur an Dünnschnitten angewendet werden, da der Farbkontrast bei stückigen Proben zu gering ist und offensichtlich geometrische Einflüsse (verstärkte Aufnahme an Kanten und in Kapillaren) die Färbung stark beeinflussen. Sudan IV wird in Ethanol gelöst (z. B. 0,1 % in 80 % Ethanol), und direkt auf den Schnitt geträufelt. Auswaschen ist nicht notwendig.

An stückigen Proben kann die Färbung gelingen, wenn statt einer Farbstofflösung mit dem reinen Pulver oder einer Mischung des Farbstoffpulvers und gemahlener Kreide angewandt wird (Bild 5.122). In Ausnahmen kann die stückige Probe gefärbt und anschließend zu Dünnschnitten verarbeitet werden, z. B. weil die Färbung nicht mit der in Kapitel 5.9.2 beschriebenen Klebstofffilmmethode funktioniert. Ein Beispiel für die Färbung einer mit Sudan IV gefärbten öligen Oberflächenbeschichtung zeigt Bild 5.94.

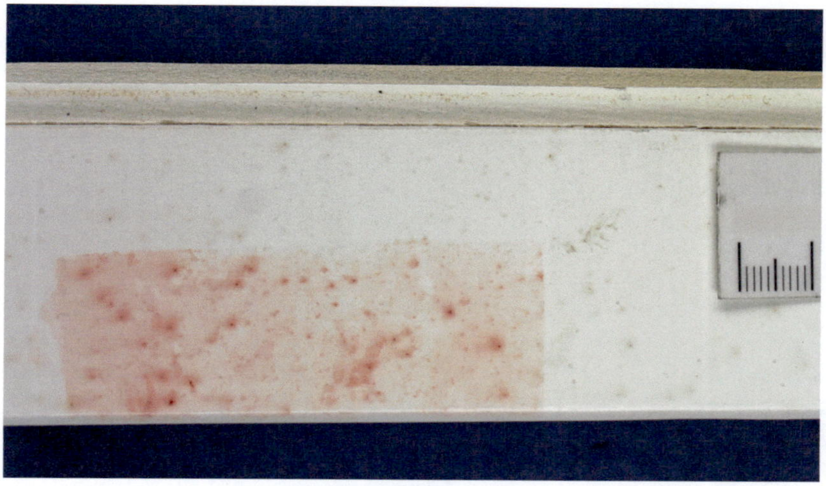

Bild 5.119 Graue Verfärbungen auf der Lackoberfläche eines Fensters. Auf einen Abschnitt eines saugfähigen Papiers wurde Kaliumthiocyanat-Lösung geträufelt und auf das Fenster gelegt. Die rote Färbung zeigt Eisen als Ursache der Verfärbung.

Bild 5.120 Links: Eisenpartikel auf Douglasienholz. Das rote Quadrat zeigt den positiven Nachweis auf Eisen mit Kaliumthiocyanat. Rechts: Als schwarzer Punkt auf Lärchenholz erscheinender Befall durch Oberflächenpilze bei mikroskopischer Betrachtung. Mit bloßem Auge sind Oberflächenpilze meist nicht sicher von Eisenpartikeln unterscheidbar. Bereits mit einer Lupe ist in der Regel jedoch eine sichere Diagnose möglich.

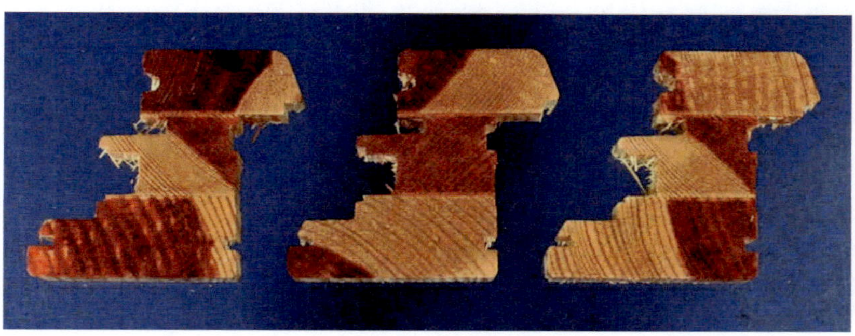

Bild 5.121 Färben von Kiefern-Kernholz mit Fast Blue B Salz

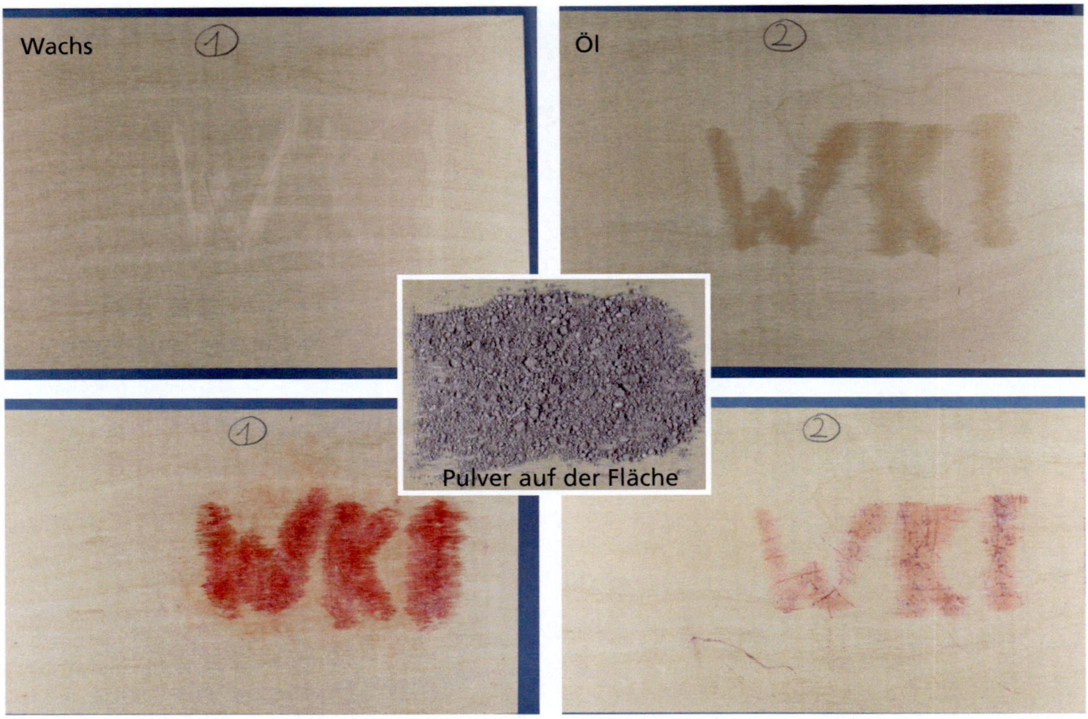

Bild 5.122 Experimentelles Färben von Wachs und Öl auf Birkensperrholz. Auf die mit Wachs (links) und Öl (rechts) beschrifteten Bereiche wurde ein Pulver aus Sudan IV und Kreide (1:20) gegeben. Die mit Wachs behandelte Probe wurde für wenige Minuten bei 140 °C gelagert und zeigt nach dem Entfernen des Pulvers die Wachsbeschriftung. Die mit Öl behandelte Probe zeigte nach einer Stunde bei Raumtemperatur beim Entfernen des Pulvers ebenfalls die Beschriftung.

DACA – Harnstoff und Isocyanate

Dimethylaminozimtaldehyd (DACA) färbt Harnstoff, Harnstoffharze und Isocyanate [100] (Bild 5.123). Die Lösung von 0,3 % p-Dimethylaminozimtaldehyd in Ethanol/15 % HCl (5:2 V/V) ist ca. zwei Monate verwendbar, wobei die Farbreaktion im Laufe der Zeit schwächer wird.

Die Geschwindigkeit der Färbung ist temperaturabhängig. Bei Raumtemperatur ist ein Farbumschlag nach 2 bis 15 Minuten zu erwarten. Für Durchlichtmikroskopie und zur Differenzierung sehr feiner Strukturen ist die Färbung in der Regel nicht geeignet, da immer auch angrenzende Bereiche mit angefärbt werden.

DACA färbt bestimmte Laubhölzer wie Buche und Kirschbaum grün (Bild 5.124). Die Ursache der Reaktion ist unbekannt; vermutet werden bestimmte Gerbstoffe [100].

Bild 5.123 Färbung eines Dreischichtparketts mit DACA. Der UF-Klebstoff (Harnstoffharz) ist rötlich gefärbt. Auch Holzrisse sind mit Klebstoff gefüllt. Die Risse waren demnach bei der Verklebung bereits vorhandenen und der Pressdruck kann nicht zu gering gewesenen sein.

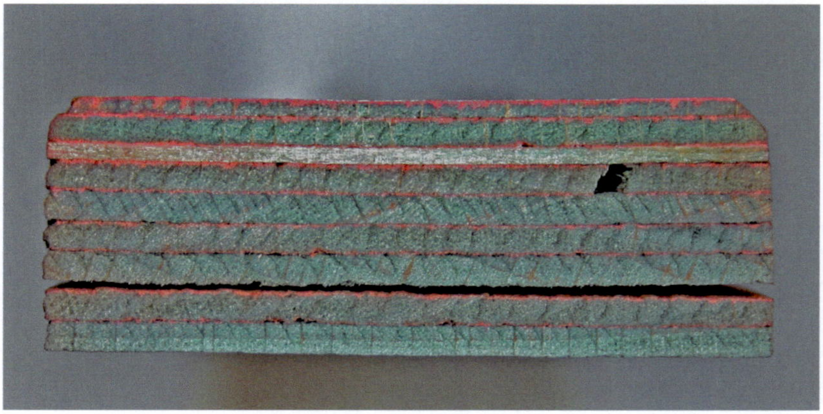

Bild 5.124 Der UF-Klebstoff eines Furnierschichtholzes färbt sich rötlich durch die Färbung mit DACA. Die Buchenfurniere wurden durch den Farbstoff grün verfärbt.

Ninhydrin – Eiweiß

Ninhydrin ist ein Reagenz zum Nachweis von Eiweißen. 0,1 g Ninhydrin werden in 10 ml 96 % Ethanol gelöst und auf 100 ml mit destilliertem Wasser aufgefüllt. Mögliche Anwendungen sind z. B.: Nachweis von Fingerabdrücken [2], Urin, Verunreinigungen durch Pflanzensamen, Eiweißklebstoffe und -Farben, Sichtbarmachung von Eiweißverteilungen in Holz. Bild 5.125 zeigt den Nachweis von Leinsamen in einer Spanplattenoberfläche durch Anfärben mit Ninhydrin. In Bild 5.126 ist dargestellt, wie der Eiweißgehalt von Bambusstäben mit diesem Farbstoff abgeschätzt werden kann.

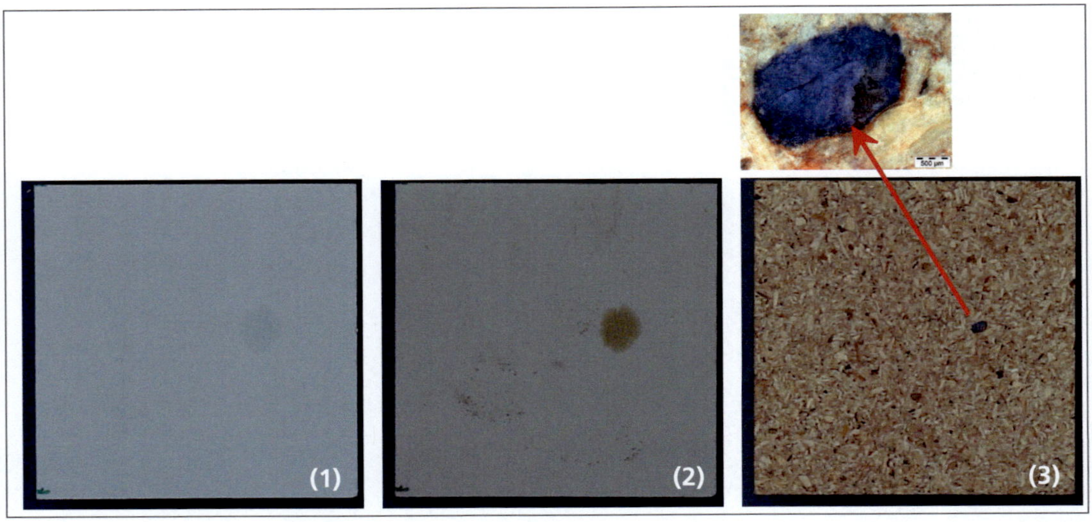

Bild 5.125 Verfärbungen auf Gegenzugpapieren (1) ließen sich durch die Bedampfung mit Iod anfärben (2). Nach dem Abschleifen des Papiers konnte der unter dem Fleck liegende Leinsamen mit Ninhydrin blau gefärbt werden (3)

Bild 5.126 Zwei aneinandergrenzende Abschnitte einer Dreischichtplatte aus Bambus. Der obere Abschnitt wurde mit Lugolscher Lösung gefärbt. Die dunkel gefärbten Zonen zeigten das Vorkommen von Stärke in den Bambusstäben. Der untere Abschnitt wurde mit Ninhydrin gefärbt. Die Lilafärbung einzelner Stäbe zeigt, dass hier Eiweiße vorhanden sind. Offensichtlich korreliert das Vorkommen von Stärke nicht mit dem Vorkommen von Eiweißen.

Iodbedampfung – Diverse

Die aus der Kriminaltechnik [2] bekannte Methode der Bedampfung mit Iod hat sich in manchen Fällen auch zur Klärung holzkundlicher Fragestellungen bewährt. Obwohl die Iodfärbung nur in Einzelfällen spezifisch auf bestimmte Substanzen reagiert, führt die häufig unterschiedliche Färbung verschiedener Schichten oder Substanzen zu einer

Bild 5.127 Bedampfen einer Probe mit Iod. Die Probe wird zusammen mit elementarem Iod in ein transparentes, verschließbares Gefäß gelegt. Sobald die Färbung ausreichend intensiv ist, wird die Probe entnommen.

wertvollen optischen Differenzierung von sonst kaum zu unterscheidenden Stoffen. Bedampfen hat zudem grundsätzliche Vorteile gegenüber flüssigen Farblösungen:

- Eine Verschleppung von Substanzen durch das Lösemittel, z. B. Wasser wird vermieden
- Keine Quellung des Holzes
- Der Fortschritt der Färbung kann visuell beurteilt werden. Die Bedampfung kann jederzeit abgebrochen oder verlängert werden.

Iod reichert sich bevorzugt in wenig polaren Substanzen an (z. B. in Fettbestandteilen von Fingerabdrücken). Eine chemische Reaktion erfolgt mit ungesättigten Fettsäuren, z. B. in Leinöl (Bild 5.125). Intensiv färbbar sind erfahrungsgemäß Schmelzkleber (Bild 5.128). Eine offensichtlich sehr spezifische Reaktion erfolgt zudem mit Epoxiden. Epoxide färben sich im Iod-Dampf intensiv rot (Bild 5.129). Auch Baumharz kann durch die Bedampfung mit Iod zuverlässig angefärbt werden (Bild 5.130). Mit Iod bedampfte Oberflächen verlieren ihre Fluoreszenz. In manchen Fällen kann dies bei der Diagnose hilfreich sein (Bild 5.131).

Zu Bedampfung wird eine kleine Menge Iod auf den Boden eines transparenten Gefäßes gelegt. Die Probe wird so platziert, dass die interessierende Fläche möglichst gleichmäßig von den entstehenden Iod-Dämpfen erfasst wird (Bild 5.127). Dabei ist zu beachten, dass Iod-Dampf schwerer ist als Luft. Sobald die Intensität der Färbung ausreichend ist, wird die Probe entnommen. Meist liegen die geeig-

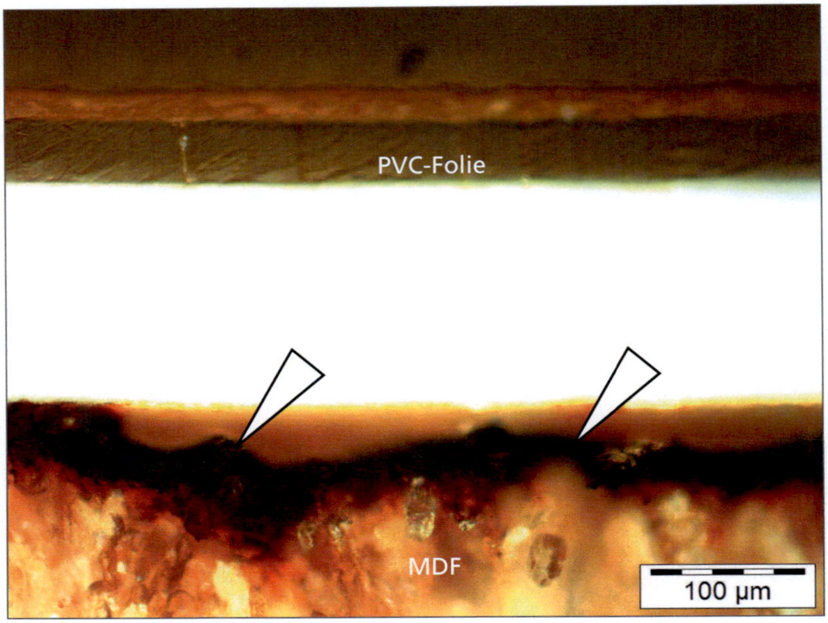

Bild 5.128 Durch Bedampfung mit Iod dunkelbraun gefärbter PU-Schmelzkleber zwischen einer MDF-Platte und einer PVC-Folie

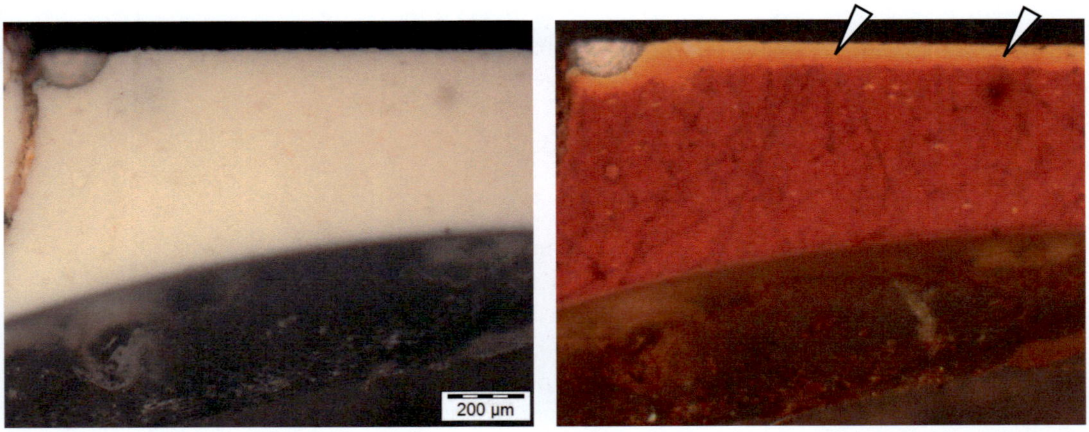

Bild 5.129 Querschnitt einer bewitterten Epoxidharzoberfläche vor (links) und nach der Iod-Bedampfung (rechts). Die Zone mit geringerer Anfärbung auf der Oberseite zeigt einen Abbau des Epoxidharzes.

neten Einwirkzeiten zwischen 15 Minuten und zwei Stunden, wobei die Reaktion durch Wärme deutlich beschleunigt werden kann. Vor dem Mikroskopieren sollte die Probe einige Minuten ablüften. Wegen der Giftigkeit und der korrosiven Wirkung von Iod sollte das Färben in einem Abzug durchgeführt werden. Die Färbung kann visuell oder mikroskopisch beurteilt werden.

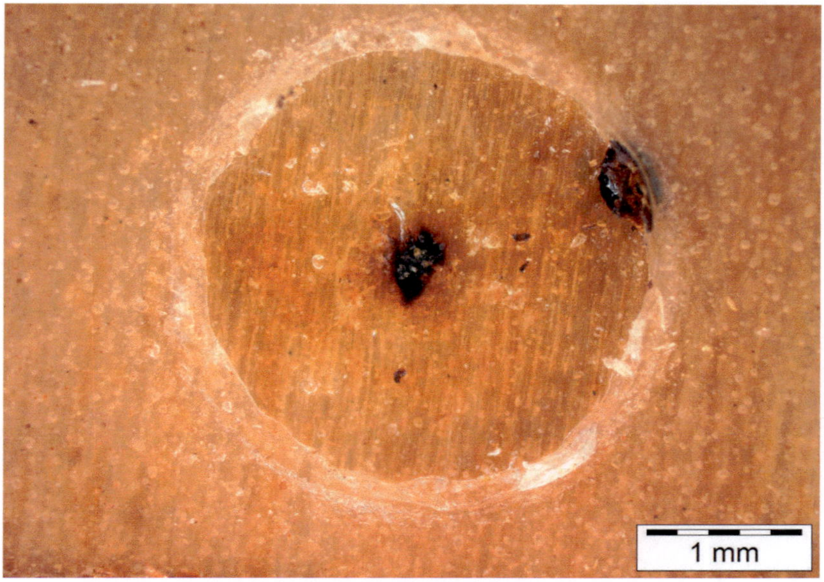

Bild 5.130 Die nach der Bedampfung mit Iod resultierende Braunfärbung am Grund einer Blase zeigt, dass dort Baumharz aus dem Holz in die Grundierung eingedrungen ist.

Bild 5.131 Querschnitt von lackiertem Furnier der Holzart Sapeli auf einer Spanplatte. Es war zu prüfen, ob Verfärbungen auf der Oberseite durch Klebstoffdurchschlag verursacht waren. Die Bilder zeigen denselben Querschnitt vor (oben) und nach der Bedampfung mit Iod bei UV-Fluoreszenzanregung. Sowohl der Lack als auch der Klebstoff zeigen ursprünglich eine blaue Fluoreszenz. Beim Bedampfen wird Iod bei diesem Präparat bevorzugt von dem transparenten Lack absorbiert. Da Iod die Fluoreszenz des Lackes auslöscht, wird durch das Bedampfen mit Iod deutlich, dass der Klebstoff auch in oberflächennahe Gefäße eingedrungen ist.

Fertigtest – Formaldehyd – Diverse

Eine Reihe von Schnelltests, mit denen auch die Substanzmenge abgeschätzt werden kann, sind erhältlich. Z. B. für Wasserstoffperoxyd, Ammoniak, Harnstoff und viele andere Substanzen. Für Formaldehyd gibt es z. B. einen Schnelltest, bei dem lediglich zwei Reagenzien mit Wasser gemischt werden. Eigentlich ist das Reagenz dafür vorgesehen, die Menge an Formaldehyd in Wasser zu bestimmen. Das Reagenz kann aber auch auf eine Oberfläche aufgeträufelt werden. In Abhängigkeit von der Menge an freiem Formaldehyd färbt sich das Reagenz mehr oder weniger intensiv Lila. Auf einer ausschließlich mit Isocyanat verklebten Holzwerkstoffplatte tritt keine Verfärbung auf.

5.10.2 Apparative Methoden

Aus der großen Anzahl an möglichen apparativen chemischen Untersuchungsmethoden sind hier nur zwei ausgewählt. Sowohl die Infrarot-Spektroskopie als auch die Elementanalyse mittels EDX sind relativ häufig eingesetzte Verfahren bei speziellen Schadensanalysen.

Infrarot-Spektroskopie

Eine der einfachsten, aber sehr wirkungsvollen apparativen chemischen Untersuchungsmethoden ist die Infrarot-Spektroskopie (IR-Spektroskopie). Bei der Bestrahlung mit Wellenlängen im Infrarotbereich absorbieren Teile von Molekülen charakteristische Wellenlängen der Strahlung. Die Absorptionsspektren werden mit Spektren bekannter Stoffe verglichen. Innerhalb von Minuten kann geklärt werden, um was für einen Typ von Klebstoff oder Lack es sich handelt. Bestimmte chemische Verbindungen lassen sich mittels IR-Spektroskopie sehr leicht nachweisen, andere bleiben selbst in relativ hohen Konzentrationen unsichtbar. Bestes Beispiel dafür ist Kohlendioxid (CO_2). Obwohl nur zu 0,058 Masseprozent in der Luft vorhanden, absorbiert es Wellenlängen der IR-Strahlung so stark, dass sorgfältige Kompensationsmaßnahmen bei der IR-Spektroskopie notwendig sind. (Dies ist auch die Ursache des Treibhauseffekts).

Typische Fragen der IR-Spektroskopie sind:

- Um was für einen Lack oder Klebstoff handelt es sich?
- Wurde der Härter richtig dosiert?
- Gibt es deutliche Unterschiede zwischen den Chargen?
- Sind Oberflächen mit z. B. Ölen verunreinigt?

Das am häufigsten angewandte IR-Spektroskopische Verfahren ist die ATR-IR-Spektroskopie. Dabei werden die Proben ohne weitere Vorbereitung auf einen z. B. Diamanten gepresst (Bild 5.132). Ein Teil der im Diamanten reflektierten IR-Strahlung dringt in die Oberfläche der Probe ein und wird dort in Abhängigkeit der dort vorhandenen Moleküle absorbiert.

Bild 5.132 Ein kleines Stück einer Beschichtung wird mit einem Stempel auf den Diamant der ATR-Einheit gepresst.

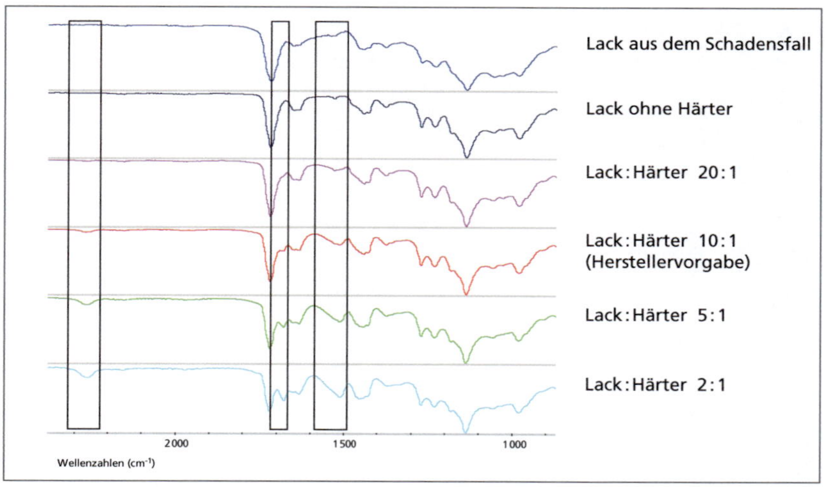

Bild 5.133 IR-Spektren von verschiedenen Härter-Lack-Mischungen im Vergleich zu dem Lack aus einem Schadensfall (oberstes Spektrum); die Banden der Wellenzahlen 2 273 cm^{-1}, 1 686 cm^{-1} und 1 512 cm^{-1} wurden als Indikator der Härterbeimischung herangezogen. Die Spektren belegen, dass der Lack aus dem Schadensfall keinen oder annähernd keinen Härter enthält.

Um abzuschätzen, ob bei einem frühzeitig versagendem 2 K-Lack der Härter richtig dosiert worden war, wurde vom Lackhersteller frisches Material beschafft und in verschiedenen Mengenverhältnissen gemischt. Die IR-spektroskopische Untersuchung zeigte anhand der Absorption bei den Wellenzahlen 2 273 cm^{-1}, 1 686 cm^{-1} und 1 512 cm^{-1}, dass der Lack aus dem Schadensfall am besten mit dem Lack ohne Härter übereinstimmte (Bild 5.133). Offensichtlich war der Härter vergessen oder extrem unterdosiert worden.

EDX

Bei der Energiedispersiven Röntgenspektroskopie (EDX) regt man die Atome der Probe durch den Elektronenstrahl im Rasterelektronenmikroskop (REM) an. Die Atome senden dann Röntgenstrahlung einer für das jeweilige Element spezifischen Energie aus. Diese Strahlung gibt Aufschluss über die Elementzusammensetzung der Probe. Da das Verfahren nur die Art und Menge der vorliegenden Atome erfasst, aber nicht deren Verbindung untereinander, ist die Methode zur Analyse organischer Verbindungen nicht geeignet, sondern bietet sich für anorganische Verbindungen (z. B. Metalle und Salze) oder den Nachweis von Fremdatomen in organischen Verbindungen an.

Bild 5.135 zeigte ein Beispiel für die Anwendung von EDX: Auf einer vor Regen geschützten Fassade aus deckend grau lackiertem Sperrholz traten auch nach Reinigung wiederkehrende weiße Verfärbungen in ungewöhnlicher Verteilung auf. Mikroskopisch wurde erkannt, dass eine weiße Substanz bevorzugt an Spinnenfäden kondensierte, die auf der

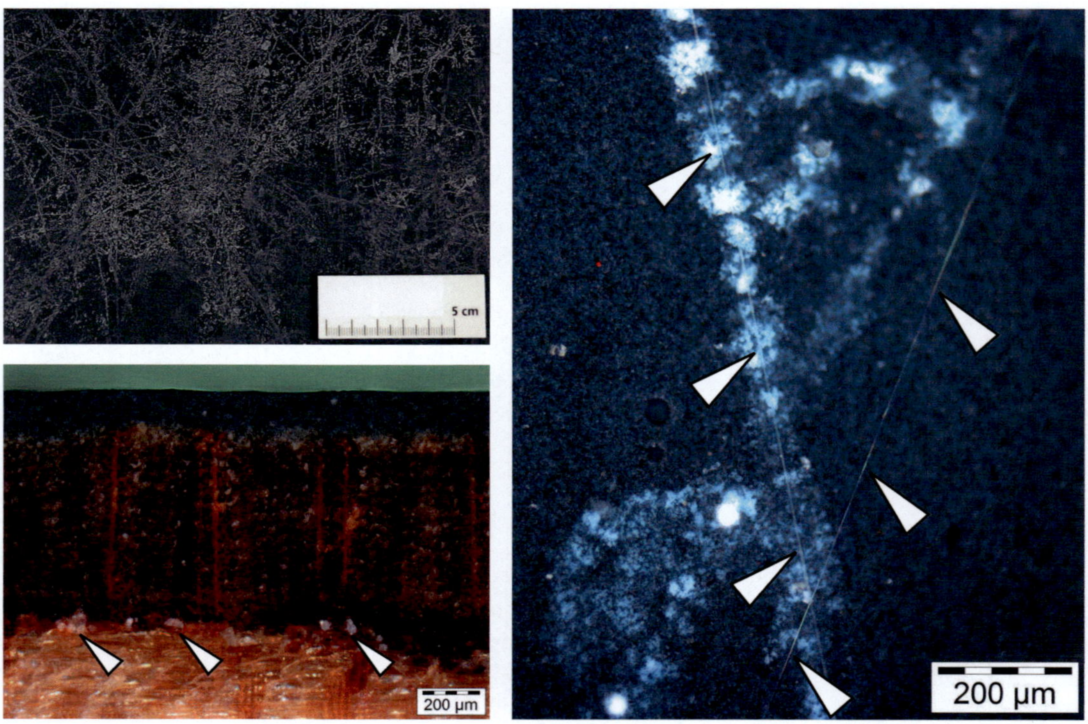

Bild 5.134 Auf der Oberfläche eines lackierten Sperrholzes sind weiße Ausblühungen erkennbar. Die ungewöhnliche Verteilung entsteht, weil die Ausblühungen vor allem unter Spinnenfäden vorkommen (Detailbild rechts). Der Querschnitt (unten) zeigt, dass in dem rötlichen Klebstoff weiße Kristalle vorkommen.

Oberfläche in großer Zahl vorhanden waren. Im Querschnitt der Probe waren auch im Klebstoff des Sperrholzes weiße Strukturen erkennbar (Bild 5.134). Die Untersuchung mittels EDX zeigte, dass es sich sowohl auf der Oberfläche als auch bei den weißen Partikeln in der Klebstofffuge um eine Verbindung aus Schwefel, Natrium und Sauerstoff handelte – z. B. Natriumsulfat oder Natriumsulfit. Die Holzart des Sperrholzes war Araukarie – was eine Herkunft aus Südamerika nahe legt. Abfallprodukte der Papierherstellung wie Natriumsulfat oder Natriumsulfit werden offensichtlich dort manchmal dem Klebstoff zugefügt.

Obwohl mittels EDX nachgewiesen wurde, dass der Klebstoff ungewöhnliche wasserlösliche Substanzen enthielt, war die Schadensanalyse damit noch nicht beendet. Der optische Mangel konnte nämlich nur entstehen, wenn Wasser die wasserlöslichen Substanzen aus dem Klebstoff herauslöste und an die Oberfläche der Platte transportierte. Die Verteilung der Ausblühungen und Spuren von Schimmelpilzen an der Rückseite der Platte zeigten, dass im vorliegenden Fall eine fehlende Dampfsperre zu einem starken Tauwasseranfall geführt hatte. Das an der Rückseite der Platte kondensierende Wasser durchfeuchtete das Sperrholz und verursachte damit die bemängelten Ausblühungen auf der lackierten Sichtseite. Die Ausblühungen waren somit nur ein Indikator für einen vorhandenen bauphysikalischen Mangel. Auch dieses Beispiel zeigt, wie mit der Kombination aus naturwissenschaftlichen Methoden, kritischer Beobachtung und praktischer Kenntnis eine Schadensursache aufgeklärt werden konnte. Wenn solche Erkenntnisse dazu führen, dass Schäden an Holz und Holzwerkstoffen verhindert werden können, hat sich die Arbeit gelohnt.

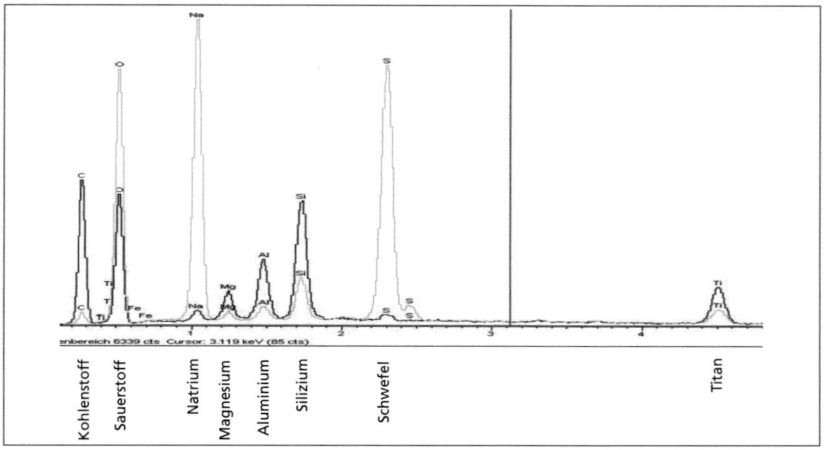

Bild 5.135 EDX-Spektren von der weißen Ablagerung (hellblaue Linie) und der Beschichtung (schwarze Linie). Die weiße Ablagerung besteht vor allem aus Schwefel, Natrium und Sauerstoff. Dagegen besteht die Beschichtung erwartungsgemäß aus Kohlenstoff, Sauerstoff sowie Silizium, Aluminium, Magnesium und Titan.

6 Literatur

[1] Aderhold, J.; Meinlschmidt, P.: Grundlagen der Online-Thermographie. In: Bauer, N. (Hrsg.). Leitfaden zur Wärmefluss-Thermographie. Zerstörungsfreie Prüfung mit Bildverarbeitung. Erlangen: (2005), Nr. S. 5–7.

[2] Amerkamp, U.: Spezielle Spurensicherungsmethoden – Verfahren zur Sichtbarmachung von daktyloskopischen Spuren, Frankfurt a. Main: Verlag für Polizeiwissenschaft, 2002

[3] ASTM E562-08e1 (2008): Standard Test Method for Determining Volume Fraction by Systematic Manual Point Count. ASTM International, West Conshohocken, PA.

[4] Baker, A. J.: Degradation of Wood by Products of Metal Corrosion. In: Forest Service Research Paper FPL 229, Forest Products Laboratory, U.S. Department of Agriculture. Madison, 1974

[5] Böttcher, P.: Oberflächenbehandlung von Holz und Holzwerkstoffen. Stuttgart: Ulmer Verlag, 2004

[6] Bundesamt für Umwelt, Wald und Landschaft (Buwal): Handbuch Probenahme. http://www.geo.uzh.ch/fileadmin/files/content/abteilungen/phys2b/Vorlesungsunterlagen/858/Handbuch_Boden-Probenahme.pdf, Dessau: Publikationen des Buwal, 2003

[7] Bundesausschuss für Farbe und Sachwertschutz (BFS): Beschichtungen auf Holz und Holzwerkstoffen im Außenbereich. BFS Merkblatt 18, Frankfurt a. Main, 2006

[8] Christiansen, A. W.; Knaebe, M.: Diagnostic guide for evaluating surface distortions in veneered furniture and cabinetry. Gen. Tech. Rep. FPL-GTR-143. Department of Agriculture, Forest Service, Forest Products Laboratory. 8 p. Madison, U.S., 2004

[9] Clauß, S.; Kröppelin, U.; Niemz, P.: Quellverhalten dreischichtiger Massivholzplatten. Teil II: Partiell behinderte Quellung. In: Holztechnologie, 51. S. 5–10. Dresden, 2010

[10] Colling, F.: Lernen aus Schäden im Holzbau. Ursachen, Vermeidung, Beispiele. Stuttgart: Fraunhofer IRB Verlag, 2000

[11] Cool, J.; Hernández, R. E.: Evaluation of four surfacing methods on black spruce wood in relation to poly(vinylacetat) gluing performance. Wood and Fibre Science, 43(2). S. 194–205. 2011

[12] Czaja, A.T.: Die Mikroskopie der Stärkekörner. In: Handbuch der Stärke, Band VI, Berlin: Verlag Paul Parey, 1969

[13] De Meier, M.; Thurich, K.; Militz, H.: Comparative Study on Penetration Characteristics of Modern Wood Coatings. Wood Science and Technology 32, 347–365. 1998

[14] Deppe, H.-J.; Ernst, K.: Taschenbuch der Spanplattentechnik. 4. Auflage. Leinfelden-Echterdingen: DRW-Verlag, 2000

[15] Deppe, H.-J.; Ernst, K.: MDF-Mitteldichte Faserplatten. Leinfelden-Echterdingen: DRW-Verlag, 1996

[16] DFG 1998: Empfehlungen der Kommission »Selbstkontrolle in der Wissenschaft«; Deutsche Forschungsgemeinschaft. Weinheim: Wiley-VCH, 1998

[17] DGfH 2002: Merkblatt: Vermeidung von Schimmelpilzbefall an Anstrichflächen außen http://www.holzfragen.de/bilder2/dgfh_schimmel.pdf

[18] DIN 18202:2005-10: Toleranzen im Hochbau – Bauwerke

[19] DIN 4074:2008-12: Sortierung von Holz nach der Tragfähigkeit – Teil 1: Nadelschnittholz

[20] DIN 68861:2011-01: Möbeloberflächen – Teil 1: Verhalten bei chemischer Beanspruchung

[21] DIN 53255:1964-06: Prüfung von Holzleimen und Holzverleimungen; Bestimmung der Bindefestigkeit von Sperrholzleimungen (Furnier- und Tischlerplatten) im Zugversuch und im Aufstechversuch

[22] DIN EN 1310:1997-08: Rund- und Schnittholz – Messung der Merkmale

[23] DIN EN 1534 (2000): Parkett und andere Holzfußböden. Bestimmung des Eindruckwiderstandes (Brinell). Beuth Verlag.

[24] DIN EN 204:2001-09: Klassifizierung von thermoplastischen Holzklebstoffen für nichttragende Anwendungen

[25] DIN EN 205:2003-06: Klebstoffe – Holzklebstoffe für nichttragende Anwendungen – Bestimmung der Klebfestigkeit von Längsklebungen im Zugversuch

[26] DIN EN 350-2:1994-10: Natürliche Dauerhaftigkeit von Vollholz. Leitfaden für die natürliche Dauerhaftigkeit und Tränkbarkeit von ausgewählten Holzarten von besonderer Bedeutung in Europa

[27] DIN EN 391:2002-04: Brettschichtholz – Delaminierungsprüfung von Klebstofffugen

[28] DIN EN 438-2: 2005-04: Dekorative Hochdruck-Schichtpressstoffplatten (HPL). Platten auf Basis härtbarer Harze (Schichtpressstoffe) – Teil 2: Bestimmung der Eigenschaften

[29] DIN EN 13183-1:2002-07: Feuchtegehalt eines Stückes Schnittholz – Teil 1: Bestimmung durch Darrverfahren

[30] DIN EN 13183-2:2002-07: Feuchtegehalt eines Stückes Schnittholz – Teil 2: Schätzung durch elektrisches Widerstands-Messverfahren

[31] DIN EN 13183-3:2005-06: Feuchtegehalt eines Stückes Schnittholz – Teil 3: Schätzung durch kapazitives Messverfahren

[32] DIN EN 302-2:2004-10: Klebstoffe für tragende Holzbauteile – Prüfverfahren – Teil 2: Bestimmung der Delaminierungsbeständigkeit

[33] DIN EN 13779:2007-09: Lüftung von Nichtwohngebäuden – Allgemeine Grundlagen und Anforderungen für Lüftungs- und Klimaanlagen und Raumkühlsysteme

[34] DIN EN ISO 2409:2007-08: Beschichtungsstoffe – Gitterschnittprüfung

[35] DIN EN ISO 4618:2007-03: Beschichtungsstoffe – Begriffe

[36] Engelfried, R.: Schäden an polymeren Beschichtungen. Stuttgart: Fraunhofer IRB Verlag, 2001 (Schadensfreies Bauen; 26)

[37] Erler, K.: Chemische Korrosion von Holz und Holzkonstruktionen. Stuttgart: Fraunhofer IRB Verlag, 2000

[38] Flemming. H.: Die Bestimmung der Oberflächengüte an schwierigem Material. Z. f. wirtschaftliche Fertigung Bd. 56 (1957) H. 1; S. 67/72. In: Kehr, F.: Zur Verbesserung der Oberflächengüte von Spanplatten. Holz als Roh- und Werkstoff (24) 7. S. 295–305. 1966

[39] Forest Products Laboratory: Wood handbook – Wood as an engineering material. General Technical Report FPL-GTR-190. Departement of Agriculture, Forest Service, Forest Products Laboratory, 2010

[40] Frech, P.: Beurteilungskriterien für Rissbildungen bei Bauholz im konstruktiven Holzbau. Holzbau-Statik-Aktuell, Folge 10; 1988

[41] Frihart, C.: Adhesive Groups and How They Relate to the Durability of Bonded Wood. Journal of Adhesion Science and Technology 23, 601–617, 2009

[42] Gehrts, E.: Rissbildung an lackierten MDF-Kanten. Holz- und Kunststoffverarbeitung. 1264–1265, 1992

[43] Goisman und Kaplan: An Experimantal Study of Cracking Induced by Desiccation. Europhys. Lett. 25 (6). S. 415–420, 1994

[44] Grosser, D.: Pflanzliche und tierische Bau- und Werkholzschädlinge. Leinfelden-Echterdingen: DRW-Verlag, 1985

[45] Grunmach 1910: In: Wolf, K.L.: Physik und Chemie der Grenzflächen. Erster Band, S. 95. Berlin: Springer Verlag, 1957.

[46] Herrmann, B.; Saternus, K.-S.: Kriminalbiologie. Berlin: Springer Verlag, 2007

[47] Huckfeldt, T.; Schmidt, O.: Hausfäule und Bauholzpilze. Diagnose und Sanierung. Köln: Verlagsgesellschaft Rudolf Müller, 2006

[48] Illy, A.; Grüll, G.; Spitaler, I.: Farbänderung durch Holz-Klebstoff-Reaktion. Holzzentralblatt (33) S. 805 und 806, 2011

[49] Katzengruber, R.; Jeitler, G.; Schickhofer, G.: Zwischenbericht Projekt P03_qm online der holzbau forschungs GmbH: Zerstörungsfreie Qualitätssicherung von keilgezinktem Konstruktionsvollholz mittels einer Zugprüfung. Vortrag Kongress NDT Hannover, 2005

[50] Kirch, W.; Engwicht, A.: Fehldiagnosen und Patientensicherheit. Berlin: Springer Verlag, 2005

[51] Kisser J.; Steininger, A.: Makroskopische und mikroskopische Strukturänderungen bei der Biegebeanspruchung von Holz. Holz als Roh- und Werkstoff10, 415–421, 1952

[52] Kober, A.; Plinke, B.: Feuchtemessung an Holz, Holzwerkstoffen und Baustoffen. Eine Literaturübersicht. WKI-Bericht Nr. 21, 1989

[53] Koch, G.; Bauch, J.; Puls, J.; Welling, J.: Ursachen und wirtschaftliche Bedeutung von Holzverfärbungen. In: AFZ Der Wald 57 (2002), S. 315–318

[54] Koch, G.: Rotkernbildung der Buche. In: Holz-Zentralblatt 133/17(2007), S. 454.

[55] Koch, G.: Discolouration of wood in the living tree and during processing. In: Proceedings of the COST E53 Workshop »End user's needs for wood material and products«, Delft, The Netherlands, (2008), S. 11–18.

[56] Koch, G.: Sekundäre Veränderungen im Holz dynamisch beanspruchter Fichten (Picea abies [l.] Karst.) aus immisionsbelasteten und windbelasteten Hochlagenbeständen. Mitteilungen der BFH. Kommissionsverlag Buchhandlung Max Wiedebusch, Hamburg, 1999

[57] Koch, G.; Bauch, J.; Puls, J.; Welling, J.: Ursachen und wirtschaftliche Bedeutung von Holzverfärbungen. In: AFZ Der Wald 57 (2002), S. 315–318

[58] Koch, G.; Florian, L.-C.; Holzkämper, H.; Schmidt, U.: Mikroskopische und spektroskopische Untersuchungen der Verleimungs-

qualität PVAc-verklebter Furnierkanten. In: Holz als Roh- und Werkstoff 61 (2003), S. 103–111.

[59] Koch, G.; Schmitt, U.: Fleckenbildung in hochwertigem Massivholzparkett. In: Holz-Zentralblatt 134 (33)(2008), S. 879.

[60] Kollmann, F.: Technologie des Holzes und der Holzwerkstoffe. Band 1. Berlin: Springer Verlag, 1951

[61] Kubel H, Simatupang MH: Bestimmung der Oberflächen-pHWert-Änderung von getrocknetem und pilzbefallenem Fichten- und Pappelfurnier mit einer Oberflächenelektrode und einem colorimetrischen Verfahren. In: Holz als Roh- und Werkstoff 52 (1994), S. 272–278

[62] Kurr, F.: Praxishandbuch der Qualitäts- und Schadensanalyse für Kunststoffe. München: Hanser Verlag, 2011

[63] Larson, Philip R.; Kretschmann, David E.; Clark, Alexander III; Isebrands, J. G.: Formation and properties of juvenile wood in southern pines: a synopsis. Gen. Tech. Rep. FPL-GTR-129. Madison, WI: U.S. Department of Agriculture, Forest Service, Forest Products Laboratory. 2001

[64] Lohmann, U. (Hrsg.): Holz-Lexikon. Leinfelden-Echterdingen: DRW Verlag, 2003

[65] Leavengood, S.; Funck, J. W.; Reeb, J. E.: A note on face veneer checking in maple plywood. In: International Wood Products Journal (2) 2 (2011), S. 120–123

[66] Lukowsky, D.; Lütte, A.: Zur Reinigbarkeit eines Eichenparketts: Einbruch in die Porenrille. In: Boden Wand und Decke 10/10 (2010), S. 42.

[67] Lukowsky, D.; Lütte, A.: Zur Reinigbarkeit von Laminatfußböden: Tiefe Eindrücke sind ein Mangel. In: Boden Wand und Decke 9/10 (2010), S.42

[68] Lukowsky, D; Lagemann, R. (2010): Studie zur Delaminierung von Mehrschichtparkett. Nicht immer liegt es an der Qualität der Verleimung. In: Boden Wand und Decke 4/10 (2010), S. 36–38.

[69] Lukowsky, D; Lagemann, R., Lütte, A.: Deckschichtablösungen: Produktionsfehler oder Untertrocknung? In: Boden Wand und Decke 1/12 (2012), S. 50–53.

[70] Lütte, A.: Entwicklung von Methoden zur Messung des Diffusionswiderstandes und der UV-Durchlässigkeit von Beschichtungen auf Holz. Diplomarbeit Fachhochschule Lippe und Höxter Studiengang Holztechnik. 2005

[71] Mayer, I.; Koch, G.: Farbabweichungen bei Black Cherry nehmen zu. In: Holz-Zentralblatt 133/71 (2007), S. 200 u. 202.

[72] Meier, M.; Ermanni, P.: Dimensionieren 1. Skript zur Vorlesung 151-0303-00L. Zürich, 2009

[73] Niemz, P.:, Brinellhärte ausgewählter Holzarten. In: Holz-Zentralblatt, 61 (2005), S. 799.

[74] Nürnberger, U.: Korrosionsverhalten der Baumetalle in der Atmosphäre und bei Kontakt mit Holz. Tagungsband: Ingenieurholzbau – Karlsruher Tage. Köln: Bruderverlag, 2009

[75] Odegaard; N.; Carroll, S.; Zimmt, W.: Material characterization tests for objects of art and archeology. London: Archetype Publications, 2000

[76] ÖNORM B 3803:2006: Holzschutz im Hochbau – Beschichtungen auf maßhaltigen Außenbauteilen aus Holz durch Holz verarbeitende Betriebe

[77] Oswald, R.; Abel, R.: Hinzunehmende Unregelmäßigkeiten bei Gebäuden. Wiesbaden/Berlin: Bauverlag, 2005

[78] Peylo, A.: Schnellanalyse von Holzschutzmitteln – Möglichkeiten und Grenzen für die Praxis auf der Baustelle. In: Schützen & Erhalten (2001), S. 25–27.

[79] Plath, E.; Plath, L.: Dämpfen von Rundholz. 2. Mitteilung: Mikroskopische Untersuchung über das Dämpfen von Rotbuche. In: Holz als Roh- und Werkstoff 15 (1957), S. 80–86.

[80] Plath, E.; Plath, L.: Färbemethoden für Mikroschnitte aus verleimten und oberflächenbehandelten Holzwerkstoffen. In: Holz als Roh- und Werkstoff 17 (1959), S. 245–249.

[81] Plath, E.; Plath, L.: Taschenbuch der Kitte und Klebstoffe. Stuttgart: Wissenschaftliche Verlagsgesellschaft mbH, 1963

[82] Plath, L.: Mikroskopische Methoden zur Untersuchung von Oberflächenschäden an Möbeln. In: Mikroskopie 11/155 (1956)

[83] Plath, L.: Oberflächenfragen bei Holzwerkstoffen im Bauwesen. In: Holz-Zentralblatt 90 (1964), S. 1625.

[84] Plath, L.: Oberflächenschäden durch Einflüsse des Winterklimas. In: Beilage »Moderne Holzverarbeitung« zum Holz-Zentralblatt 90/13 (1964), S. 199–200.

[85] Plath, L.: Zusammenhänge zwischen Verleimung und Lackierung bei der Möbelfertigung. In: Adhäsion 9 (1965), S. 57–61.

[86] Plath, L.: Mikroskopische Untersuchungen an Polyester-Lackierungen auf Holzoberflächen. In: Holz als Roh- und Werkstoff 25 (1967), S. 25–31.

[87] Plath, L.: Konstruieren mit Holzwerkstoffen. Die Verleimung von Sperrholz und Holzspanplatten. In: Holz-Zentralblatt 95 (1969), S. 2359 u. 2362.

[88] Plath, L.: Streckmittel bei der Harnstoffharzverleimung. In: Adhäsion 14 (1970), S. 412–421.

[89] Plath, L. 1971: Anforderungen an Spanplatten für die Beschichtung mit Kunststoffen in Spanplatten: Herstellung, Eigenschaften, Anwendung. In: Holz als Roh- und Werkstoff 29 (1971), S. 369–396.

[90] Plath, L. 1972: Die Rolle von Stärkeprodukten bei der Verleimung von Holzwerkstoffen mit Kunstharz-Leimen. In: Die Stärke 24/9 (1972), S. 306–311.

[91] prEN 12169:2006: Kriterien zur Konformitätsprüfung eines Loses Schnittholz

[92] Radovic, B.; Wiegand, T.: Oberflächenqualität von Brettschichtholz. In: Bauen mit Holz 7 (2005)

[93] Rapp, A. O., Behrmann, K.: Preparation of wood for microscopic analysis after decay testing. In: Holz als Roh- und Werkstoff 56 (1998), S. 277–278.

[94] Rapp, A. O.: Restammoniak beeinflusst die Leimfestigkeit. In: Boden Wand und Decke (2007), S. 50–52.

[95] Rapp, A. O.; Sudhoff, B., Pittich, D. 2011: Schäden an Holzfußböden. Stuttgart: Fraunhofer IRB Verlag, 2011 (Schadensfreies Bauen; 29)

[96] Rothkamm, M.; Hansemann, W.; Böttcher, P.: Lackhandbuch Holz. Leinfelden-Echterdingen: DRW-Verlag, 2003

[97] Sandermann W, Lüthgens M. (1953) Untersuchungen über Verfärbungen von Hölzern. In: Holz als Roh- und Werkstoff 11(1953), S. 435–440

[98] Sandermann, W.; Dietrichs, F. H.; Puth, M. 1960: Über die Trocknungsinhibierung von Lackanstrichen auf Handelshölzern. Holz als Roh- und Werkstoff (18), S. 63–75.

[99] Scheithauer, M.; Sirch, H.-J.: Filmfehler an Holzlacken. Hannover: Vincentz Verlag, 1996

[100] Schriever, E. 1981: Einfacher qualitativer Nachweis von Harnstofformaldehydharzen und Diisocyanaten in Holzwerkstoffen. In: Holz als Roh- und Werkstoff 39/6 (1981), S. 227–229.

[101] Schuhmacher, R.: Schäden an Türen und Toren. Stuttgart: Fraunhofer IRB Verlag, 2001 (Schadensfreies Bauen; 23)

[102] Schwab, E. 1990: Die Härte von Laubhölzern für die Parkettherstellung. In. Holz als Roh- und Werkstoff 48 (1990), S. 47–51.

[103] Seidemann, J.: Stärkeatlas. Berlin: Verlag Paul Parey, 1966

[104] Tretter, A.: Holzlackschäden – Erkennen, Vermeiden, Sanieren. Leinfelden-Echterdingen: DRW-Verlag, 2004

[105] VdL-RL 14: VDL-Richtlinie Anforderungen Holzbeschichtungssysteme Verband der deutschen Lackindustrie e. V. Frankfurt am Main, 2011.

[106] Wagenführ, R.: Holzatlas. Leipzig: Fachbuchverlag Leipzig, 2007

[107] Wagner, H: Luftdichtheit und Feuchteschutz beim Steildach mit Dämmung zwischen den Sparren. DBZ 12 (1989).

[108] Walder, H.; Hansjakob, T.: Kriminalistisches Denken. Heidelberg: Kriminalistik Verlag, 2009

[109] Willför, S.; Hemming, J.; Reunanen, M.; Eckerman, C.; Holmbom, B.: Lignans and Lipophilic Extractives in Norway Spruce Knots and Stemwood. In: Holzforschung. 57/1 (2003), S.27–36

[110] Willför, S.; Hemming, J.; Reunanen, M.; Holmbom, B.: Phenolic and Lipophilic Extractives in Scots Pine Knots and Stemwood. In: Holzforschung 57/4 (2003), S. 359–372

[111] Winter, S., Schmidt, D. und Schopbach, H.: Schimmelpilzbildung bei Dachüberständen und an Holzkonstruktionen – Konstruktive Regeln zur Vermeidung von Schimmelpilzbildung bei Dachüberständen und in Dach- und Wandkonstruktionen im Bau- und Endzustand. Stuttgart: Fraunhofer IRB Verlag, 2004 (Hrsg.: Bauart – Konstruktions GmbH, Reihe: Bauforschung für die Praxis)

[112] Wolff, L.: Mechanismen der Blasenbildung bei Reaktionsharzbeschichtungen auf Beton. Deutscher Ausschuss für Stahlbeton. Heft 576. Berlin: Beuth Verlag, 2009

[113] Wülfert, S. 1999: Der Blick ins Bild. Lichtmikroskopische Methoden zur Untersuchung von Bildaufbau, Fasern und Pigmenten. Bücherei des Restaurators Band 4. Ravensburg: Ravensburger Buchverlag, 1999

[114] Zeppenfeld, G., Grunwald, D.: Klebstoffe in der Holz- und Möbelindustrie. Leinfelden-Echterdingen: DRW-Verlag, 2005

[115] Zosars, A. Kennedy, M.J. 1994: Safer alternative reagents for colour differentiation of heartwood and sapwood. The international research group on wood preservation, Stockholm, 1994

[116] (http://www.ihk-kassel.de/solva_docs/sv_gutachtenaufbau.pdf).

7 Stichwortverzeichnis